像素范儿 著

像素的艺术

从零开始学 UI 设计

基础篇

人民邮电出版社
北京

图书在版编目（CIP）数据

像素的艺术 : 从零开始学UI设计. 基础篇 / 像素范儿著. -- 北京 : 人民邮电出版社, 2020.6
ISBN 978-7-115-53155-1

Ⅰ. ①像… Ⅱ. ①像… Ⅲ. ①人机界面—程序设计 Ⅳ. ①TP311.1

中国版本图书馆CIP数据核字(2020)第040850号

内 容 提 要

本书是根据像素范儿的高级 UI 设计师集训课程编写而成，主要讲解了 UI 设计的学习方法、基础知识，以及相关的行业知识。

本书采用立体化的教学方式，内容包括软件学习、设计方法学习、课后作业、线上训练、名师点评和作品包装。软件讲解以视频方式呈现，提供的软件教学视频包括 Photoshop 快速入门教程、Illustrator 快速入门教程、Keynote 快速入门教程、Sketch 快速入门教程、Principle 快速入门教程和 After Effects 快速入门教程。

本书注重系统性的训练，非常适合零基础的 UI 设计学习者。

◆ 著　　　　像素范儿
责任编辑　俞　彬
责任印制　马振武

◆ 人民邮电出版社出版发行　　北京市丰台区成寿寺路 11 号
邮编　100164　　电子邮件　315@ptpress.com.cn
网址　https://www.ptpress.com.cn
北京东方宝隆印刷有限公司印刷

◆ 开本：787×1092　1/16
印张：17.5
字数：291 千字　　　　2020 年 6 月第 1 版
印数：1 – 5 000 册　　　2020 年 6 月北京第 1 次印刷

定价：99.00 元

读者服务热线：(010)81055410　印装质量热线：(010)81055316
反盗版热线：(010)81055315
广告经营许可证：京东工商广登字 20170147 号

专家赞誉

唐园园

Y园糖插画设计创始人。

一本好书只看目录就让人爱不释手，这本书就具有这样的神奇力量。这本书专注于讲解UI设计从构思到落地实现再到包装的全过程，涵盖面试经验，更有独家的大厂设计资源。没有流于技术和理论说教。看过像素范儿教学视频的人应该都知道，像素范儿教师团队是一群被教育事业耽误的段子手。作者团队基于对诸多经典案例背后故事的深入了解，加上多年深耕于BAT等大厂的经验，通过风趣幽默的讲解，生动剖析了整个行业的内幕。毫不夸张地讲，这本书恐怕是我看过的最好最全的UI设计书籍之一。

张　源

设计师、自媒体人。

本书从多个维度重新解释了当前时代下的UI设计是一种怎样的工作，以及从事这个行业所需具备的基本素质。而最令人满意的是，全书的讲解不拘泥于界面设计，更多的是以设计师的思维，结合大量的实战经验向读者讲解行业知识、学习设计的通用方法、经典案例背后的设计逻辑等，帮助读者真正理解什么是UI设计。

孔　晨

像素范儿济南分校创始人，PRD创始人，山东工艺美术学院特聘讲师，前阿里巴巴阿里影业视觉设计专家，站酷网800万影响力推荐设计师，2017年致设计全国年度十强设计师。曾就职于滴滴出行、阿里巴巴等一线互联网公司，曾负责拥有千万用户量的“最右”App的主设计。主要上线作品有“最右”App、“UP短视频”。

设计的本质是什么？不同的设计行业都有基于行业本身的设计目标和商业属性，而UI设计的本质就是服务，服务产品、服务用户、服务用户所有的行为。UI设计师在进行设计思考时，通常都会有很多束缚。想要做好产品，需要了解挑剔的用户最真切的需求。在本书中设计与方法并重，它将带你进阶为一名合格的UI/UE设计师。

孔雅轩

济南像素范儿联合创始人，同时发表多篇与用户体验相关学术文章，多篇文章在全网获得10万以上的阅读量，站酷网300万影响力推荐设计师。曾担任北京今日头条UED高级用户界面设计师，曾多次被Adobe中国白金合作方邀请开设用户体验设计线上讲座。

“在未来，你可以不从事UI，但你肯定绕不开互联网。”几乎每天都有准备入局互联网圈子的小伙伴私下问我这个行业的前景到底如何，这句话是我认为最合适的答复。在几年之前，很少有人会想到互联网发展会如此迅速，迅速到我们还在纠结移动设备扁平化还是轻拟物风格更好时，泉涌般的各种新兴词汇早已让人应接不暇。“产品思维”“以用户体验为中心的设计”“以用户增长为中心的设计”“双钻石模型分析法”……这些词汇让处于互联网金字塔底端的设计师更加茫然：“到底UI设计该从何学起？学到何种程度才算入局？”直到像素范儿新书截稿后找到我书写这段序言的时候，上面的问题都迎刃而解了。如果你真的想从事UI设计工作，那么本书一定是值得推荐的，这是一本内容非常系统且新锐的UI设计书，你对UI设计的疑惑与不解都可以在本书中找到答案。

前言

随着移动互联网时代的快速发展，UI设计师这一岗位诞生了。因为以前没有相关专业的沉淀，所以UI设计师严重短缺，以致大批人转行学习UI设计，其中有平面、电商、服装、网页设计师，还有很多完全没有接触过设计的人。隔行如隔山，这些人之所以会冒这么大的风险，从零开始学习UI设计，是因为UI设计入行门槛较低，而且薪资相对较高。

2015年~2016年，一个新人经过UI设计培训后可以毫不费力地找到UI设计的工作，而且薪资十分可观。有数据统计，当时北京UI设计师平均月薪已经突破1万元，资深UI设计师的月薪在3万~5万元，然而同期其他类型的设计师月薪在6千元左右。

2017年，各大招聘网站对UI设计师的招聘量表明我国大约有60万的相关岗位缺口。这一年，人们对互联网产品的交互和审美要求不断提高，各家企业对UI设计人才的专业度也有了更高的要求，不惜重金挖掘优秀UI设计人才。

2018年，我国的互联网产品进入“下半场”（创新减少、运营为主），这就要求UI设计师除了需要具备视觉设计、交互设计的技能，同时还要具备用户心理分析、市场营销、活动策划、产品提案描述、故事思维和品牌设计等能力。体现设计师是否具有这些能力的最佳方式之一是营销自己，在Dribbble、Behance和站酷网等设计平台不断发声，建立自己的知乎、简书和微博等账号，在媒体平台塑造自我品牌。一些有先见的设计师已经通过自媒体创造了不可估量的价值。

在一波又一波的互联网浪潮中，像素范儿培训机构应运而生。像素范儿培训机构坐落于北京二环以内，同时开设线上和线下课程。像素范儿教师团队是由一群有梦想的年轻人组成的小而美的团队，他们在4年中创造了完善的教学体系，同时培养了大量设计圈中的设计新秀，毕业的2600名学员遍布全国各大互联网公司。虽然像素范儿没做过任何推广，但在行业内部无人不晓。像素范儿的团队UIGREAT在Dribbble上名列前茅，开发的“优阁”App已经成为设计师的良师益友。除此之外，他们还无偿做了很多有益设计师成长、成才的活动，例如，UI100Day（很多通关的小伙伴儿已经在BAT中担任要职）、UIkit（网罗最前沿最实用的kit文件，帮助设计师提高效率）。

本系列图书正是像素范儿团队教学课程的结晶，以还原像素范儿线下课程全部内容为原则。书中使用的案例均为学生真实案例，所有截图均为实际课件截图。如果参加像素范儿培训课程，本书可作为查询笔记；如果不参加像素范儿培训课程，根据书的内容，认真完成课后作业，最终完成作品集的包装，可凭作品集找到薪资可观的UI设计工作。

图文虽然隽永，但也可能晦涩难懂；UI行业瞬息万变，文字却只能定格在某一瞬间。为了解决这两个问题，本系列图书需配合视频阅读。首先，文中相关内容已经给出部分视频；其次，更多更新的内容可在哔哩哔哩网站上搜索“水球泡77”找到。“水球泡77”将作为像素范儿跟广大读者沟通的桥梁。

像素范儿无偿做了很多有益设计师的项目，除了上面提到的以外，还有系列免费公开课。起初目的是方便学员查漏补缺，录制Photoshop和After Effects系列课程，公开发布在优酷及土豆网上。但在这两个网站观看视频时无法跳过广告，为了给学员节约时间，像素范儿更换了平台，在哔哩哔哩上注册了“水球泡77”账号。目前，这个账号每周都会更新，内容涵盖软件使用教程（如Sketch、Photoshop、Illustrator等设计师必备工具）、“且说曼谈”系列节目（包括行业解读、职场晋升指南、人生规划指导等）、自媒体成长系列节目（包括自媒体必备工具讲解、自媒体成长复盘等）等，后期“水球泡77”还会推出更多更实用的视频节目。

此外，哔哩哔哩上的“里米先生”也是像素范儿的账号，它会不断更新After Effects进阶的系列课程；“doria2016”也会定期更新一些好的视频。如果广大读者有感兴趣的内容可以在这几个账号下留言，像素范儿会及时查看并更新内容。

最后，让像素范儿陪你每秒一像素奔向梦想！

本书说明

1.软件学习

课程1主要讲解UI设计中常用的6款软件，可以看到本书的软件讲解与其他图书不同。大部分教程类图书会有大量篇幅用于软件讲解，本书改变了这种布局，软件的学习将通过视频进行讲解。

职场研究社

扫描右侧二维码，关注微信公众号“职场研究社”，并回复“53155”，即可获得软件教学视频的下载方式。

2.作业

本书中包含大量作业，希望读者能够认真完成，以达到更佳的学习效果。

作业来源

书中的作业为线下培训课程中的作业，与UI100Day作业有交叉，但不完全相同。标注UI100Day的为UI100Day中出现的题目。

> **8 作业：制作登录注册界面（UI100Day）**
>
> **作业要求** 寻找参考图，设计并制作一款App的登录注册界面，至少应包含用户名、密码等必要信息，以及包含“登录”“注册”按钮等内容。
>
> **使用软件** Sketch（或Illustrator）。
>
> **训练目的** 熟悉Sketch（或Illustrator）软件，学习界面设计。
>
> **参考如下图所示**

作业模块的内容

作业模块基本包含作业要求，使用软件以及训练目的，作业后会放线下课程班学员作品，老师点评以及修改后的作品。还设计有作业欣赏模块，内容为线下课程班优秀学员的作品。

“作业”使用建议

建议读者先按照要求自己进行思考并完成作业，然后再看后面的参考，对自己的作业进行修改。

作业提交

读者在完成书中的作业后，可注册并登录优阁网账号，单击网站底部中的产品链接“UI100Day”进入“UI100Day，UI设计师学习习惯培养社区”，在“像素的艺术”版块提交作业，完成当前作业并提交后才会出现下一个题目！提交作业后可查看其他读者提交的作品，有最新点评、活跃设计师排行等模块，像素范儿的老师会对其中一些作品进行点评，帮助读者提升设计水平。

3.UI100Day

UI100Day起初来自于国外的一个设计师活动，以邮件的形式每天推送一个题目，然后参与的设计师根据题目提交自己的作品。这里的UI100Day是UI设计师学习习惯培养社区，机制上做了一些小修改。用户在上传了当天的作品后，就能看到下一天的新题目，然后根据推送创作自己的作品，分享在社区里。现在UI100Day社区已经积累了大量优质作品与优秀设计师，读者可以加入UI100Day社区见证并记录自己的成长，培养良好的学习习惯，查看其他设计师的作品，总结提升自己。

UI100Day的作用

一名设计师需要不断提升手上功夫、开阔眼界、增强审美能力。但是，很多处于新手阶段的设计师会对自己的职业发展感到迷茫，不知从何入手，UI100Day就是为了解决这个痛点而生的。在这里新手设计师既可以提高自己的技法，又能在学习过程中结交更多志同道合的朋友，互相鼓励互相促进。同时，像素范儿的教师会对部分优秀作品进行点评，帮助新手设计师在以后的设计之路上越走越顺。最重要的是UI100Day社区能够帮新手设计师养成一个不断学习、不断创新的设计习惯。所以，这里也建议读者有时间与精力的情况下持续在UI100Day更新作品。

UI100Day如何发布作品

搜索“UI100Day，UI设计师学习习惯培养社区”进入社区，或在优阁网网站的底部单击产品链接“UI100Day”进入社区，在“每日UI”中更新作品。注册并登录账号后，在“每日UI”中会有题目，完成当天的题目并上传作品后，才会更新下一天的题目。

4.有源设计

大多数作品配有参考图，这是设计师在做自己的作品前寻找的优秀作品。寻找参考图的目的不是为了抄袭别人的作品，而是为了做出更好的作品。成为一名优秀设计师通常要先经历“拓”“临”“抄”“融”“仿”的过程，最终达到“创”与“造”的结果。

作品来源 像素范儿线下课程班第33期学员赵威。

5.联系作者

作者在编写过程中，通过阅读大量资料去核实本书所述内容的准确性，力求让读者得到最好的学习效果，但由于时间有限，书中难免有疏漏与不妥之处。本书为读者创建了QQ群，群号为982978072。读者可以在这里反馈书中的问题、交流学习时遇到的难题；作者会在这里分享更多的资源，帮助读者掌握实际的设计技能、了解设计行业、收获行业经验，以及掌握处理各种设计问题的方法。

6.致谢

创作一本图书的过程是艰辛的。

感谢像素范儿作者团队的老师李泽同、刘中萌、周国栋、朱琳琳和靳浩，他们提供了大量精彩的教学内容。

感谢本书的组稿团队成员李旭、李妙雅、齐冬梅、安麒、欧阳妮娜、夏晶晶、高新秀、苏梦园、黄俏旻、王蕾和杜鹃，他们同样付出了很多心血来完成本书。

感谢本书编辑团队对本书内容、文字的反复推敲、精益求精。

感谢本书的设计师Phia，她为提升阅读体验做出了巨大的贡献。

目录

课程 4 了解行业

课程 5 有源设计

课程 6 构图和色彩

课程 7

图标设计

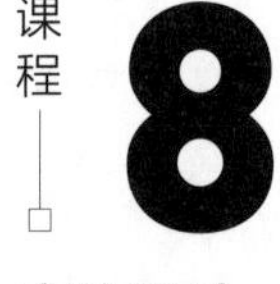

字体设计

课程

9

Banner设计

1

课程1 学习前的准备

课程1主要讲解UI设计中常用的6款软件，其中包含了3款好用的Mac软件，所以建议大家准备一台Mac。如果没有Mac，也可以使用同类型的PC软件完成相应的训练。

职场研究社

扫描右侧二维码，关注微信公众号“职场研究社”，并回复“53155”，即可获得以下6款软件的教学视频。

1 掌握Sketch软件（视频教学）

Sketch是一款轻量、易掌握的矢量绘图软件，它可用于网页、图标和界面的设计制作，让UI设计变得更简单。在后面的内容中，对于扁平图标的绘制和界面的制作，大多使用Sketch软件来实现。Sketch目前只能在Mac中使用。

课程：15节。 **视频总时长：**152分钟。 **建议学习时间：**1天。

学习要点：形状工具、形状检查器、锚点控制器、蒙版、字体、样式、像素对齐、插件使用、弹性布局、复用样式。

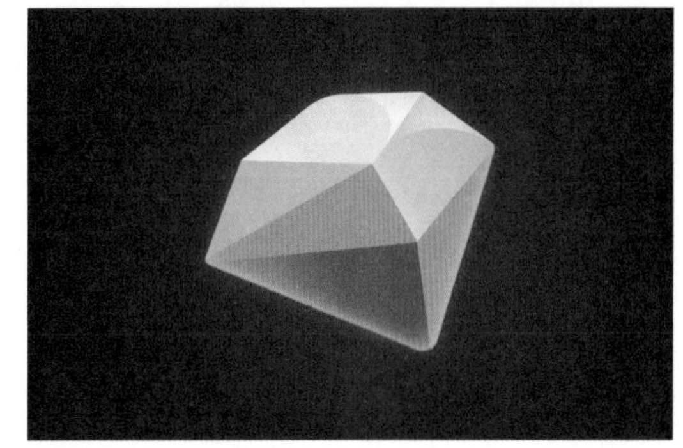

2 掌握Illustrator软件（视频教学）

Illustrator是一款矢量绘图软件，在UI设计中主要用于绘制扁平图标和轻质感图标。如果没有Mac，无法安装Sketch，使用Illustrator进行扁平图标和轻质感图标的绘制即可。

课程：15节。 **视频总时长：**43分钟。 **建议学习时间：**0.5天。

学习要点：剪切蒙版、旋转复制、路径查找器、形状生成器、缩放描边、圆角、图层样式、超椭圆、混合工具、扭曲和变换。

3 掌握Principle软件（视频教学）

Principle是一款动效和交互效果展示软件，能够与Sketch无缝衔接。在UI设计中主要用于界面的动态展示，可以展现产品的交互流程。Principle是一款Mac软件，如果没有Mac，建议使用After Effects实现产品交互的动态展示，但是After Effect是“被动交互”，只能进行视觉呈现，无法进行操作、互动的展示。

课程：15节。 **视频总时长：**153分钟。 **建议学习时间：**2天。

学习要点：基本操作、基础动效、自动加载动画、3D Touch动画、连续交互拖拽、连续交互滚动、连续交互翻页。

  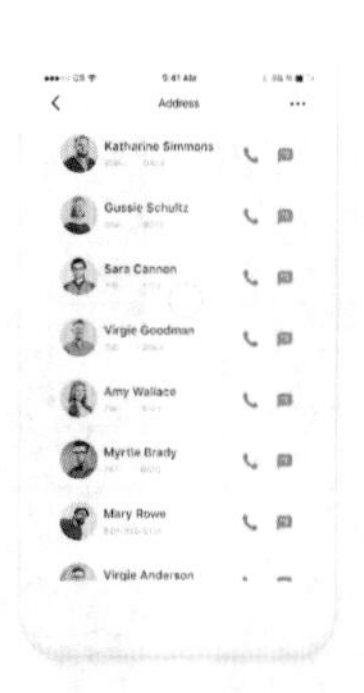 

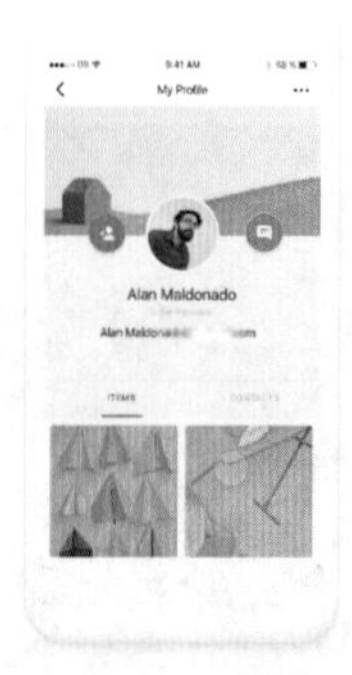

4 掌握After Effects软件（视频教学）

After Effects是一款影视后期制作软件，在UI设计中主要使用其动效制作相关的功能，常用于展现产品的交互流程，以及通过动态方式呈现产品的项目总结。

课程：3节。 **视频总时长：**55分钟。 **建议学习时间：**1天。

学习要点：基础操作、路径动画、父子关系、空对象的多层级控制、融合动画、水波与音频效果、修剪路径动画、弹性抽屉导航动效。

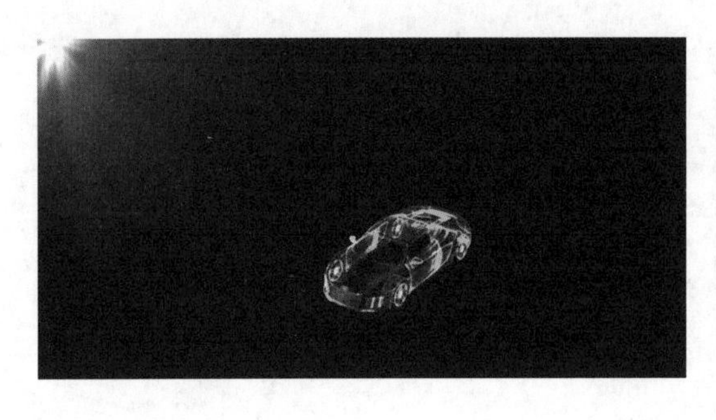

5 掌握Keynote软件（视频教学）

Keynote是一款幻灯片设计制作工具，类似微软的Power Point，在UI设计中用于做PPT产品，在本次课程中还会用来制作简单的作品集。如果没有Mac，可以使用微软的Power Point替代，但视觉效果一般会下降。

课程：11节。 **视频总时长：**144 分钟。 **建议学习时间：**1天。

学习要点：基础操作、文字与排版、形状工具、图片与媒体、构件动画、过渡动画、路径动画。

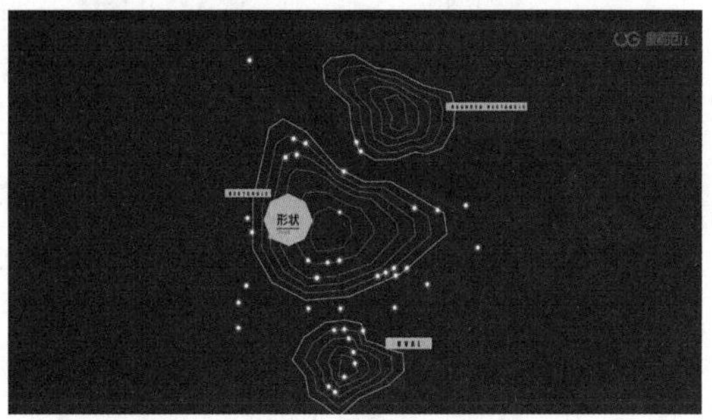

6 掌握Photoshop软件（视频教学）

Photoshop是一款强大的图像处理工具，在UI设计中Photoshop是制作图标、界面的主要工具之一。此外，Banner、详情页等的设计制作也会频繁地使用到Photoshop。

课程：9节。 **视频总时长：**67分钟。 **建议学习时间：**1天。

学习要点：渐变文字、导出清晰效果图、旋转复制、画笔、高斯模糊、缩放工具、图标代练、面板管理。

2

课程2 学习设计的通用方法

1 从临摹到创造的设计学习通路

设计的学习过程是一个进阶的过程，从“拓”开始，到“临”“抄”“融”“仿”“创”，最后到“造”。每进入一个新的阶段，都意味着技能的提高。

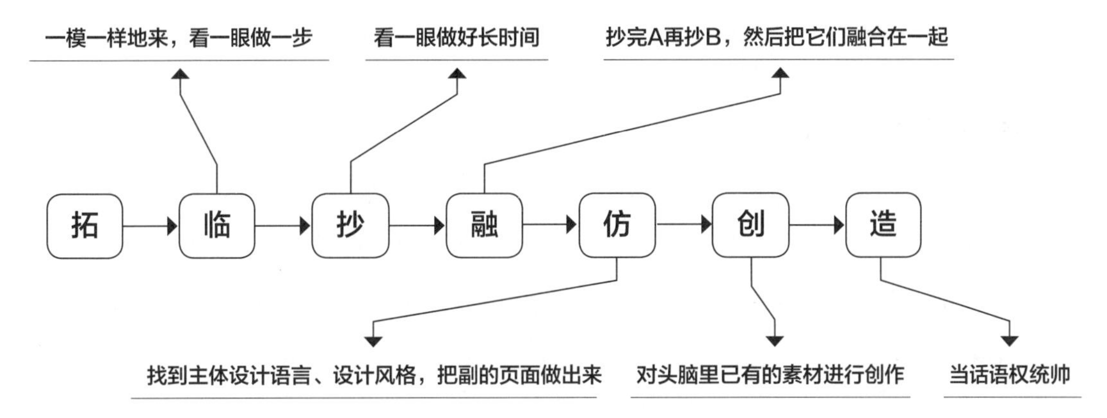

“拓”“临”“抄”这3个阶段是学习设计最为基础的阶段。很多新手设计师会在这3个阶段耗费大量时间，因为他们对行业还不了解，需要通过“拓”“临”“抄”的过程了解行业，通过基础的临摹学会常用软件的基本用法。

“拓”是把原图置于底层，设定一模一样的字体、字号、行间距、图片的大小和位置。

“临”是根据教程或样图一模一样地做，看一眼做一步。很多新手设计师会在这个阶段停留很久，通过案例教程书或线上视频课程进行学习。在此需要注意的是即使能够熟练地按照视频教程把案例“临摹”出来，离实际的工作岗位要求依然有很远的距离，所以还需要在此基础上继续提升自己。

“抄”是看一眼做很长时间，与“临”相比增加了记忆和想象的练习过程。这里的“抄”不是指抄袭，而是以练习为目的的非商用的“抄”。

“融”是“抄”完A、再“抄”B，然后把它们融合在一起。

“仿”是找到主体设计语言和风格，做出类似的设计。“融”之后是“仿”，在这一阶段，要尽可能地尝试做各种不同风格的作品，这是高级设计师的必备技能。

“创”是对头脑里已有的素材进行创作的过程。“仿”之后是“创”，以一个耗时5天的项目为例，设计师通常需要3天半的时间寻找素材，用一天的时间整理素材，最后半天才用来设计，这就是“创”。

“造”，进入这个阶段的设计师不仅要有过硬的视觉能力，更重要的是提升自身的影响力，让自己能在设计工作中掌握话语权。这个阶段难就难在造出来的东西要让别人接受、喜爱。当自身的影响力够了，地位提升了，设计的东西自然就会被人追捧。

2 纠正设计学习的误区

软件是工具而不是门槛

过关类的考试是通过考核来筛选合适的人，软件学习则不同。软件只是工具，而不是学习设计的“门槛”，更不是知识的“护城河”。因此，千万不要把学习软件看作一件很困难的事，不用花费大量的时间和精力系统地学习，更不需要去钻研其背后的原理，只需要根据设计中的使用需求有针对性地学习相关的功能用法，学至可上手使用即可。

互联网设计的学习过程不是线性的

很多基础学科需要先会学A才能再学B，但是互联网设计的学习过程不是线性的，不需要系统地打基础。互联网相关的知识、技术更新迭代很快。学习互联网设计就像是在取冰山上的各种角来使用，冰山的主体是多年的积淀，多数已经用不到。所以，学习互联网设计时不需要从冰山的底层开始凿起，学习目前最新的内容即可。在互联网设计领域，有的新人两个月就可以赶上入职几年的前辈，这主要是由这一行业的知识、技术更新迅速这一特点决定的。

互联网时代，设计师必须学会自我输出

在互联网时代，设计师强大的表达能力是职场中非常重要的一个加分项。因为懂得自我输出真的很重要。越是大型的、成熟的互联网设计公司，其内部分享等展示就越多。因此，千万不能当一个只会埋首画图，而不会介绍自己作品的设计师，那样将很难在职场中快速晋升。例如，像素范儿线下课程班第15期的小君同学是当期学生里工资最高的，但实际上她并不是学员中设计做得最好的。那些设计比小君做得好的同学就是输在不会自我表达上。

不会自我表达意味着不能将自己的设计才能输出，结果就是限制自身成为更优秀的设计师。

互联网大厂对设计师的战斗力评级

互联网设计师的发展路线有很多，概括来说主要分为两种：设计管理路线（UI设计师→资深设计师→设计主管→艺术设计总监）和产品管理路线（UI设计师→资深设计师→产品经理→产品总监）。

互联网公司主要从设计师的专业能力、通用能力和影响力3个方面进行职级评判。基于这3项能力，阿里将设计师划分为P1~P10，共10个等级，P7以后还设有M岗。其中，P岗是技术岗，M岗是管理岗。腾讯用T岗来划分，百度用U岗来划分，规则类似。

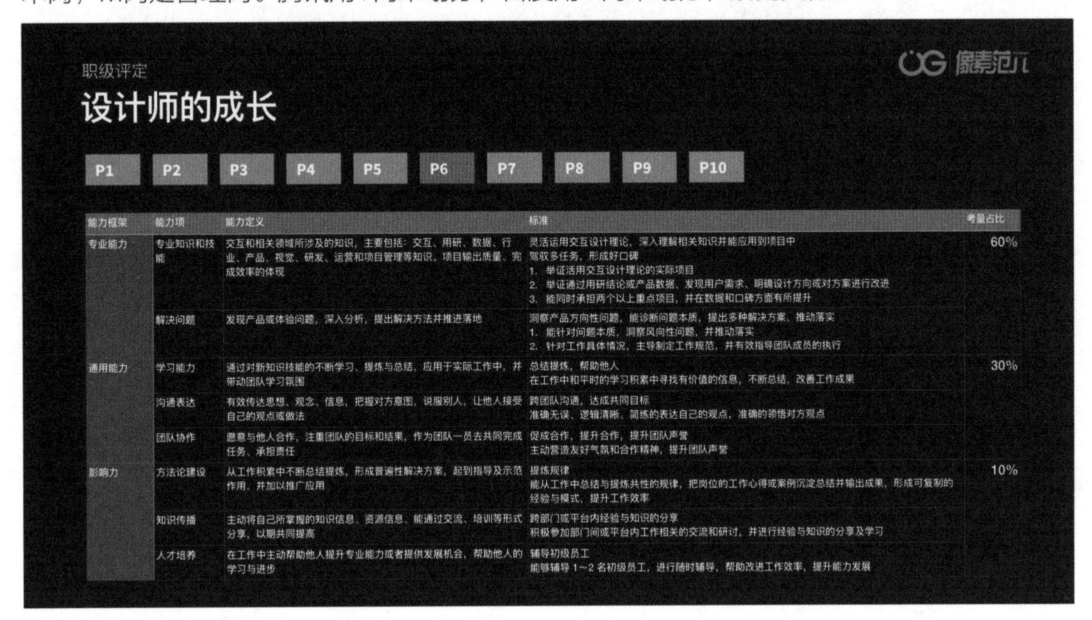

能力框架	能力项	能力定义	标准	考量占比
专业能力	专业知识和技能	交互和相关领域所涉及的知识，主要包括：交互、用研、数据、行业、产品、视觉、研发、运营和项目管理等知识。项目输出质量、完成效率的体现	灵活运用交互设计理论，深入理解相关知识并能应用到项目中 驾驭多任务，形成好口碑 1. 举证活用交互设计理论的实际项目 2. 举证通过用研结论或产品数据、发现用户需求、明确设计方向或对方案进行改进 3. 能同时承担两个以上重点项目，并在数据和口碑方面有所提升	60%
	解决问题	发现产品或体验问题，深入分析，提出解决方法并推进落地	洞察产品方向性问题，能诊断问题本质，提出多种解决方案，推动落实 1. 能针对问题本质，洞察风向性问题，并推动落实 2. 针对工作具体情况，主导制定工作规范，并有效指导团队成员的执行	
通用能力	学习能力	通过对新知识技能的不断学习、提炼与总结，应用于实际工作中，并带动团队学习氛围	总结提炼，帮助他人 在工作中和平时的学习积累中寻找有价值的信息，不断总结，改善工作成果	30%
	沟通表达	有效传达思想、观念、信息，把握对方意图，说服别人，让他人接受自己的观点或做法	跨团队沟通，达成共同目标 准确无误、逻辑清晰、简练的表达自己的观点，准确的领悟对方观点	
	团队协作	愿意与他人合作，注重团队的目标和结果，作为团队一员去共同完成任务、承担责任	促成合作，提升合作，提升团队声誉 主动营造友好气氛和合作精神，提升团队声誉	
影响力	方法论建设	从工作积累中不断总结提炼，形成普遍性解决方案，起到指导及示范作用，并加以推广应用	提炼规律 能从工作中总结与提炼共性的规律，把岗位的工作心得或案例沉淀总结并输出成果，形成可复制的经验与模式，提升工作效率	10%
	知识传播	主动将自己所掌握的知识信息、资源信息、能通过交流、培训等形式分享，以期共同提高	跨部门或平台内经验与知识的分享 积极参加部门间或平台内工作相关的交流和研讨，并进行经验与知识的分享及学习	
	人才培养	在工作中主动帮助他人提升专业能力或者提供发展机会，帮助他人的学习与进步	辅导初级员工 能够辅导 1~2 名初级员工，进行随时辅导，帮助改进工作效率，提升能力发展	

除了提高能力，设计师还要创造影响力

泡泡老师说：“现在是个人崛起时代、自媒体时代，设计的好与坏，要看话语权。打磨个人形象，自己出来，产品才能出来。我没有出来授课前，月薪1万元，现在每个同学每月学费2.3万元，一个班30人再乘以12个月，差不多800万元。虽然钱不是我的，但我可以调用这么多资源，我的价值就涨了20倍。我给你们复盘一下我做了什么，我在优酷录了一套免费的课程。很多早期的学生都是通过这个课程来这里学习的。”

“我曾经的学生小孔，通过写文章、授课去构建影响力。我还有一个学生，在家里是小公子哥，从来没来过北京，来这边学习吃了很多苦，但是他把自己变得很优秀，并且在优酷用了一年的时间创造影响力，在单位实习期间做到了让老板主动提加薪，月薪0.8万元到1.5万元。不仅如此，他还追到了那期的班花。还有一个后来去了阿里的学员，他在Dribbble上名列前茅，是像素范儿线下课程班第3期的‘壁纸君’（‘壁纸君’是像素范儿线下课程班每期最优秀的学员），之前完全没学过设计。后来，他去了阿里实习，实习的时候因为学历问题不能转正，但是他在Dribbble上发布了很多自己的作品，并且排名靠前，被他的领导看到后，就破例让他转正了。”

由此可见，无论是个人长远的职业发展，还是单纯想提高收入，通过提升个人影响力来达成目标是一个高性价比的方法。

3 作业：临摹一组控件

作业要求 寻找漂亮的控件，对其进行临摹，尽可能做到100%还原。

使用软件 Sketch（或Illustrator）。

训练目的 熟悉Sketch（或Illustrator）软件，以及界面中图文之间的关系。

参考如下图所示

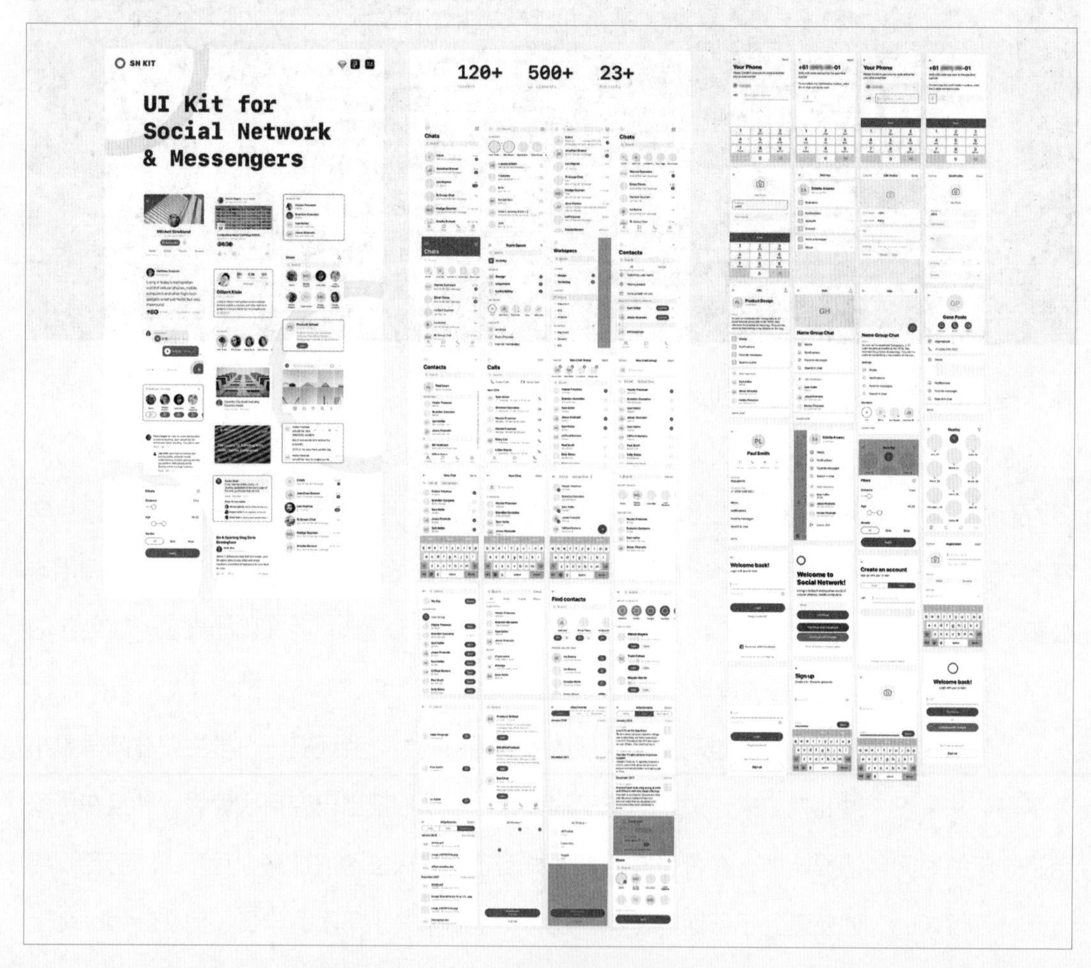

完成效果如下图所示

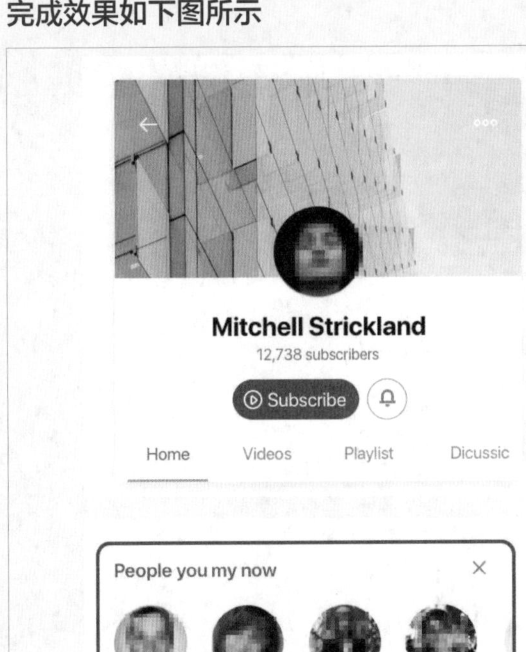
Mitchell Strickland
12,738 subscribers
Subscribe
Home
Videos
Playlist
Dicussic

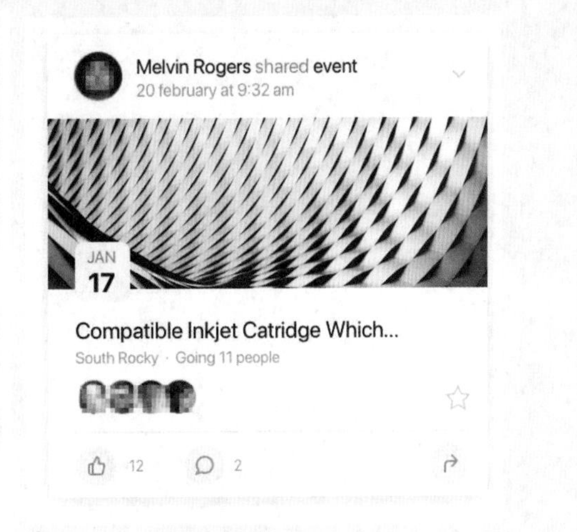
Melvin Rogers shared event
20 february at 9:32 am
JAN
17
Compatible Inkjet Catridge Which...
South Rocky · Going 11 people
12
2

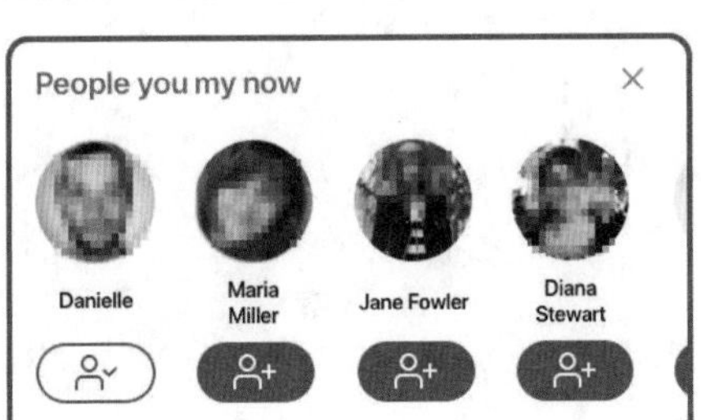
People you my now
Danielle
Maria Miller
Jane Fowler
Diana Stewart

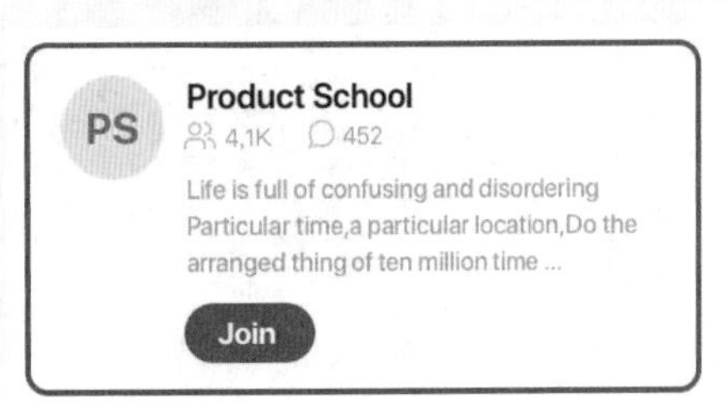
PS
Product School
4,1K
452
Life is full of confusing and disordering Particular time,a particular location,Do the arranged thing of ten million time ...
Join

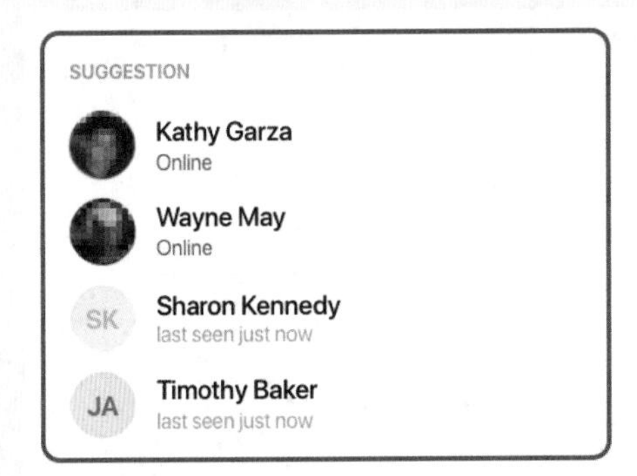
SUGGESTION
Kathy Garza
Online
Wayne May
Online
SK
Sharon Kennedy
last seen just now
JA
Timothy Baker
last seen just now

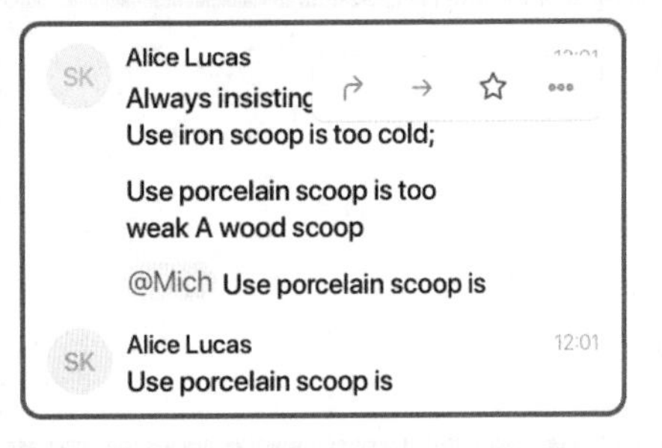
SK
Alice Lucas
Always insisting
Use iron scoop is too cold;
Use porcelain scoop is too weak A wood scoop
@Mich Use porcelain scoop is
SK
Alice Lucas
12:01
Use porcelain scoop is

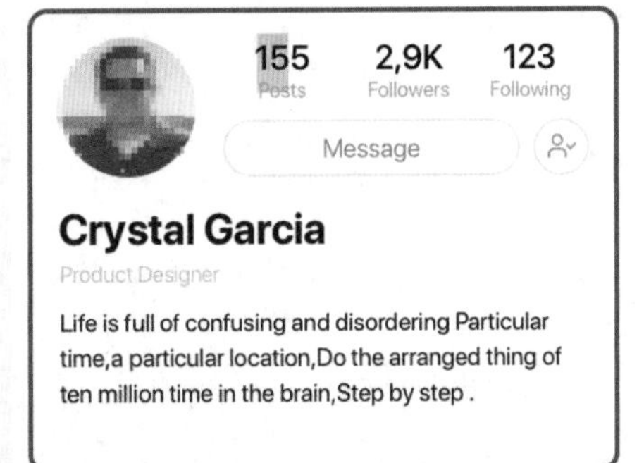
155
Posts
2,9K
Followers
123
Following
Message
Crystal Garcia
Product Designer
Life is full of confusing and disordering Particular time,a particular location,Do the arranged thing of ten million time in the brain,Step by step .

3

课程3 开脑洞！设计师必须看完的信息源

1 站酷网

站酷网是目前国内特别活跃的设计网站，上面有很多优秀的设计师、设计作品和设计类文章。

站酷网的设计类文章

站酷网上有很多设计师分享的干货文章和设计心得，推荐大家把近几年的优秀文章快速看完一遍，并在遇到问题时，再返回来重看。

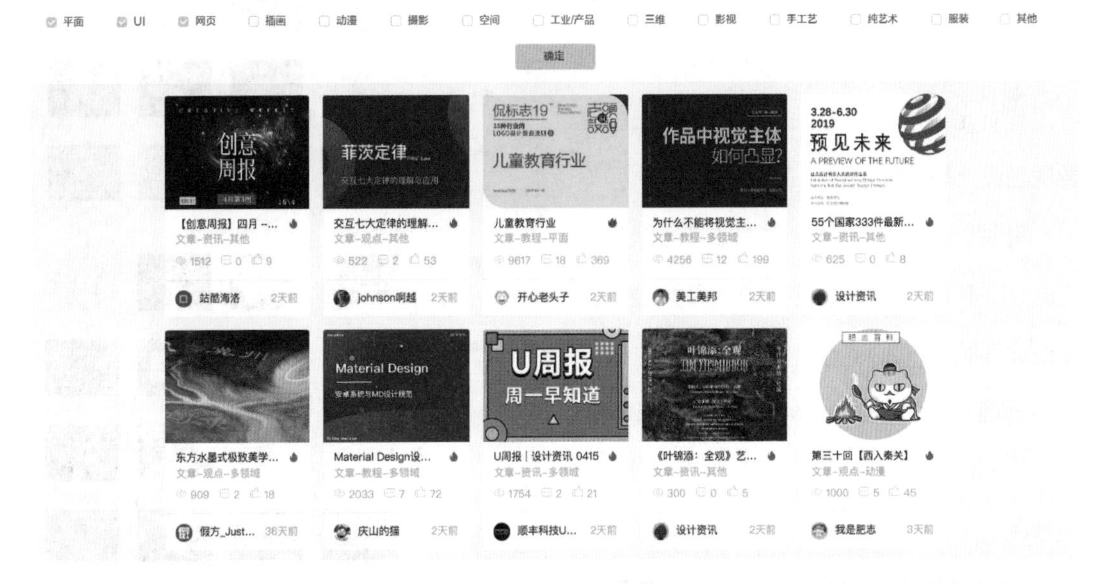

站酷的优秀设计师

孔晨Point_Vision，在站酷网上持续更新图标设计、界面设计和动效设计等方面的文章，并分析了很多经典的设计案例和设计方法，科普了大量的设计基础知识。

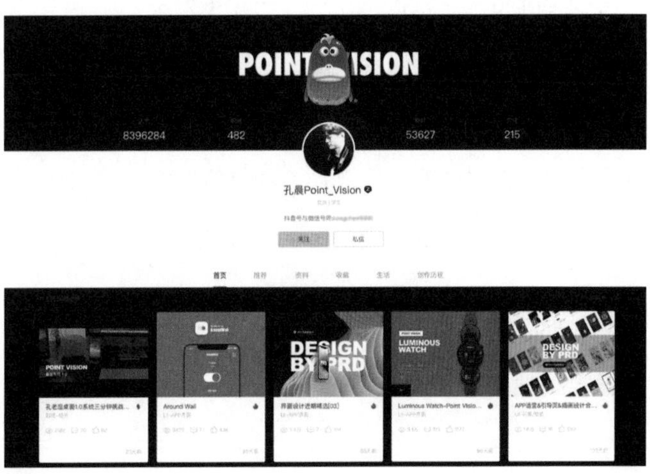

2 Dribbble

Dribbble是国际公认的目前全球较大的交互设计师网站之一，大家可以从里面找到很多优秀的设计师。

Dribbble是一个比较公平的平台，浏览的人很多。虽然它在国内的曝光量不一定超过站酷网，但是它更容易受到国内设计总监的青睐，这些设计总监经常会在Dribbble上挖掘新人。例如，像素范儿线下课程班第29期的春春同学，她是从第29期课程班毕业后创建的Dribbble账号，一个月零几天以后，粉丝量就从0涨到2800，她的作品获得了大量国内外设计师的赞。

Teacup42，像素范儿线下课程班第22期同学，他的手绘能力非常强，毕业后在百度工作，是百度的一位大咖，百度的一些主要插画设计都由他来完成。

叶伊，也是在Dribbble上非常活跃的一位同学，在Dribbble上持续更新了大量的界面设计作品。

圆圆，知乎的插画设计师，她在Dribbble持续更新自己的插画作品，并且作品的获赞率很高。

Dribbble对于设计师来说是一个很好的向国际发声的平台，只要坚持在Dribbble上发表作品，一周保证发表3个左右的作品，隔两周把浏览量低的作品删掉，再继续坚持发表作品，在Dribbble上的排名一般就能提升。但是在Dribbble上的排名靠前还不算最硬气的，更硬气的是Behance上的排名。

3 Behance

Behance是目前全球较大的设计交流网站之一。该网站上的作品水平不错，但是作品的排列顺序被形容为“按心情排列”。并且该网站的搜索引擎不太好用，“most viewd”功能也不好用，不太容易从中找到想看的作品。目前，想要在这个网站上找到好作品较好的方法是：先找到一位优秀的设计师，打开他的个人主页，再打开他的作品集，并关注他的作品集（作品集里是设计师收集的各种设计作品）。Behance的优秀设计师首推Mike大咖，在Behance上可以找到他的长图作品。

在Behance上打开一个设计作品时，页面最下方会推送相关的设计作品，以此方法可以持续不断地发现好作品。寻找设计灵感，可以去Dribbble；参考成套的、系统的设计作品可以去Behance。

在Behance上能拿到标签的设计作品会被设计圈内的设计师广泛认可。2017年，像素范儿的“壁纸君”郭同学获得了两个标签，出去找工作非常容易。在Behance上面拿到标签是设计师很好的荣誉。Be大标签推荐、Behance全站推荐（价值非常高），能拿到这两种推荐表示此设计师的设计水平很厉害。目前，国内能拿到这两个标签的也就几个人，其中主要是平面设计作品，UI设计作品很少见。

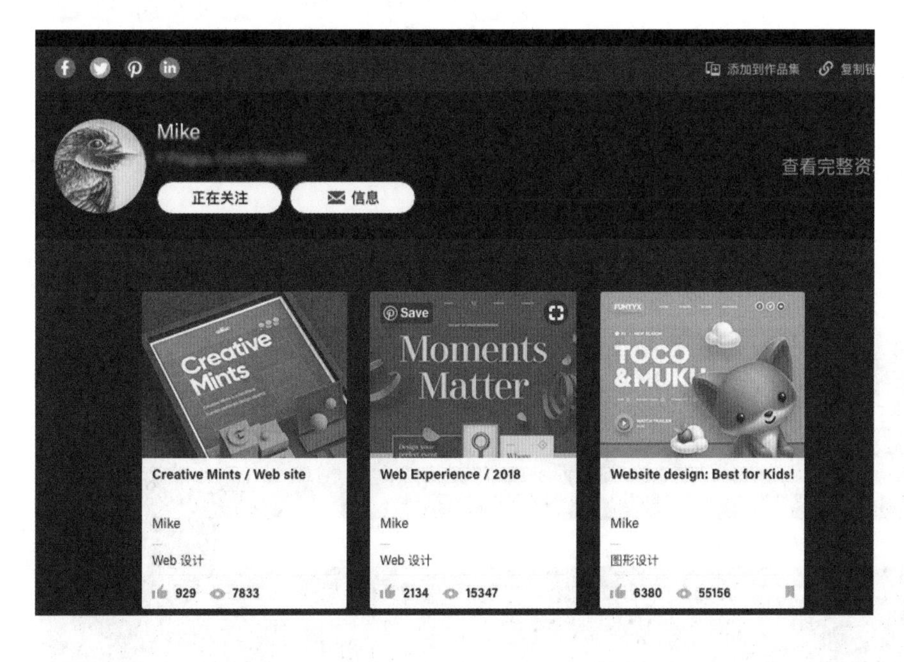

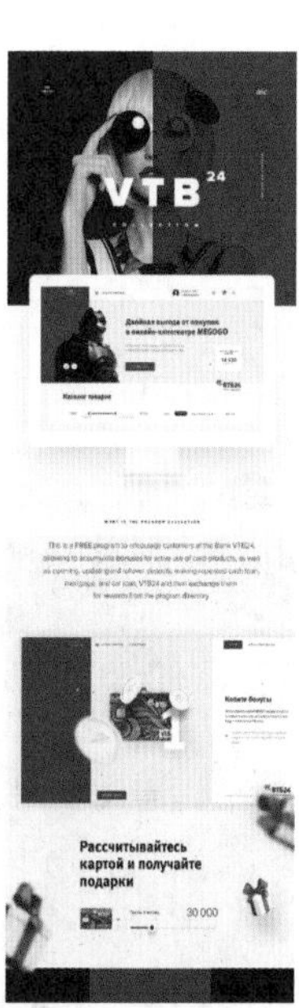

4 花瓣网

花瓣网是设计师寻找灵感的网站。在花瓣网上，很多设计师会把自己从各种渠道收集到的灵感图片汇总为“画板”供自己和他人参考。推荐读者关注泡泡老师的账号“水球泡77”，里边汇总了大量图片可以帮助读者获取海量设计灵感。

泡泡老师的账号“水球泡77”会持续更新大量长图参考、作品集参考、各种风格界面参考和弹窗参考等。

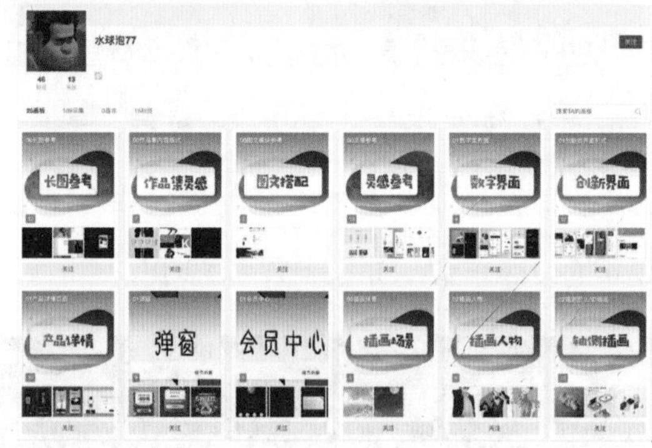

5 Unsplash

Unsplash是一个提供免费图片的网站，2012年上线。这个网站上拥有海量超高清图片，并且免费，设计师可以在这个网站上找寻素材。

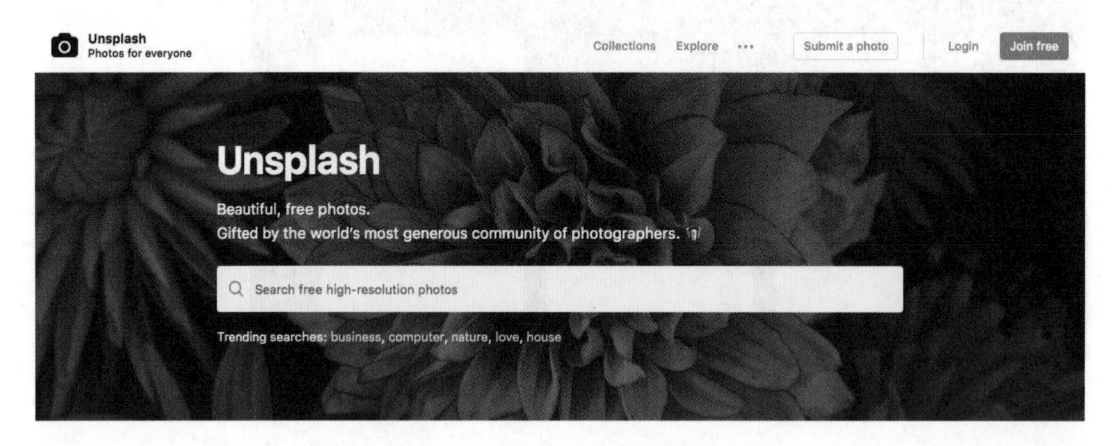

6 The FWA

The FWA展示了前沿的网站设计与网站设计趋势，其互联网奖励计划在行业中的认可度很高，同时The FWA也是一个网页设计素材网站。

7 作业：设计一款App的功能

作业背景 有3个班的学生要出国游玩，需要设计一款App用于管理和通知，具体功能自己考虑，画出此款App的界面草图，能够表现应用的功能即可。

作业要求 功能完整，必须具备统计信息、安排集合地点及时间等功能。

使用工具 铅笔、本子。

训练目的 对学习能力进行锻炼，建立适合的思维模式。

老师点评 正确的流程应该是先对行业内的竞品进行分析，了解当前市场情况，然后根据分析将优秀的功能加入到该产品中，并进行思考，完善产品功能。

8 作业：制作登录注册界面（UI100Day）

作业要求 寻找参考图，设计并制作一款App的登录注册界面，至少应包含用户名、密码等必要信息，以及包含“登录”“注册”按钮等内容。

使用软件 Sketch（或Illustrator）。

训练目的 熟悉Sketch（或Illustrator）软件，学习界面设计。

参考如下图所示

第一次完成效果如下图所示

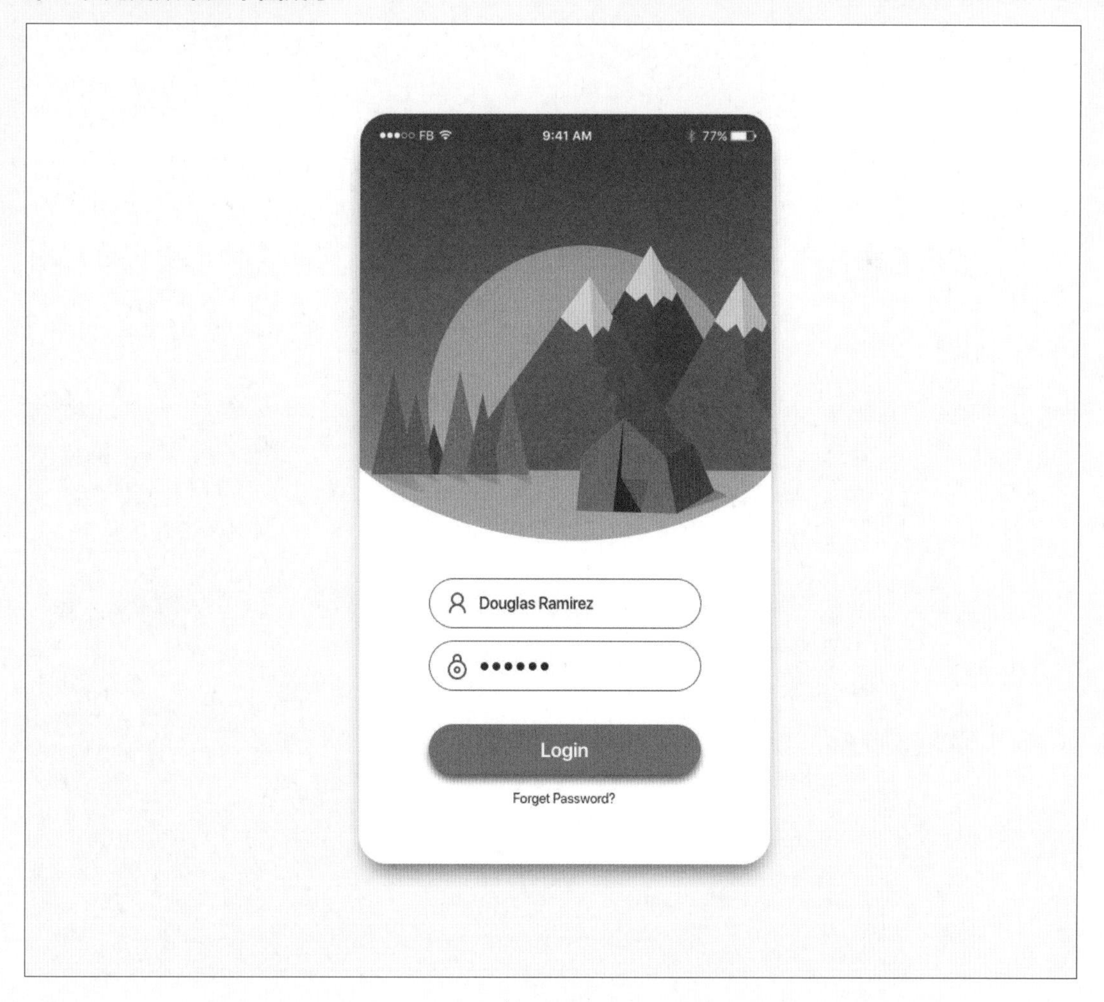

老师点评 “Login”按钮与“Forget Password?”位置相距太近，作品包装背景过于简单。 在绘制形状时，形状的尺寸参数应为偶数数值，以便于形状与形状内的文字居中对齐。建议修改作品中的矩形输入框和按钮的大圆角形式。

修改后效果如下图所示

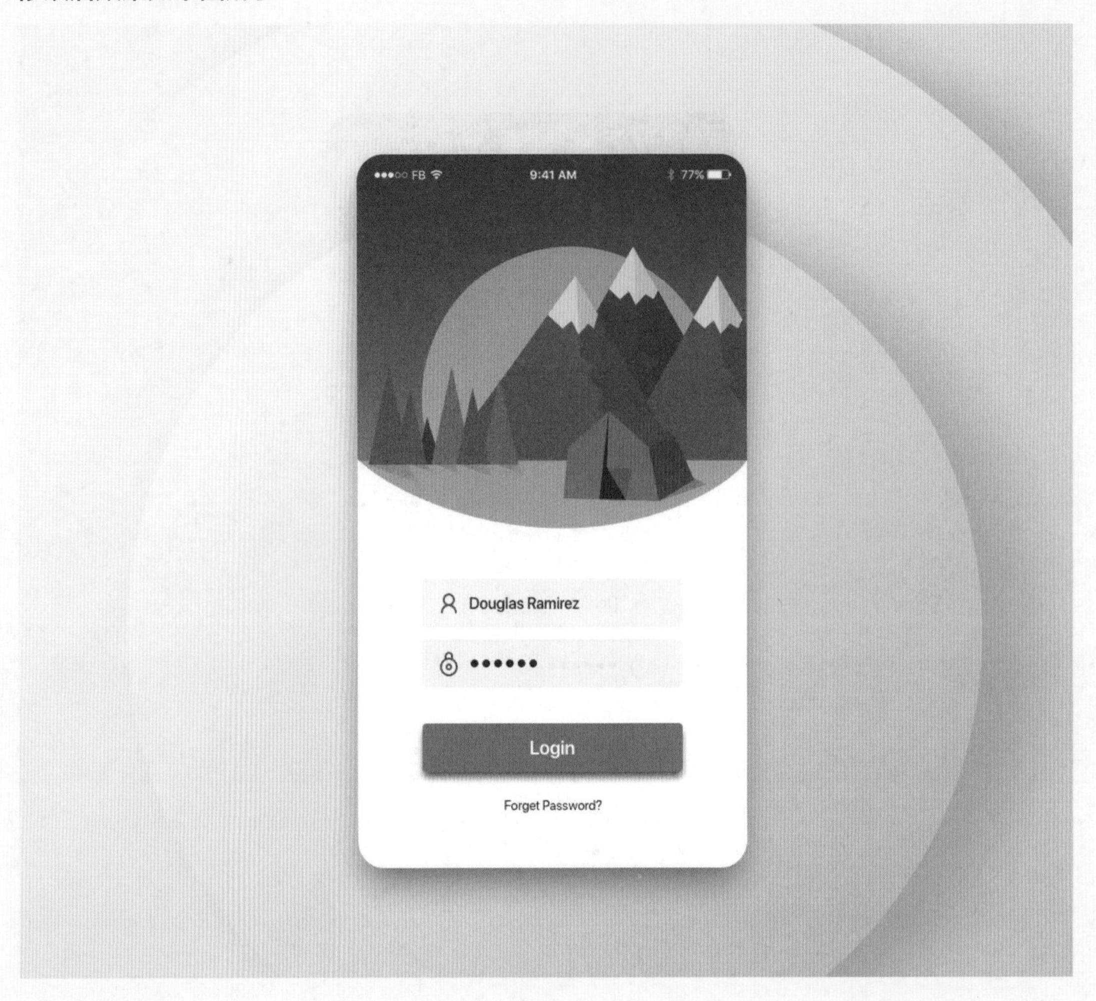

作品修改如下

（1）把“Login”按钮与“Forget Password? ”的距离拉开了，避免误单击。

（2）对背景做了优化，颜色选取了界面中的红色，并降低了色调，使背景颜色不过于抢眼。

（3）把大圆角的输入框和按钮改为了圆角矩形，并将原来的大圆角描边改为了灰色填充图形。

小知识：第一次做界面从哪里入手

前面的内容中，介绍了很多设计师必看的设计网站，里面有大量的信息源。新手设计师在还没有培养出自己的审美能力前，需要每天浏览大量好看的设计作品来提升自己的眼界。对于第一次做界面的小白，可以根据作业要求，在设计网站中进行搜索，把自己喜欢或设计比较好的作品采集下来，如果不会把两个设计作品结合成为自己的作品，那么就从临摹开始。

作业欣赏

作品来源 像素范儿线下课程班第33期学员高锦龙。

参考图

老师点评 界面整体的设计感很好，图案部分的设计很不错。但输入框部分的内容处理得不是很恰当，登录界面采用的是居中对齐，“忘记密码”也应该放在居中位置，并且预留稍大的空间，以方便用户点击。

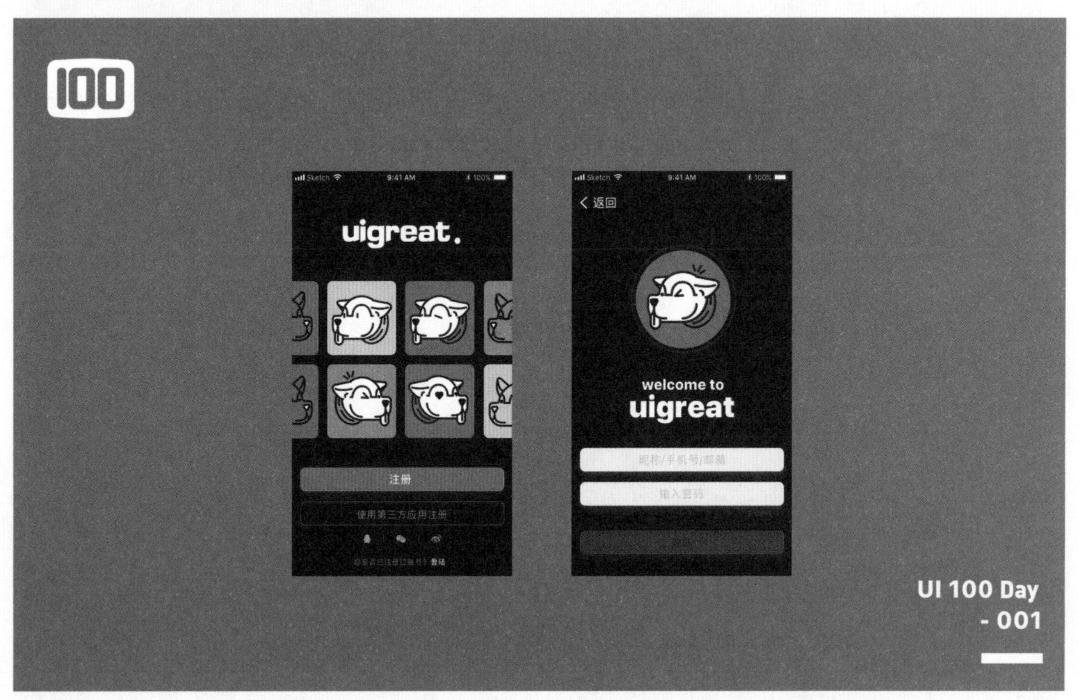

完成效果图

作品来源 像素范儿线下课程班第33期学员赵威。

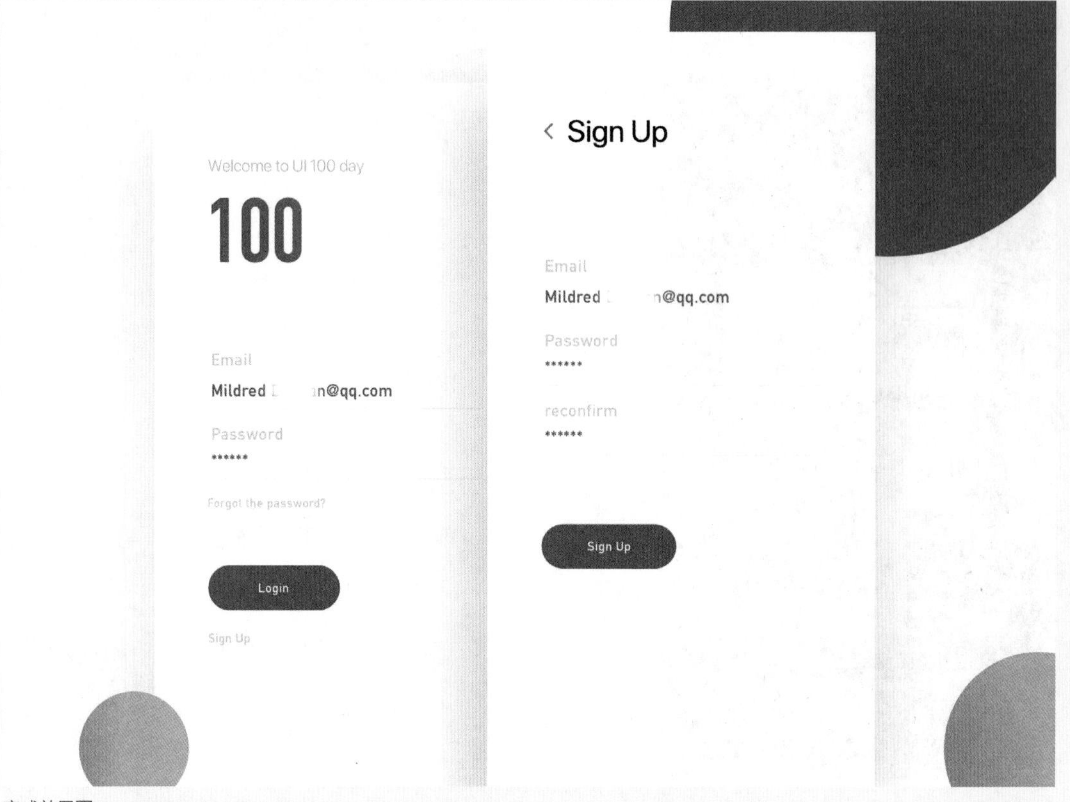

完成效果图

老师点评 整体设计感很好，简洁干净。如果要进一步完善，可做以下修改。右侧界面的“Sing Up”和小图标做加粗处理，加重左上角的视觉感，起到平衡整个界面的作用。圆角按钮可以改为直角，更贴合这个界面的设计风格。将按钮拉长，里面的文字加粗，使整个界面更加饱满。

小知识：作业等级

同学们的作业设为7个等级。灰点，属于欠缺美观性的作业；紫点，比灰点略微好些，勉强能看得入眼的作业；蓝点，作业能及格；绿点，在临摹别人作品时加入了自己的想法，并且具有一定的美观性；黄点，已经能熟练创作属于自己的作品；橘点，暂无定义；红点，犯了常识性的错误，例如作业中出现元素不对齐的情况，图片模糊且有水印、图片变形等情况。

4

课程4 了解行业

1 UI&UE

UI（User Interface）指用户界面，UE（User Experience）指用户体验。

人与机器互动的界面，其实都属于UI的范畴。在20世纪60年代，用户界面设计仅仅只是工业设计师的附属技能之一，那时只考虑工业硬件体验，几乎不考虑软件的体验，可以说毫无美学和用户体验可言。

近年来，UI设计才逐渐被人们重视起来。2007年，第一代IPhone发布，优秀的用户体验引发热潮；2008年8月，乔布斯在手机里加入App Store；2008年9月，大量手机从业者始开始开发App，有了UI设计师的职业；后来，安卓手机出现，兴起了移动互联网创业的浪潮，涌入了大量的UI设计师从事界面设计、交互设计、用户体验设计。

2 UI设计的基本工作流程

UI设计已经有一套成熟的基本工作流程，这一流程并不是单次循环，而是往返循环。通过每一个流程诞生的产品投入到市场后收到的反馈，不断迭代出新的产品需求和新的产品。

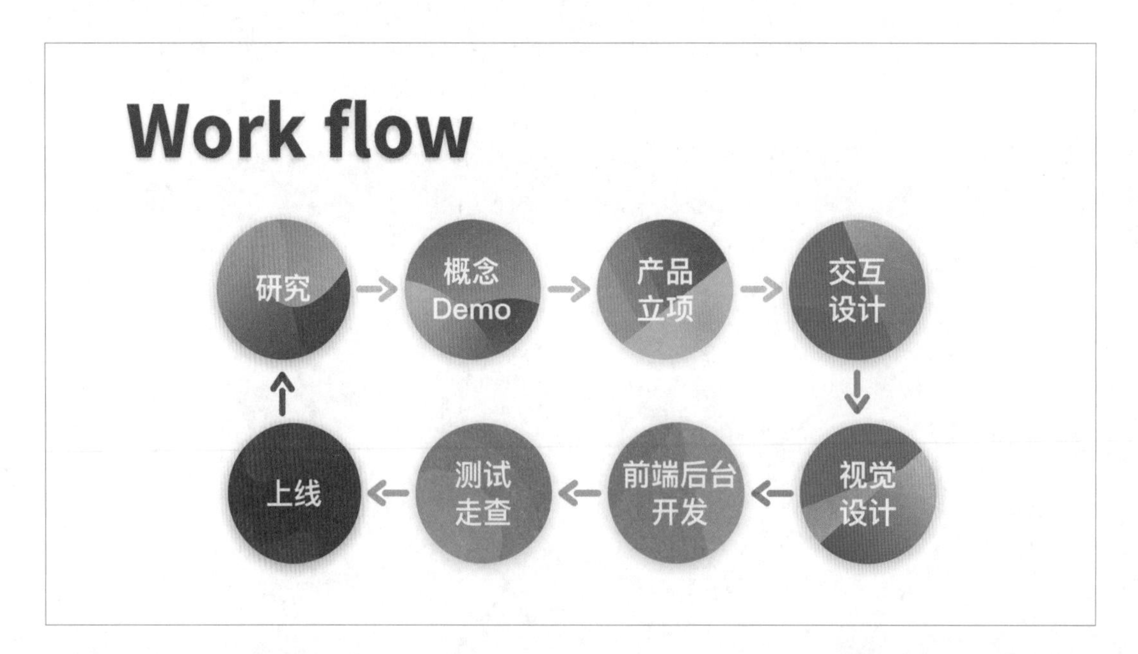

研究→概念阶段

负责人一般是老板（Boss），这一阶段交接的文件是“概念”。协助的是用户调研的专业人员（User Research），他们负责产品适用人群的需求分析，产品的易用性与可用性分析，用户的使用行为分析，以及产品上线后使用问题反馈分析，对所有分析之后的数据进行归纳总结等。

Work flow

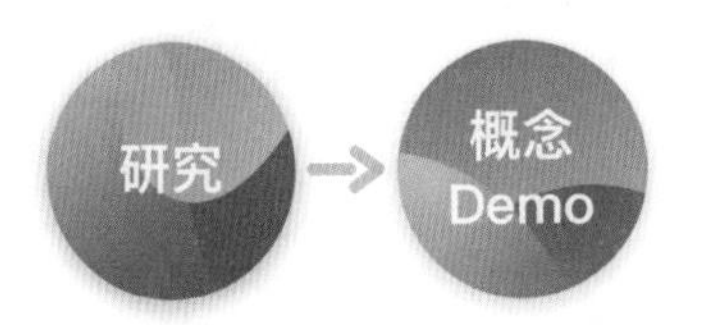

负责人：老板（Boss）
交接文件：概念

产品立项→交互设计阶段

负责人一般是产品经理（Product Manager)，这一阶段交接的文件是“需求文档”。产品经理负责协调工作、统筹项目，需要了解产品的所有流程，提前排查可能出现的问题，保证产品向预估的方向进行。

Work flow

主题	[illegible]	发布日期	朋友圈转发文字	海报文案	尺寸
倒计时海报 （网站上线前宣传造势，引起经纪人围观，了解新酷房的强大，对B端的重要性）	1	9.21早10点	北京酷房网 客源！来电！成交！这都不是事儿！ 一般人我不告诉他	9.26 新酷房网华丽归来 酷房网（显眼放大） 房产o2o线上引流大平台 优秀经纪人专属展示（突出） 更精准客户，更多接来电，更快速成交	680*1080 （手机全屏，考虑不同手机大小，取合适尺寸）
	2	9.22早10点	还在四处找客户吗？ 来这，让客户上门找你！	9.26新酷房网华丽归来 酷房网（显眼放大） 品质房源、优先排序（突出） 拓展更多商机 更精准客户，更多接来电，更快速成交	
	3	9.23早10点	酷房网上线倒计时第3天，9月26日，北京酷房网见！	9.26 新酷房网华丽归来 酷房网（显眼放大） 新增房源实时上架（突出） [illegible] 更精准客户，更多接来电，更快速成交	
	4	9.24早10点	我是21经纪人，专业、靠谱。 买房，来酷房网找我	9.26新酷房网华丽归来 酷房网（显眼放大） 智能排序引擎、定制化呈现（突出） 房源精准匹配 更精准客户，更多接来电，更快速成交	
	5	9.25早10点	北京酷房网 揭幕正式进入倒计时 你准备好了吗！	9.26 新酷房网华丽归来 酷房网（显眼放大） 国际化的平台、值得信赖（突出） 新增全球找房功能，融合国际资源 更精准客户，更多接来电，更快速成交	
	6			酷房网 上（倒计时0）线 北京站	

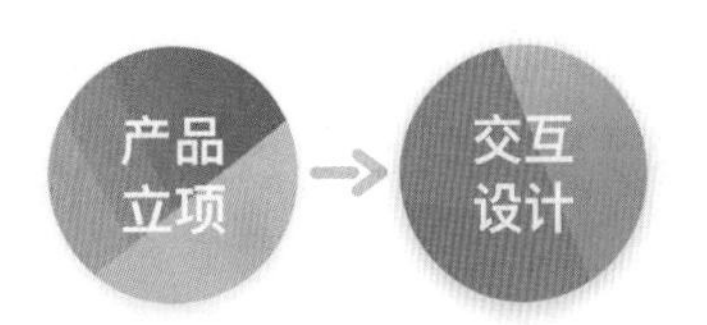

负责人：产品经理（PM）
交接文件：需求文档

交互设计→视觉设计阶段

负责人一般是交互设计师（Interaction Designer），这一阶段交接的文件是“原型+交互说明”。交互设计师是产品设计的灵魂，需要通过用户分析建立用户心理模型，确定产品功能需求，设计用户使用流程，运用交互知识搭建产品核心架构，并设计出原型，最终实现产品的易用、好用。

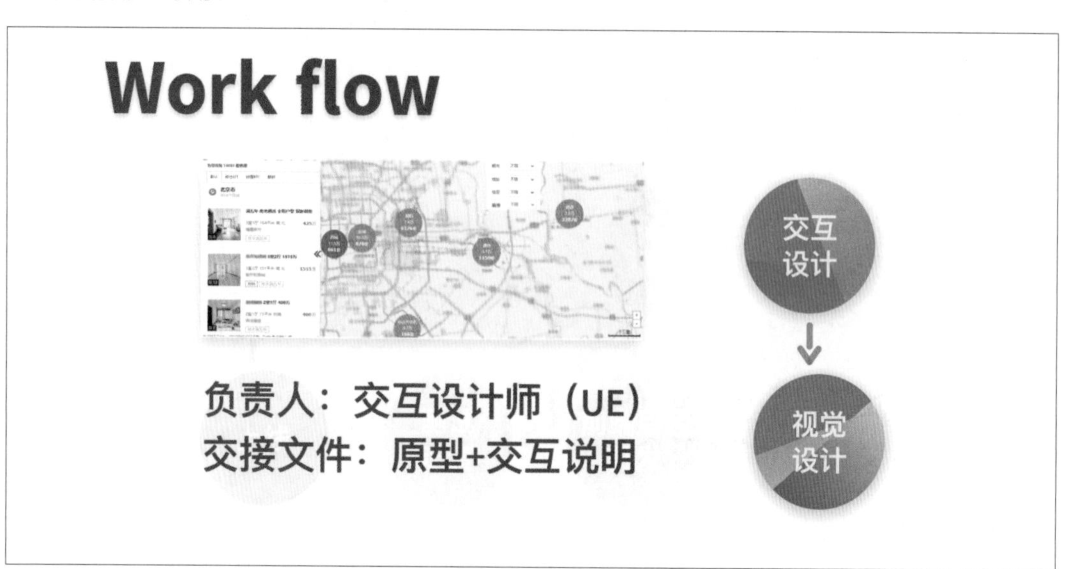

视觉设计→前端/后台开发阶段

负责人一般是视觉设计师（Vision Designer），这一阶段交接的文件是“设计稿+切图标注”。

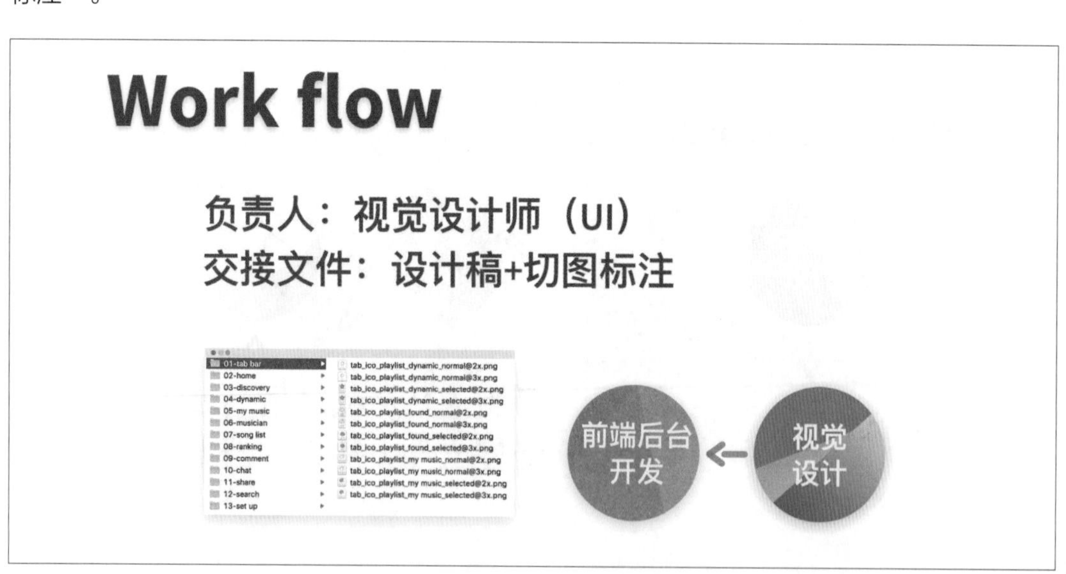

前端后台开发→测试走查阶段

负责人一般是研发工程师（Research&Development Engineer），这一阶段交接的文件是“设计稿+样机+代码”。研发工程师负责产品的最终实现，由前端和后台人员组成。其中前端人员是在工作交接中与UI设计师接触最多的职位之一，在移动开发领域分成iOS系统开发和安卓系统开发。

Work flow

负责人：前端开发（RD）
交接文件：设计稿+样机+代码

测试走查→上线阶段

这一阶段主要进行产品的错误排查、多平台适配、兼容性测试等工作。

此外，还有运营工作。运营是一种从内容建设、用户维护、活动策划3个层面来管理产品的工作。简单来说，运营就是负责对已有产品进行优化和推广。

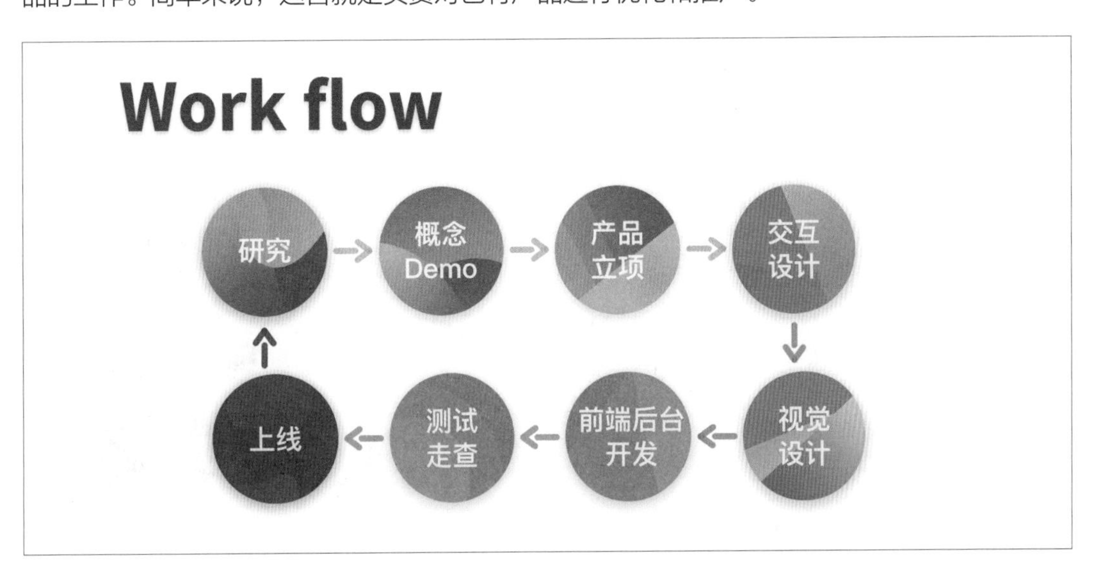

3 互联网产品的团队组成及其工作内容

产品经理（Product Manager）

产品经理是项目的核心成员，负责发起项目、规划产品方向、明确市场定位、定义产品功能、确定上线时间、协调工作、整合资源和分配产品利益等核心工作。

用户研究人员（User Researcher）

用户研究人员负责分析用户需求、分析产品的易用性与可用性、分析用户的使用行为、收集用户反馈等工作，然后对分析后的数据进行归纳总结。

用户体验设计师（User Experience Designer）

用户体验指用户在使用产品过程中的个人主观感受。用户体验设计师需要关注用户使用产品前、使用过程中和使用产品后的整体感受，包括在行为、情感、成就等各个方面的感受，最终为用户提供舒适的产品体验。

研发工程师（Research&Development Engineer）

研发工程师是产品的实现人员，是在工作交接中与UI设计师接触最多的职业之一，由前端和后台人员组成，其中前端人员在移动开发领域分成iOS系统开发和安卓系统开发。

交互设计师（Interaction Designer）

交互设计师是产品设计的灵魂职位，负责通过用户分析建立用户心理模型、确定产品功能需求、设计任务流程、运用交互知识搭建产品核心构架并设计出产品原型，最终实现产品的易用、好用。

运营（Operational）

运营是一项从内容建设、用户维护、活动策划3个层面来管理产品内容和用户的职业。简单来说，运营就是负责已有产品的优化和推广。

测试（Quality Assurance）

测试是产品的保险类职位，只在比较成熟的公司中存在。测试人员负责产品的错误排查，如产品的多平台适配、兼容性等问题。

4 UI的分类

游戏UI

游戏行业有一个特点，就是游戏生命周期短。一些存活较久的游戏也就6个月左右的生命周期，远不如其他互联网产品的生命周期长。这就导致游戏UI设计师只有两种状态——特别穷或特别忙（忙着赚钱）。

多端UI

随着科技的快速发展，UI已经不局限于计算机、手机等，很多家电产品、车载电子设备、商场查询系统、点餐系统等都需要用户界面。

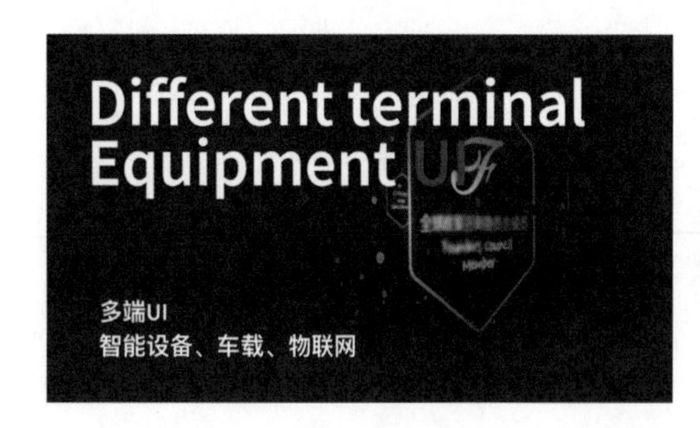

移动端UI

移动端UI主要包括苹果的iOS、Google的Android、微软的Win Phone等系统的用户界面。

PC端UI

PC端的UI指的是电脑端（桌面端）的软件界面，如音乐播放器、桌面端微信等软件界面。

Web端UI

现在很多应用可以直接做成网页端的应用。例如，“淘宝”本身就是一个浏览器，进去以后，程序会自动打开这个网页。

常见的网页端UI有原生UI和网页UI两种。网页UI有以下两点优点。

节约开发成本。一套网页UI就能适应安卓和iOS系统，节约了开发成本。

更新速度快。网页UI可以直接更新，不用进入审核流程，因此可以节约更多的时间。

5 UI设计师的多种职业定位

在国内，UI设计师分为视觉设计师和体验设计师（所做的设计需要符合用户体验）两种。

视觉设计以刺激为中心。产品的设计要能够使产品短时间曝光、抓人眼球。

体验设计以服务为中心。产品设计不需要刺激，而需要淡化设计、突出内容。

另外，根据分工不同，UI设计有很多不同的细分发展方向。

运营UI设计可细分为品牌形象类设计、品牌升级类设计、产品启动页类设计、事件营销类设计和市场推广类设计等。

运营UI设计师需要具备的技能有手绘、3D建模、字体设计、摄影、动画制作以及文案编写。

交互设计师（UX）负责产品的落地，使产品高效、简洁。

2006年，淘宝将设计部改为UED（User Experience Design)，后来很多互联网企业也都将设计部改为UED。

交互设计师需要具备的技能有以下两点。

交互理论，更像是能说服别人的话术。

代码实现，设计师需要懂代码技术，这样才能设计出更好的产品呈现效果。

交互体验和产品思维不存在唯一标准，而是胜者为王。

6 用户体验（UE）设计师的必备技能

在给予用户体验的全部感受中，产品的好用比好看更重要。用户体验设计师需要了解用户真正的需求、产品如何设计能帮助用户解决问题，以及版本升级需要改进的地方。可以概括为发现问题和解决问题。

发现问题

发现问题要求用户体验设计师首先要有改变生活的冲动和永不泯灭的好奇心，然后要进行用户需求分析、竞品分析和数据分析。在此过程中最常用到的是5W原则，5W是指Who、Why、Where、How、What。

解决问题

解决问题一般包括以下5个原则。

以用户体验为出发点。用户体验设计师被视为“科技的翻译者”，而科技是为让人们拥有更好的生活服务。例如，为盲人设计一款手表，首先考虑的不是好看，而是要考虑如何便于盲人操作，有效地实现手表的功用。总之，用户体验设计师要去探索用户到底需要什么，甚至是开发用户的需求，目的是为用户带来更好的使用体验。

减少操作，消除负担。让用户有权中断后续进程，让复杂的行为在后台进行；更进一步剖析用户的需求，而不仅是满足用户的要求；不能把全部权限丢给用户，因为可能用户都不懂自己需要什么。例如，微信的免密支付功能，开启此功能后使用微信付款不需要输入密码即可完成支付，这就减少了用户的操作。

给用户更多必要的信息。在任何时候都提供适当的信息，如为用户提供易于检索、便于学习的帮助信息；让用户能够随时了解系统运行的状态，如进度条（点我加速）、下拉刷新等；为帮助用户导航、过滤信息，在网页端可以根据需要提供正常（Normal）、悬停（Hover）、激活（Active）、点击（Click）、禁用（Disable）5种状态的按钮；在不可撤销的操作上要反复提醒用户。

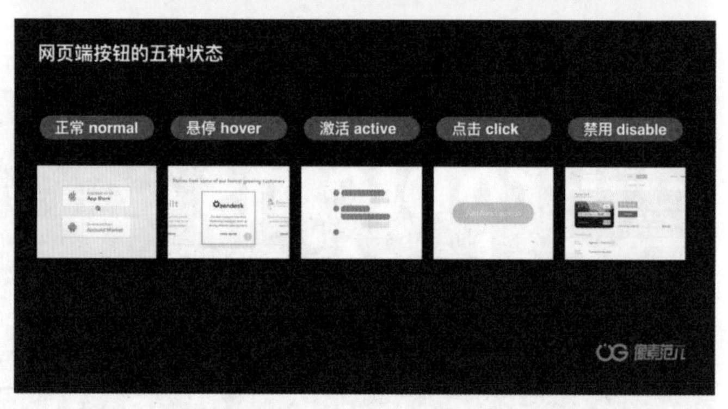

创建账户
设置身份信息
设置支付方式
成功
个人账户
企业账户
国籍/地区
中国大陆
手机号
86
请输入你的手机号码
输入的手机号码将作为账户名。
短信校验码
校验码是6位数字
重新获取短信（42）
同意《支付宝服务协议》
下一步
使用邮箱注册
合适的首选项
适时帮助
及时反馈
提供默认值

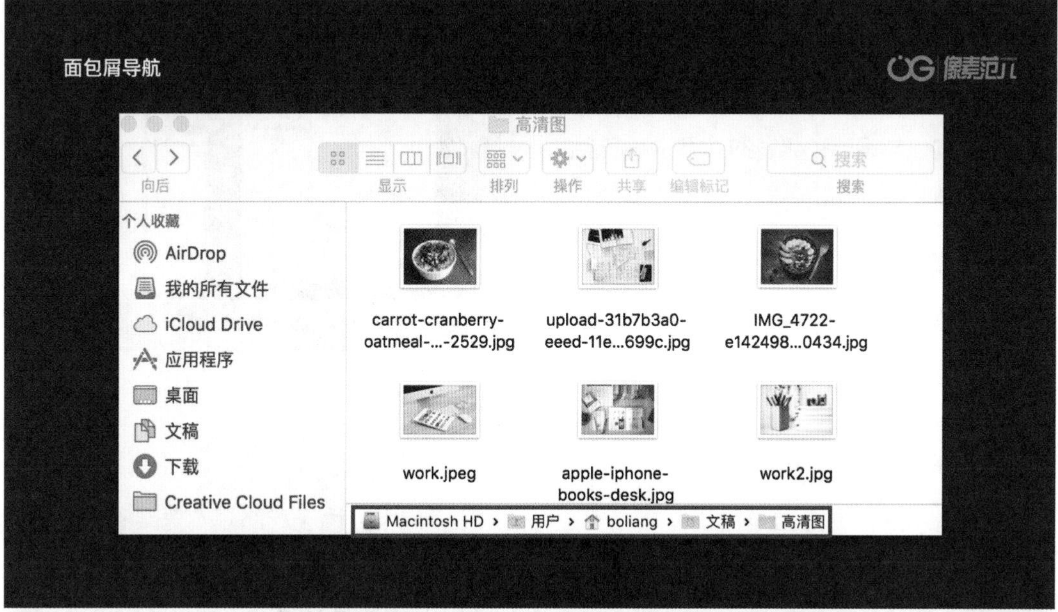
面包屑导航
高清图
向后
显示
排列
操作
共享
编辑标记
搜索
个人收藏
AirDrop
我的所有文件
iCloud Drive
应用程序
桌面
文稿
下载
Creative Cloud Files
carrot-cranberry-oatmeal-...-2529.jpg
upload-31b7b3a0-eeed-11e...699c.jpg
IMG_4722-e142498...0434.jpg
work.jpeg
apple-iphone-books-desk.jpg
work2.jpg
Macintosh HD › 用户 › boliang › 文稿 › 高清图

废纸篓
您确定要删除所选择的 4 个项目吗？
4 个项目将被立即删除。您不能撤销此操作。
取消
删除

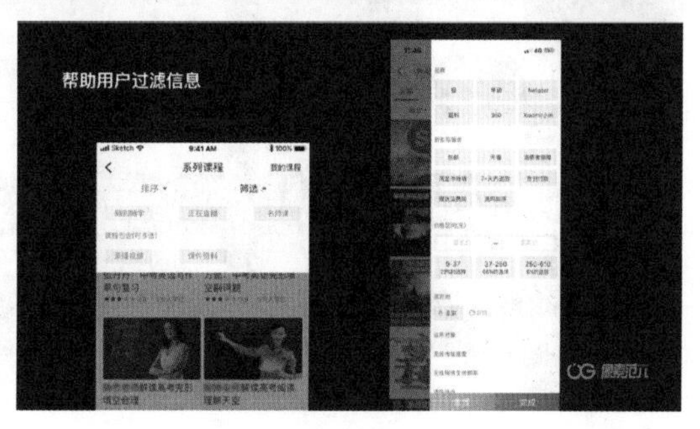
帮助用户过滤信息
系列课程
排序
筛选

化繁为简，少即是多。绝大多数用户喜欢用更简单的操作来实现目的，用户通常比想象中的懒。例如，人类发明了洗衣机、洗碗机、扫地机器人等产品。所以，设计师应当尝试用“懒人”的视角去思考，做简便但不简单的设计。

利用情感化设计制造用户的记忆点。产品具有好的功能，让人易学、易用且感到愉悦很重要。通过设计，为冷冰冰的产品赋予情感，再通过情感去建立与用户长期稳定的愉悦关系，这也是用户体验设计师需要考虑的。

7 UE工作落地内容

用户需求文档（PRD文档）

用户需求文档主要用于产品设计和开发，所以阅读这份文档的绝大多数是设计人员与技术人员。在进行产品讨论立项时，汇报人员会向参与设计和研发的人员讲述产品的定义。技术人员关注更多的是界面、功能、交互、元素等内容。PRD文档是一份详细的产品功能需求说明文档，是产品文档中最底层和最细致的。

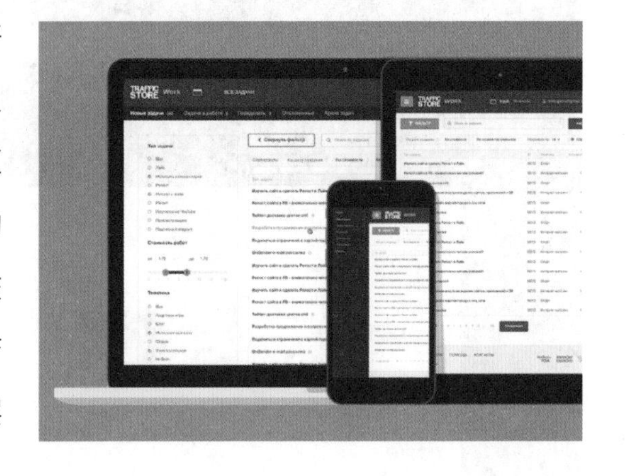

产品结构图

产品结构图要展示出软件的基本结构、页面入口等内容，用于产品基本框架的阐述、功能合理性和用户需求的讨论，是App制作的第一个环节。

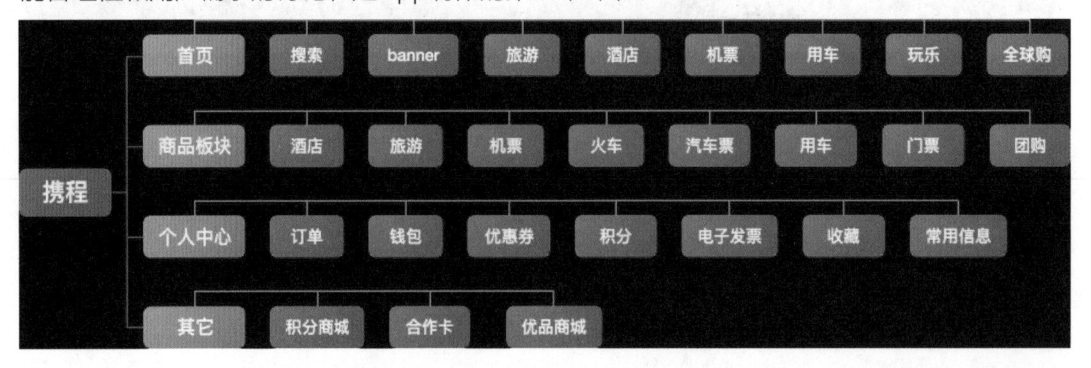

产品线框图

产品线框图通常在软件的雏形阶段，用于团队讨论，是软件开发人员的项目启动参考，一般以手稿形式呈现。产品线框图可以展示交互流程及页面跳转，便于团队成员更直观地模拟用户的操作方式并规划工作量。

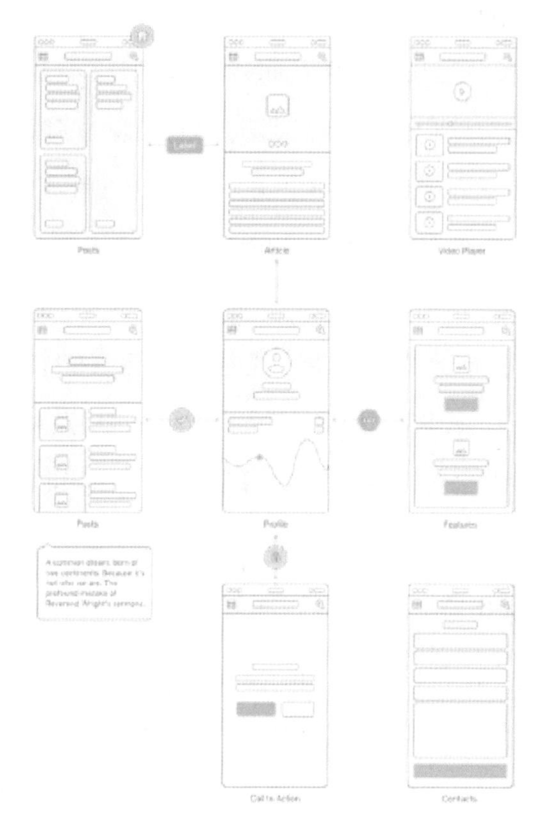

交互说明文档

交互说明文档一般是指用在关键软件页面、主要功能页面或产品特色页面的单独解释说明。它用于检查产品的功能是否实现，以及解释不方便表述的特殊情况页面。交互说明一般和线框图同时制作，只有在软件迭代改版时才单独制作文档。

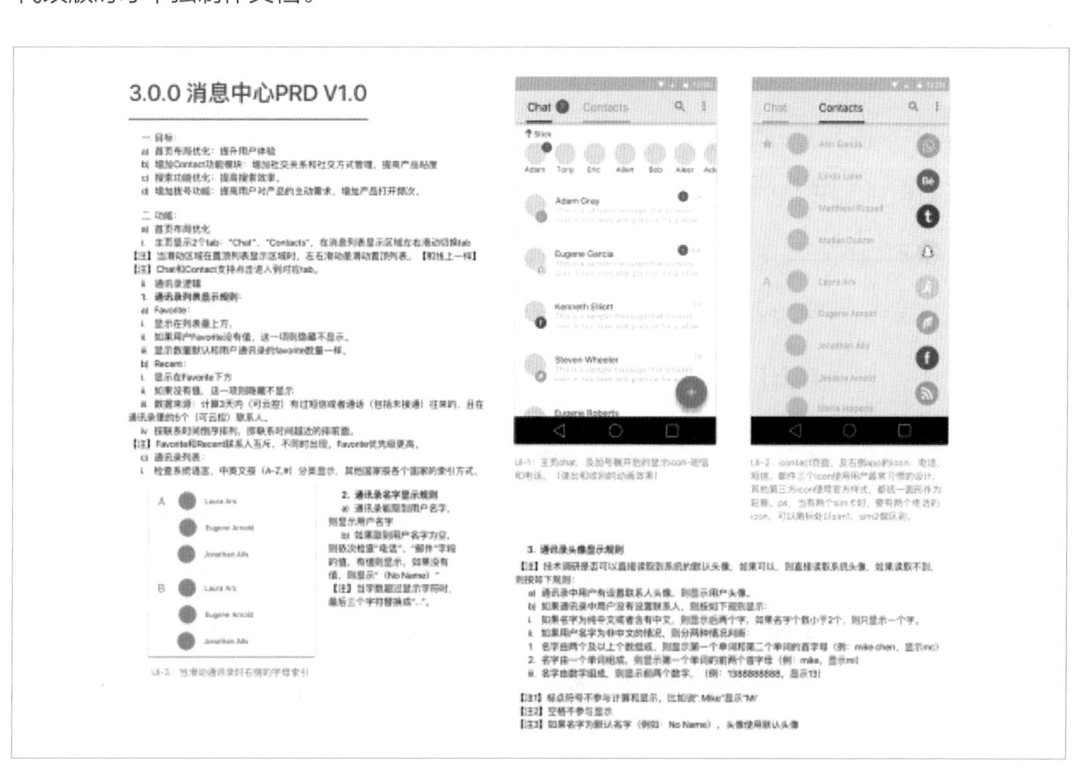

3.0.0 消息中心PRD V1.0

一 目标：
a) 首页布局优化：提升用户体验
b) 增加Contact功能模块：增加社交关系和社交方式管理，提高产品粘度
c) 搜索功能优化：提高搜索效率。
d) 增加账号功能：提高用户对产品的主动需求，增加产品打开频次。

二 功能：
a) 首页布局优化
i. 主页显示2个tab："Chat"、"Contacts"，在消息列表显示区域左右滑动切换tab
【注】当滑动区域在置顶列表显示区域时，左右滑动是滑动置顶列表。【和线上一样】
【注】Chat和Contact支持点击进入到对应tab。
ii. 通讯录逻辑
1. 通讯录列表显示规则：
a) Favorite：
i. 显示在列表最上方。
ii. 如果用户Favorite没有值，这一项则隐藏不显示。
iii. 显示数量默认和用户通讯录的favorite数量一样。
b) Recent：
i. 显示在Favorite下方
ii. 如果没有值，这一项则隐藏不显示
iii. 数据来源：计算3天内（可云控）有过短信或者通话（包括未接通）往来的，且在通讯录里的5个（可云控）联系人。
iv. 按联系时间倒序排列，即联系时间越近的排前面。
【注】Favorite和Recent联系人互斥，不同时出现，Favorite优先级更高。
c) 通讯录列表：
i. 检查系统语言，中英文按（A-Z,#）分类显示，其他国家按各个国家的索引方式。

2. 通讯录名字显示规则
a) 通讯录能获取到用户名字，则显示用户名字
b) 如果获取到用户名字为空，则依次检查"电话"、"邮件"字段的值，有值则显示，如果没有值，则显示"(No Name)"。
【注】当字数超过显示字符时，最后三个字符替换成"..."。

UI-1：主页chat，及加号展开的显示icon-短信和电话。（弹出和收回的动画效果）

UI-2：contact页面，及右侧app的icon：电话、短信、邮件三个icon使用用户最常习惯的设计，其他第三方icon使用官方样式，都统一圆形作为轮廓。ps：当有两个sim卡时，要有两个电话的icon，可以角标处以sim1、sim2做区别。

3. 通讯录头像显示规则
【注】技术调研是否可以直接读取到系统的默认头像，如果可以，则直接读取系统头像，如果读取不到，则按如下规则：
a) 通讯录中用户有设置联系人头像，则显示用户头像。
b) 如果通讯录中用户没有设置联系人，则按如下规则显示：
i. 如果名字为纯中文或者含有中文，则显示后两个字，如果名字个数小于2个，则只显示一个字。
ii. 如果用户名字为非中文的情况，则分两种情况判断：
1. 名字由两个及以上个单词组成，则显示第一个单词和第二个单词的首字母（例：mike chen，显示mc）
2. 名字由一个单词组成，则显示第一个单词的前两个首字母（例：mike，显示mi）
iii. 名字由数字组成，则显示前两个数字。（例：13888888888，显示13）

【注1】标点符号不参与计算和显示，比如说".Mike"显示"Mi"
【注2】空格不参与显示
【注3】如果名字为默认名字（例如：No Name），头像使用默认头像

软件原型

原型是指软件界面设计的模型，包含基本的操作逻辑和界面布局，可以实现在交互工具或交互平台上展示，让测试人员直观地了解软件的功能，并且做出反馈，是视觉设计师接手的最终文档。软件原型分为低保真原型和高保真原型两种。

低保真原型主要表明产品的交互意图，应避免不必要的美化以提高工作效率。低保真原型的表现形式为线框图，可以准确拆分页面以及每个页面的功能模块及展示信息，确定每个页面元素的界面布局。线框图中的元素布局以及功能模块需要无限接近产品上线后的样子。

高保真原型常用于向高层领导或投资人演示产品概念，以寻求项目融资，所以从视觉显示以及交互动作上要与真实产品尽可能相同。高保真原型需要在低保真的基础上进行配色，插入真实的图片、icon图标，以及添加交互事件、配置交互动作等。

成功检验

成功检验通常通过可用性测试、灰度发布等进行检验。

可用性测试，是改善产品的最佳方式之一。简单来说就是发现用户使用产品时出现的问题并做出改进产品的方案。进行可用性测试时需要考虑的主要因素包括用户的代表性、用户的数量、使用场景、是否符合操作流程等。

灰度发布，指产品在新、老用户间能够平滑过渡的一种发布方式。即让一部分用户继续使用A产品，一部分用户开始使用B产品，如果用户对B产品没有什么反对意见，就逐步扩大范围，把所有用户都迁到B产品上去。A / B测试就是一种灰度发布方式。

灰度发布可以在产品发布的初始阶段发现问题，并及时调整，以保证产品更新换代的稳定。进行灰度发布需要考虑的主要因素包括单一变量、同时进行、同一界面等。

小知识：A / B测试

A/B测试是一种定量分析法，是市面上常见的一种灰度发布方式。

简单来说就是A方案和B方案的比较。为同一个目标设计两套方案，一部分用户使用A方案，另一部分用B方案，通过用户的使用情况，衡量哪个方案更为优秀。

数据支持

在数据收集过程中，最核心的是客观地描述用户感受，纯粹地描述用户行为（感知）。这里对数据用途和数据来源进行讲解。

数据用途。数据主要用于日常监测、驱动设计、效果评估与产品迭代。

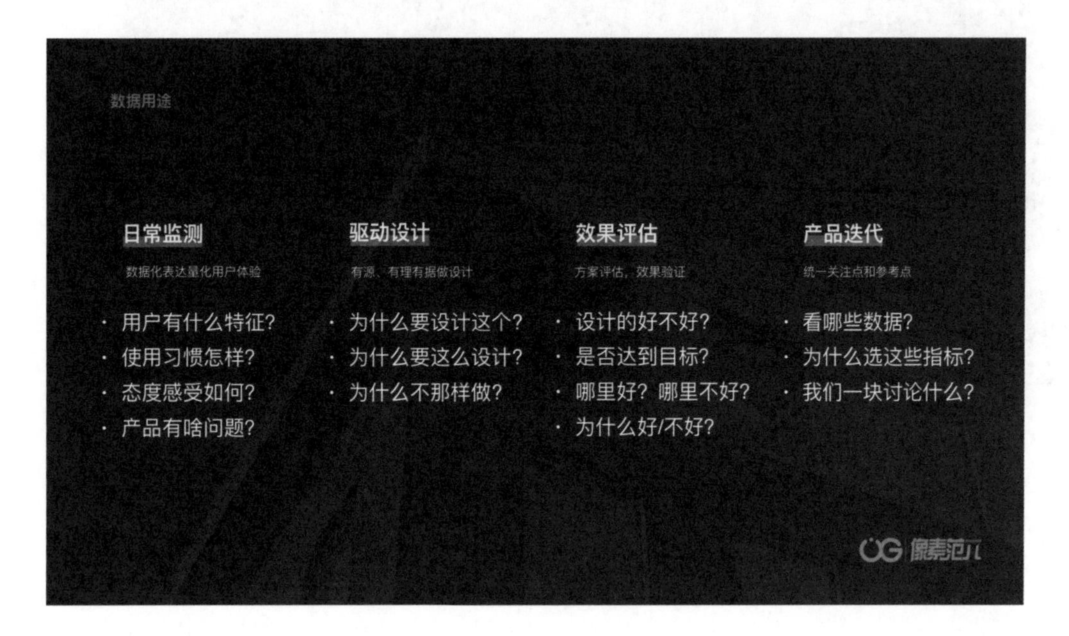

数据来源。分为后台数据、抽样调研数据和第三方数据。后台数据主要有用户、流量和交易；抽样调研数据主要有定性和定量。

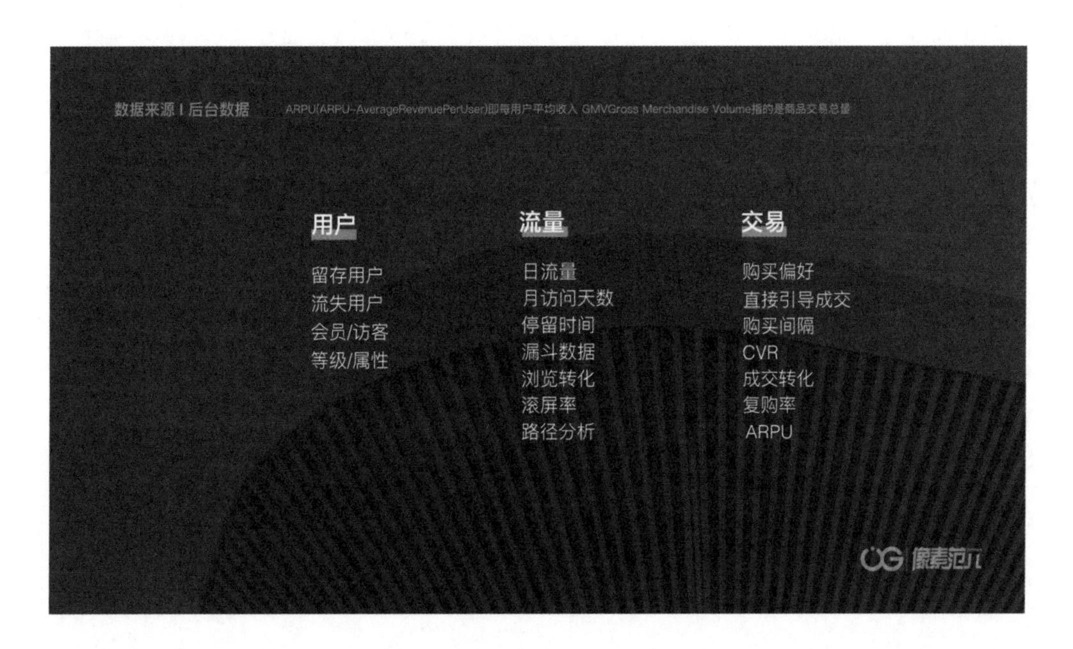

设计时应该知道的数据

PV（Page View），即页面浏览量。用户每一次对网站中的每个网页访问均被记录1次，用户对同一页面的多次访问，访问量累计。

CTR（Click-through Rate），即点击率，指的是点击次数占展示次数的百分比。

CVR（Click Value Rate），即转化率，是衡量CPA广告效果的指标。

UV（Unique Visitor），即独立访客数。通常情况下是依靠浏览器的cookies来确定访客是否是独立访客（之前是否访问过该页面），同一个访客多次访问也只算1个访客。

UIP（Unique IP），即独立IP，和UV类似。正常情况下，同一个IP可能会有很多个UV，但是同一个UV只能有一个IP。

VV（Visit View），即访问次数，是指统计时段内所有访客的PV总和。

小知识

CPA广告是指按广告投放实际情况计价的广告，即按回应的有效问卷或定单来计费，而不限制广告的投放量。

cookies指某些网站为了辨别用户身份、进行会话控制跟踪而储存在用户本地终端上的数据，而这些数据通常会经过加密处理。

下图所示为根据数据来源得出的解决方案的案例。

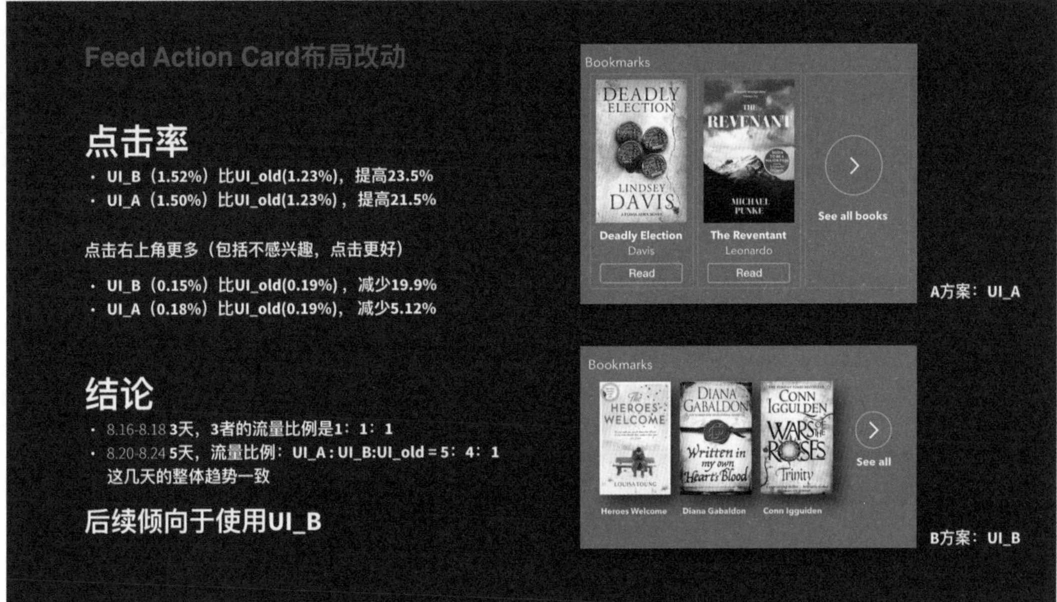

8 UE设计师成长须知

UE设计师在成长的道路上需要经常浏览的4个网站。

（1）优秀作品：优阁网。

（2）优秀设计文章：简书文章。

（3）灵感网站：muzli 。

（4）理论网站：人人都是产品经理。

9 中国互联网产品现状

竞品竞争激烈

在现在的互联网环境下一旦有一种互联网产品发展得很好，很快就会出现大量类似的产品，例如打车、共享单车、外卖、短视频等领域。

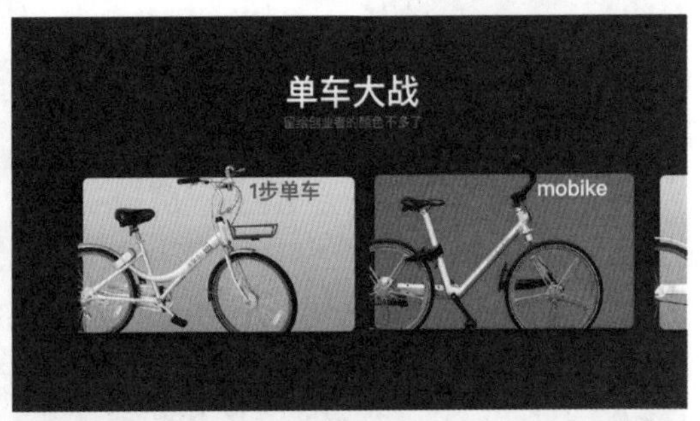

相互借鉴

很多同类互联网产品都会相互借鉴。例如淘宝、京东、天猫的页面结构基本是一致的，如下图所示。

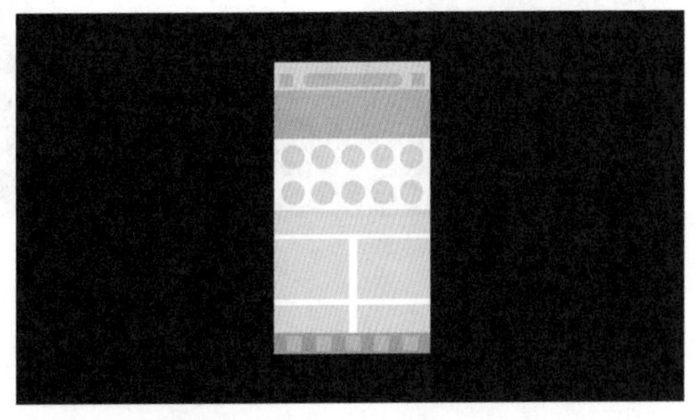

很多App会相互借鉴，如优酷借鉴了Youtube，淘宝借鉴了eBay，消消乐借鉴了Candy，无秘借鉴了Secret，脸萌借鉴了Uface，陌陌借鉴了tender，滴滴借鉴了Uber，百度的搜

索引擎借鉴了谷歌，知乎借鉴了Quora，抖音借鉴了musical.ly。

左边是微信，右边是阿里旺信

微信的朋友圈和阿里的生活圈

很多新人会认为“借鉴”是错误的，设计必须完全“原创”。实际上，人类在技术、科学方面的进步都是建立在前人的基础上的，借鉴并不是一种绝对的错误。

10 作业：制作聊天界面（UI100Day）

作业要求 寻找一款App的聊天界面作为参考，并制作一个聊天界面。包含头像、用户名、聊天内容、发送时间、导航、输入框等信息。

使用软件 Sketch（或Illustrator）。

训练目的 学习界面设计。

参考如下图所示

第一次完成效果如下图所示

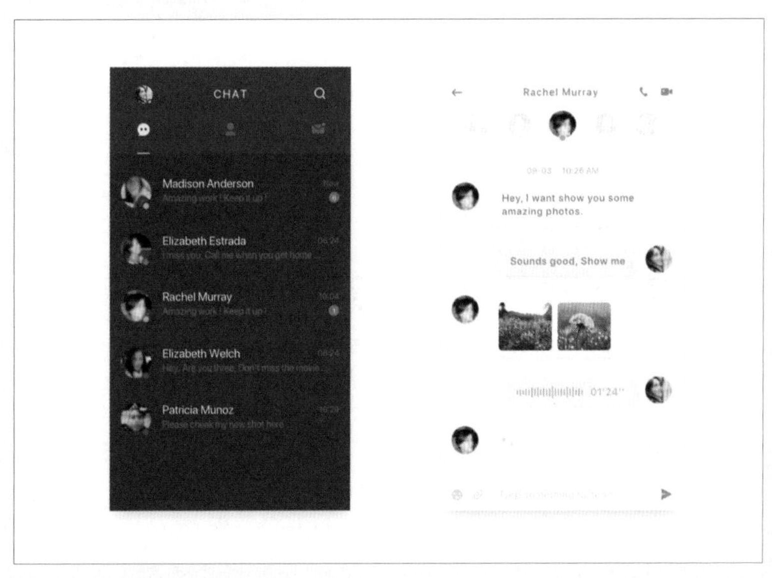

老师点评 在视觉稿的图片选择中，建议选用室内或冷色调的风景图片，因为在简洁的界面中使用植物类图片或颜色艳丽的图片会比较突兀。在头像图片的选择中，是否带颜色最好统一，建议换掉界面中的灰色头像图片。建议去掉右侧界面中灰色对话框的投影，吸取背景颜色并适当加深作为填充颜色，文字颜色适当加深。

修改后效果如下图所示

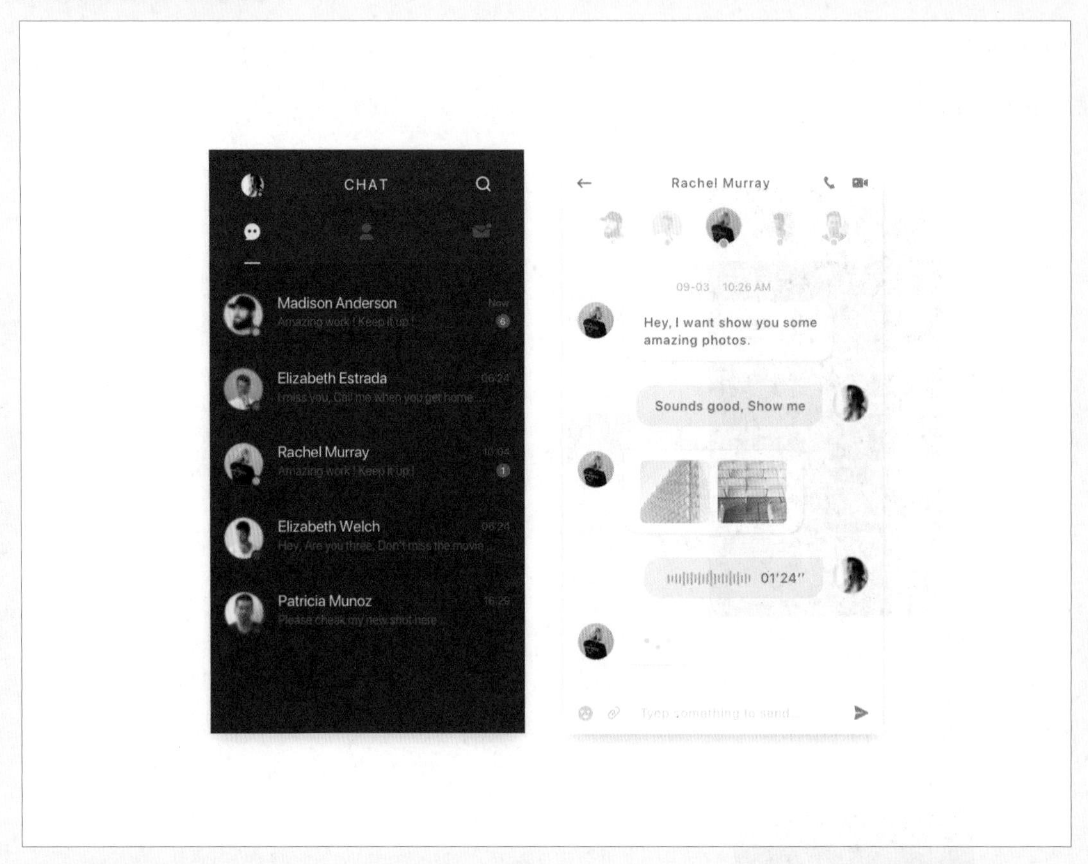

作品修改如下

（1）头像图片整体替换为背景为纯色的头像图片。

（2）“回复”对话框的阴影已去除，颜色已调整为偏灰的蓝色，文字颜色加深了。

（3）右侧界面的图片替换为建筑图，并且图片与界面整体色调相统一。

绿点作业欣赏

作品来源 像素范儿线下课程班第33期学员高锦龙。

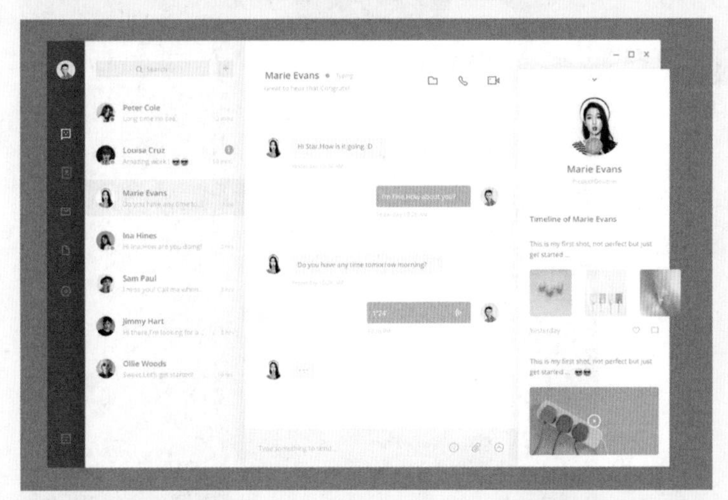

参考图

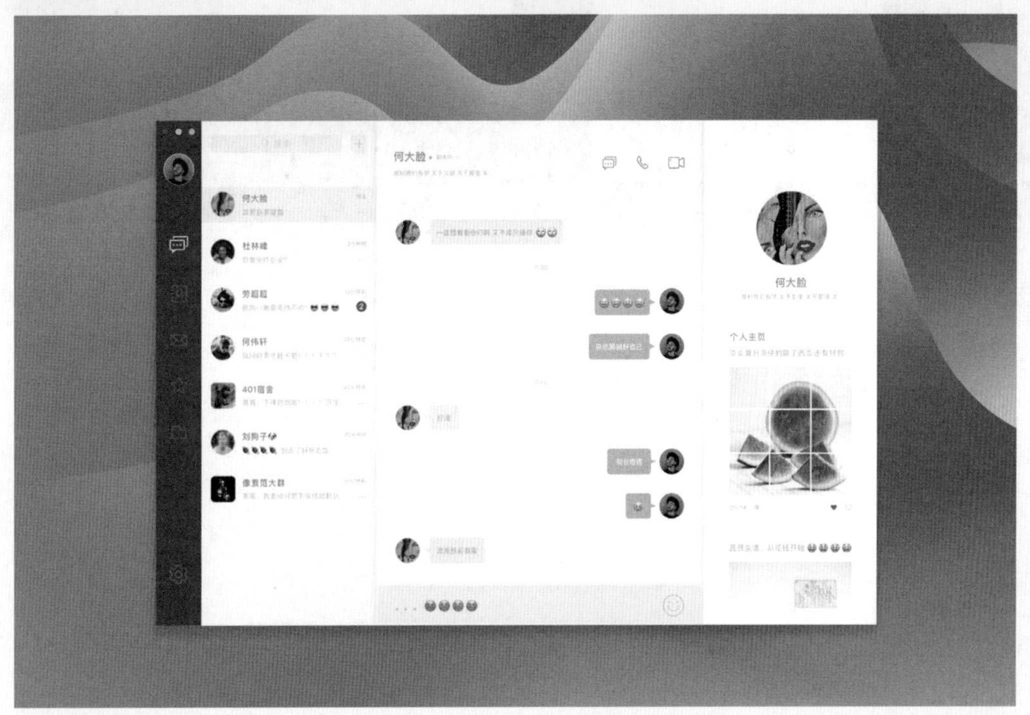

完成效果图

老师点评 界面整体没有大毛病，细节的地方继续调整。比如，灰色对话框的颜色再浅一些，“点赞”添加上点赞的数量。界面左侧部分的圆形和方形头像具体作用不明确。头像的图片不好看，建议选择干净背景的人物头像。衬托界面的背景与界面不搭，比较突兀，背景要跟界面有呼应。

作品来源 像素范儿线下课程班第33期学员赵威。

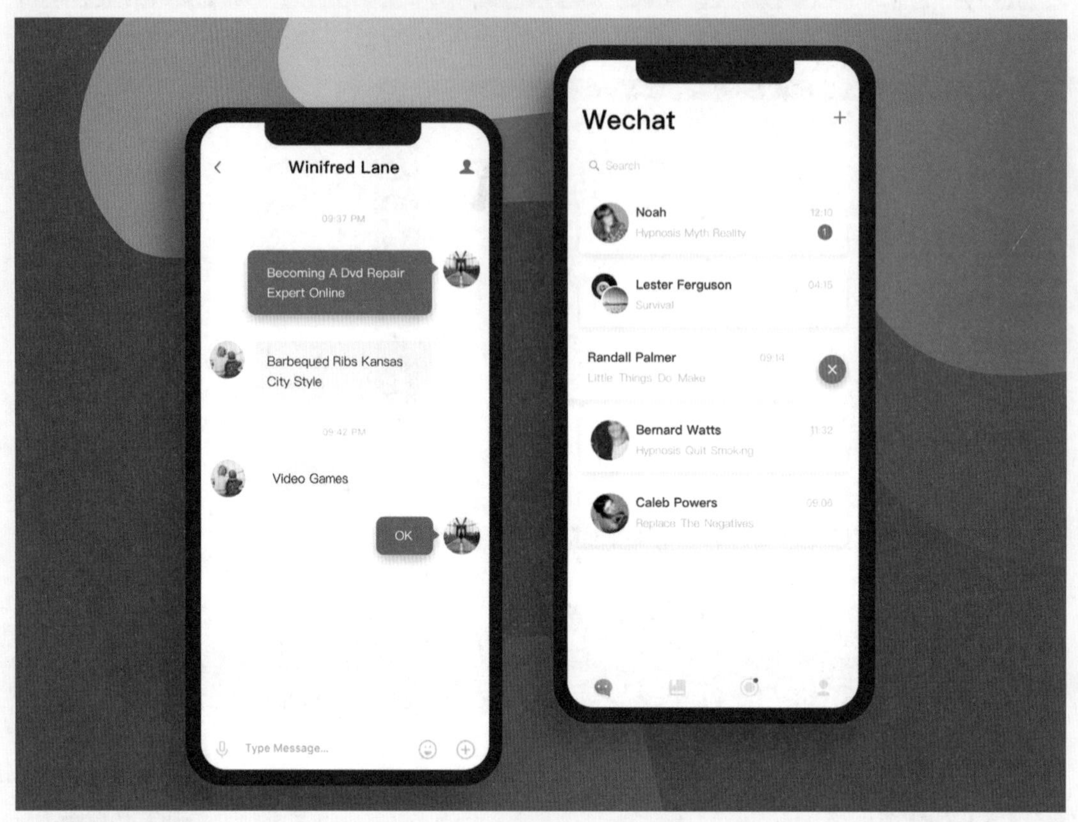

完成效果图

老师点评 比较完美的作业，没有太大的问题。可以做进一步的修改，比如，把手机壳去掉，右侧界面的两个红色按钮做一些区分，底部的蓝色渐变按钮与主色调一致。

5

课程5 有源设计

1 什么是有源设计

设计一定是所见、所闻的升华，也就是“有源头”的设计。

例如让没有学过画画的人画一只猫，他可能画得不好看，但因为他见过，所以能凭记忆画出来。但如果让他去画火星人，他不一定能画出来，因为没见过，所以只能去想象怪物，把火星人画成怪物的样子。因此，所设计的东西一定是曾经见过的。

将见过的东西变成自己的就是有源设计。

2 审美要用“好图”来“养”

提高审美是做出优秀设计的第一步。学设计的初期就是要通过看大量的“好图”来提升审美，要让“丑图”从脑海里消失。学艺术的同学对于这一点可能有同感，之前觉得很满意的作品，在看过更多更美的作品后就感觉到原本满意的作品不再满意，但是却不知道怎样画出更好的作品。这种状态表明审美已经开始提升，只是暂时没有具备与之匹配的创造美的能力。

在日常生活环境中，想要寻找有设计美感的事物不太容易。很多设计师接到上司交待的制作海报的工作，自然而然地会想到去素材网站上寻找素材。商场海报、超市宣传单一般也是这样做出来的，久而久之，大家会觉得这就是设计，以致审美能力降低。

有些比较前卫的设计不容易被大众接受。例如，央视大楼采取了彭罗斯三角的设计。彭罗斯三角从空间构成着手，创造了一个独特的形态，观看者从不同的角度看都会有不同的体验，很现代、很有设计感。

如何寻找好看的东西

网站推荐：Dribbble、Behance、Instagram、优阁等网站。

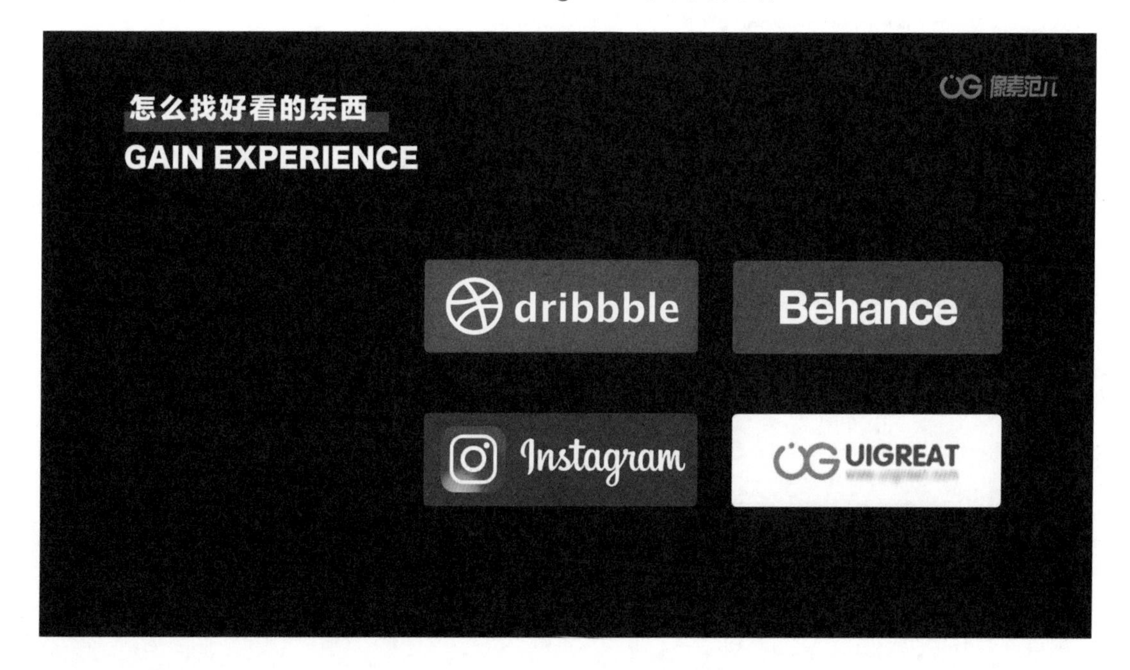

如何正确使用Dribbble

在Dribbble上找到优秀作品。在导航栏的“Shots”栏目下可以查看热门作品，其中“popular”相当于每日热门，排在页面前面的是浏览量和点赞人数最多的作品。

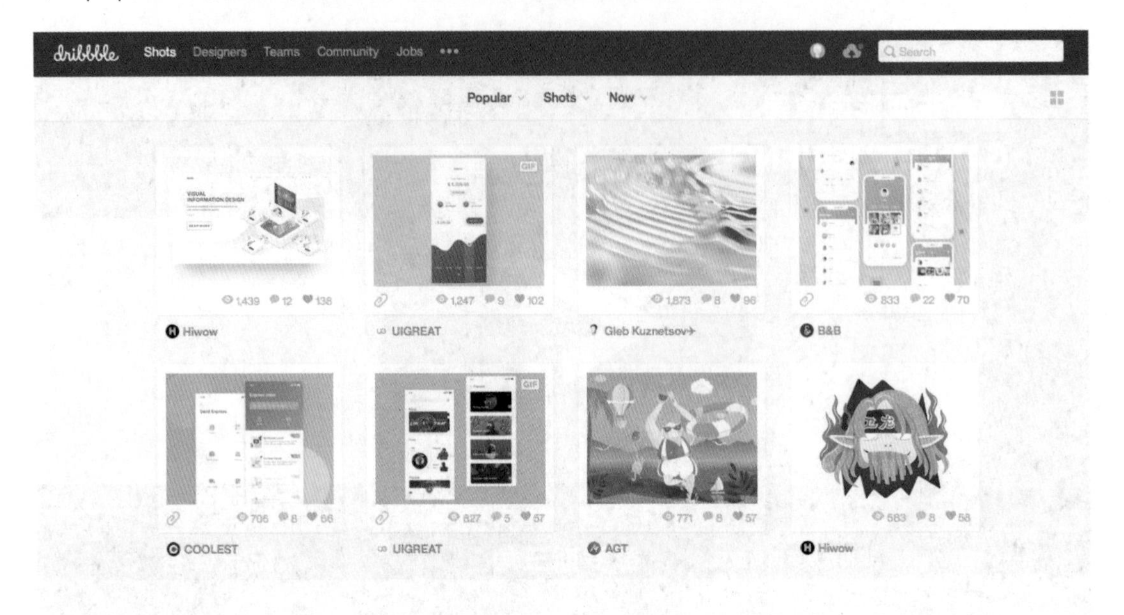

下面讲解如何在Dibbble上找到配色灵感。

（1）打开一个优秀的作品，网站会归纳该作品所用到的颜色。

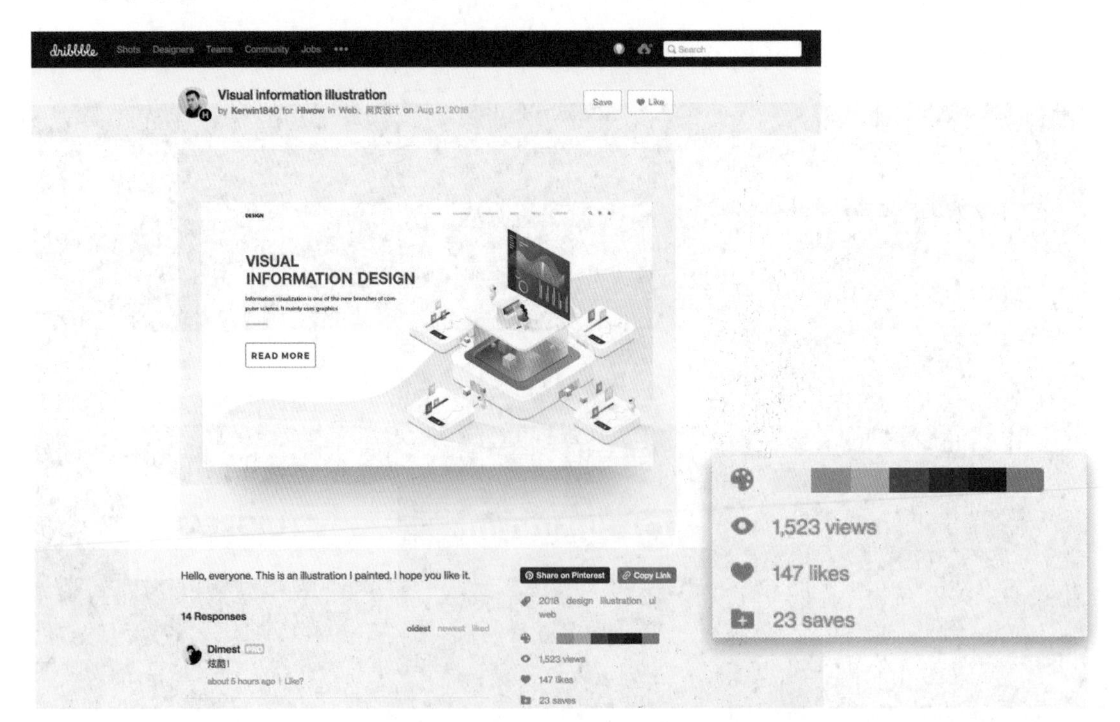

（2）Dribbble支持通过颜色来查看作品。如果遇到配色的问题，可以使用下面的方法来寻找灵感。

①在导航栏单击▪▪▪，选择“Colors”。

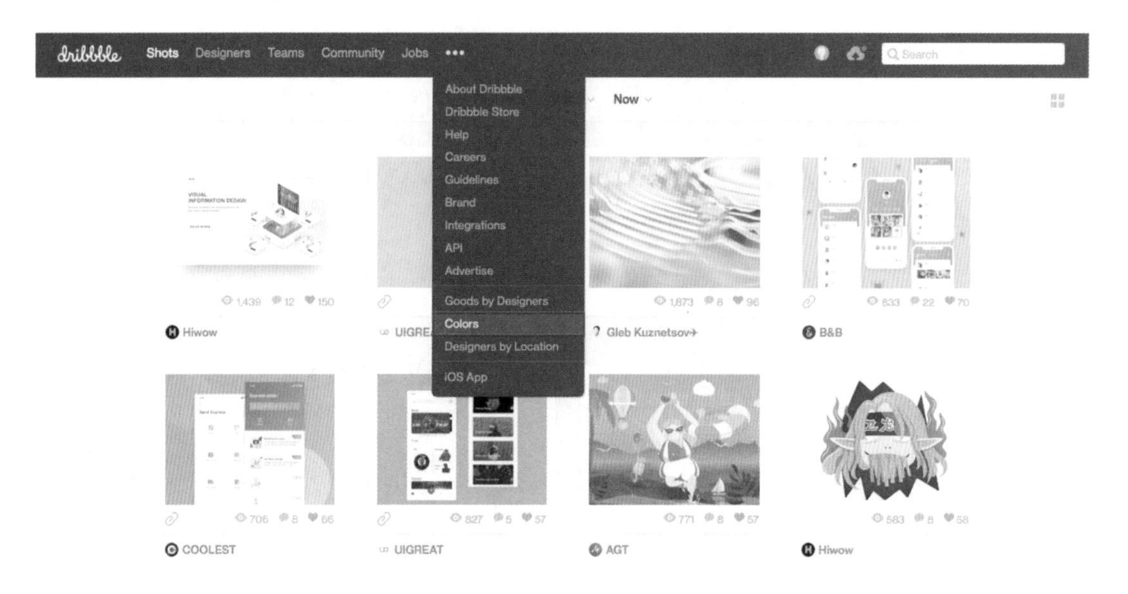

②单击颜色数值右侧的小三角，选择一个颜色，单击“update”按钮，页面中会罗列出与该颜色相关的作品。

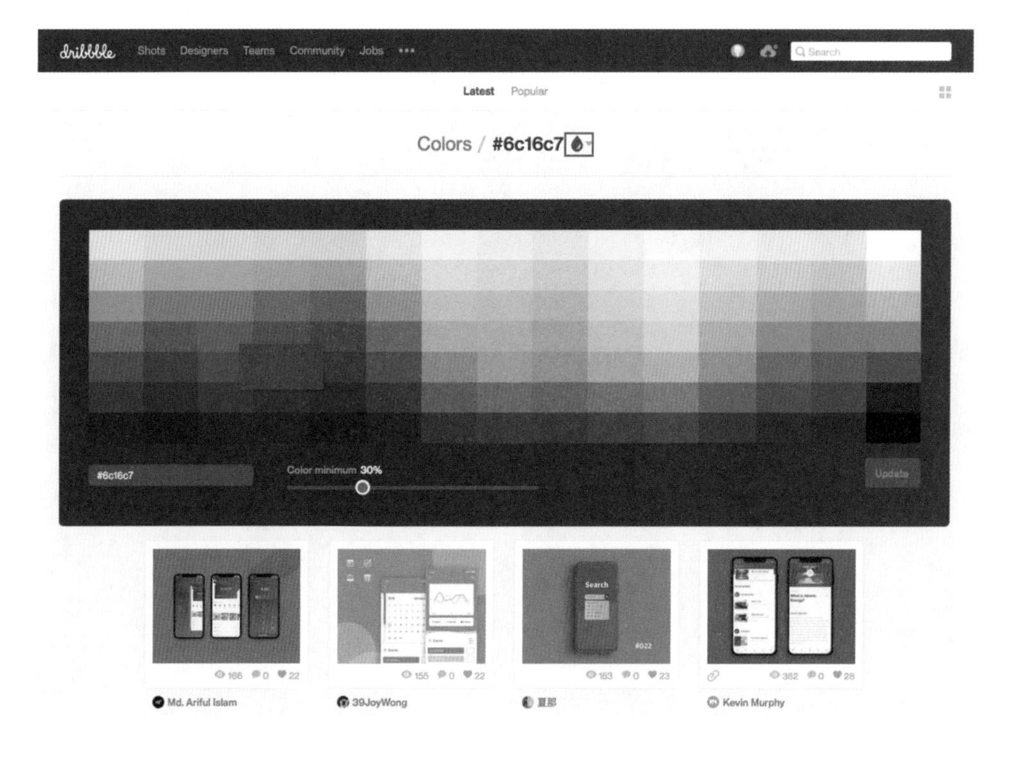

下面讲解如何使用Dribbble收藏夹建立自己的素材库。

（1）在作品的下方，图标表示收藏夹，旁边的数字表示有13个人将这个作品收藏到收藏夹中。单击数字可以看到收藏此作品的用户，通过看这些人的收藏夹，可以找到更多相似的作品。Dribbble没有筛选功能，通过关键词进行搜索，一些作品可能寻找不到。

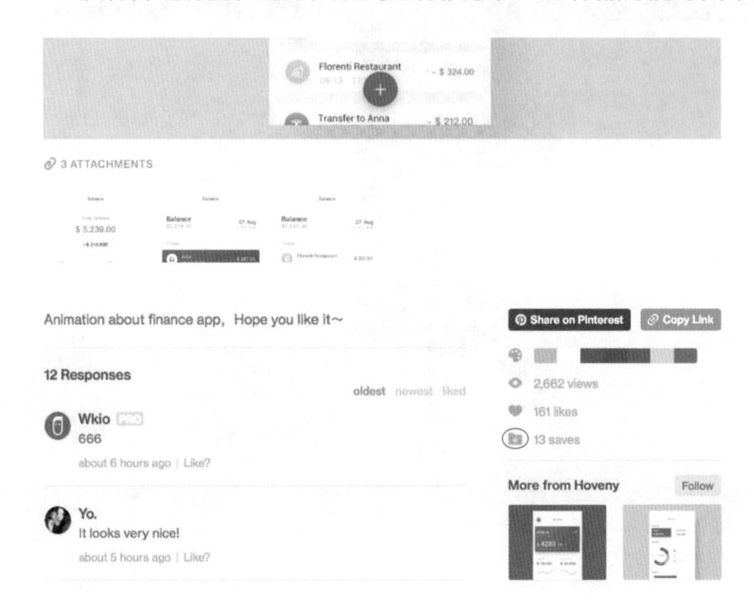

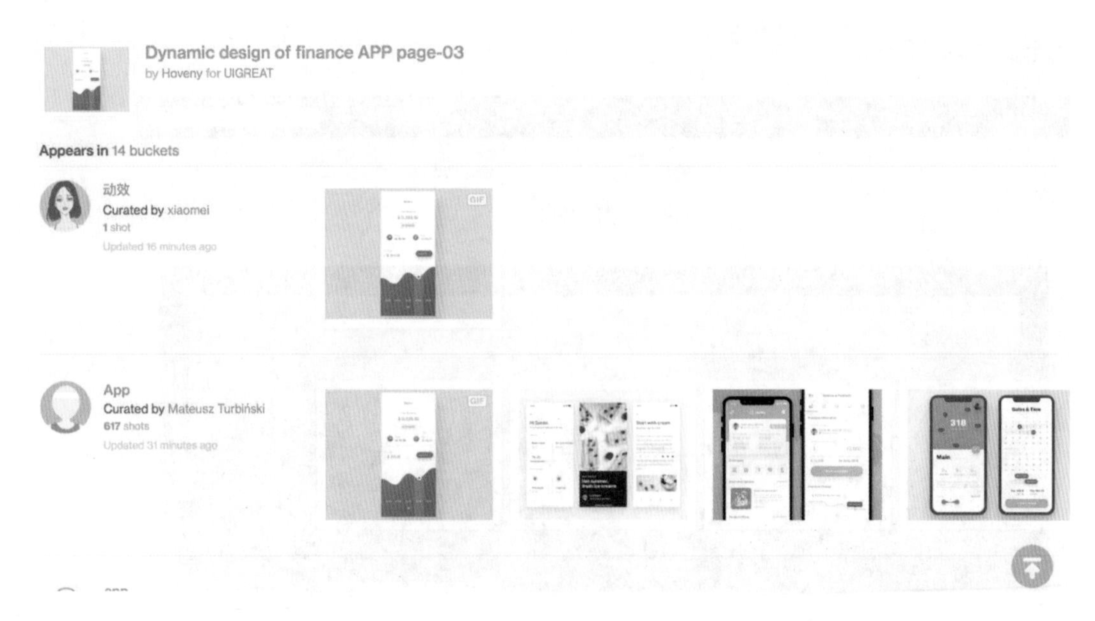

（2）打开相似作品，如果觉得不错，单击“Save”按钮，将它收藏到自己的收藏夹中。

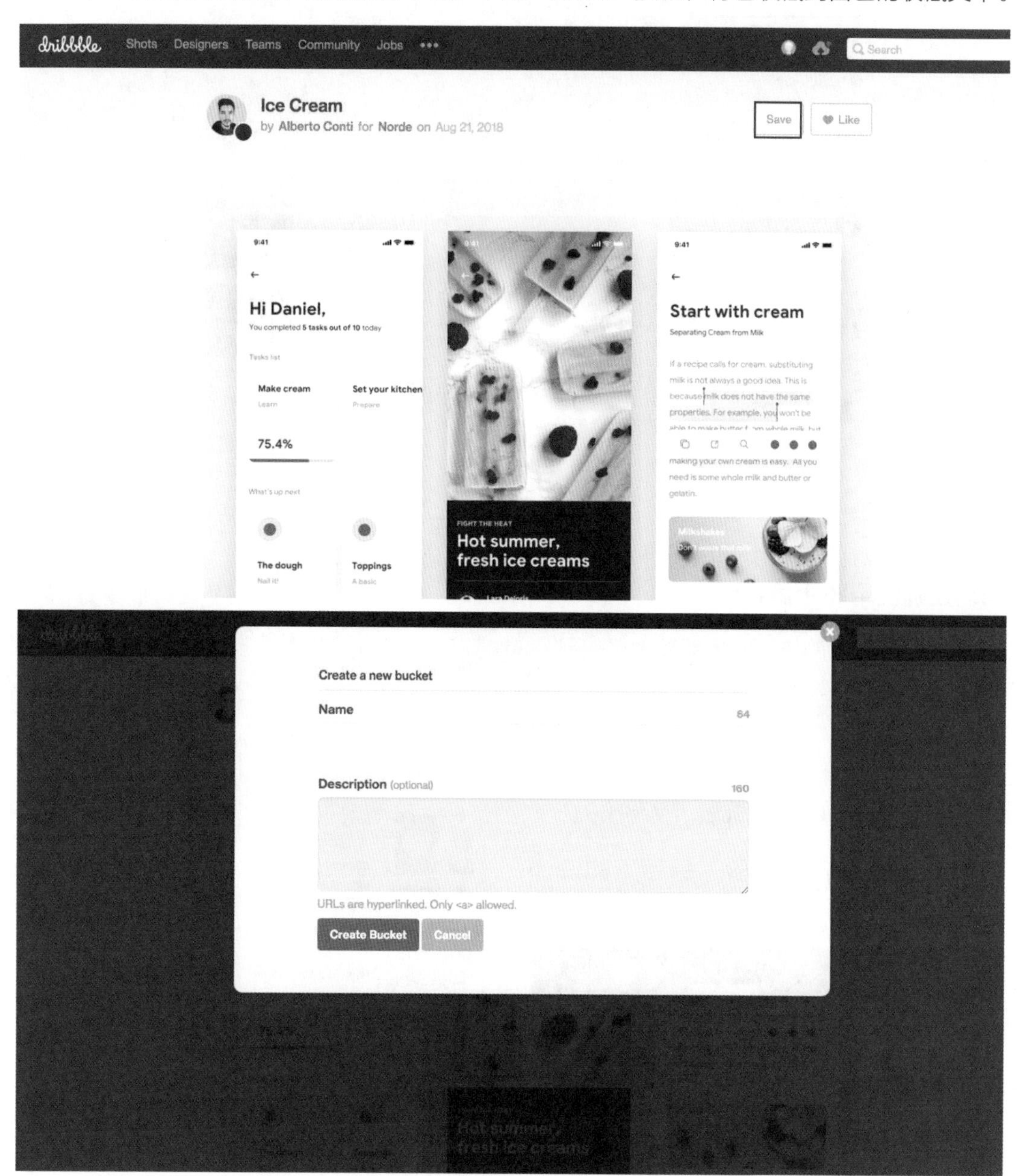

（3）在作品下方能够看到该作品设计师的社交软件图标，单击可以跳转到设计师的社交App。

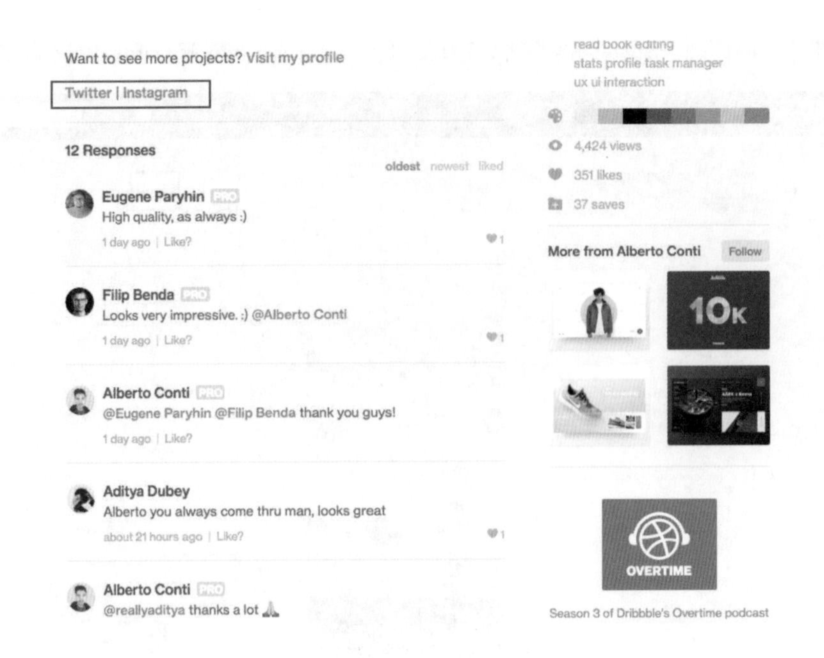

如何正确使用Behance

Behance中的作品大多都是上线作品，包含设计的各个领域。

单击🔍图标。在“所有创意领域”中有各种标签，建议UI设计师看“Web设计”和“用户界面/用户体验”标签下的设计作品。

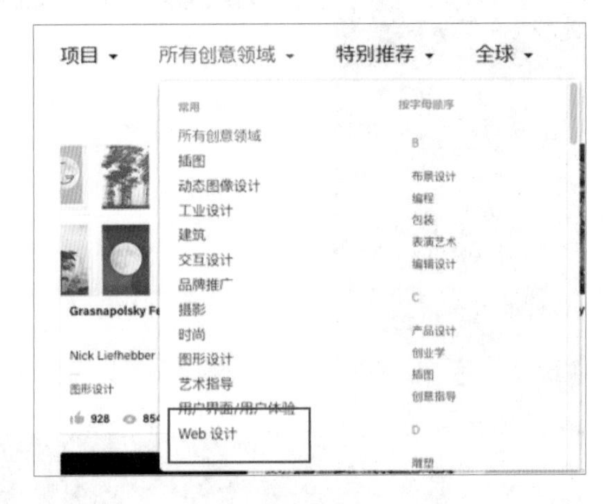

作品人气和时效性。根据浏览量和点赞人数判断是否为优秀作品，建议UI设计师看近两年的UI作品。

关注优秀的设计师。如果觉得设计师的作品优秀，则单击“关注”按钮，随时关注设计师的新作。单击用户名则进入设计师的个人主页，单击“关注作品集”按钮即可关注设计师的作品集。作品集是该设计师关注的设计作品，从中可以挖掘出对自己有参考价值的设计作品。

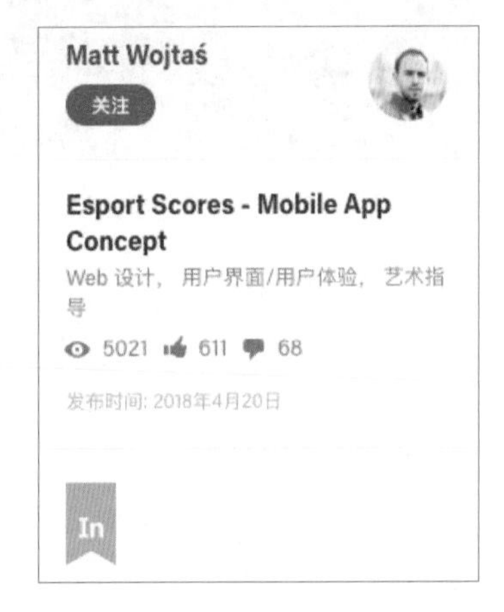

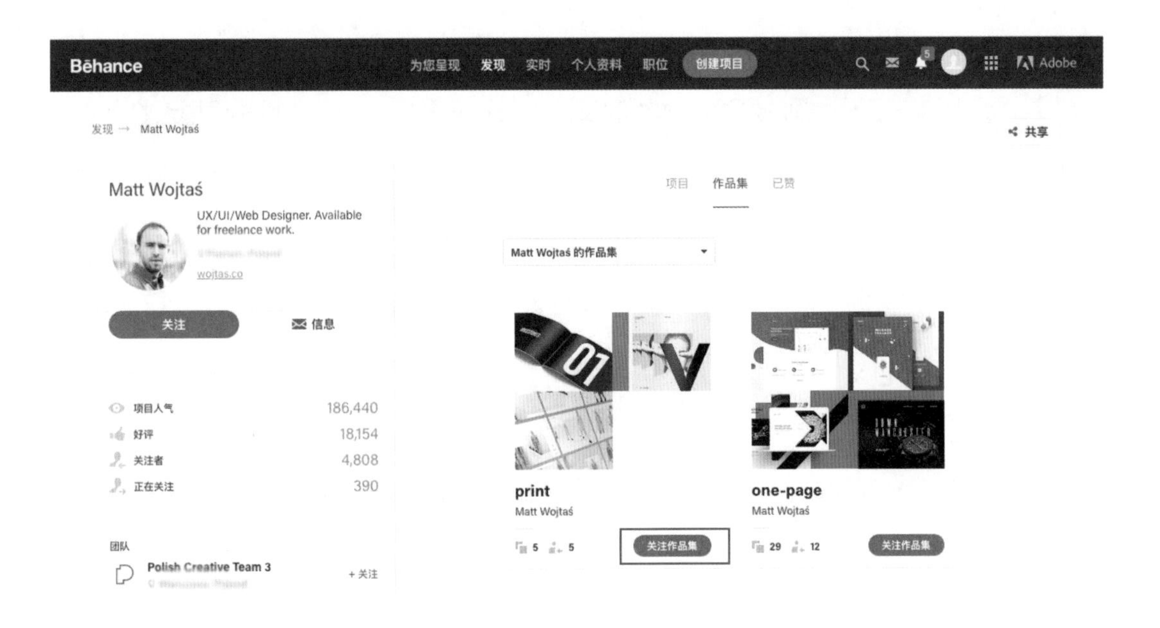

让浏览成为习惯

设计师应该浏览各类与UI相关的网站，了解行业和设计趋势，让浏览成为习惯。

整理自己的收藏

每天看，每天收藏，将收藏的作品进行分类，然后不定期回顾，整理自己的收藏，将不再满意的收藏删除，久而久之审美能力会逐步提高。

例如，花瓣网用户skys的收藏夹分类清晰明确，在需要素材时能够快速找到想要的参考素材。

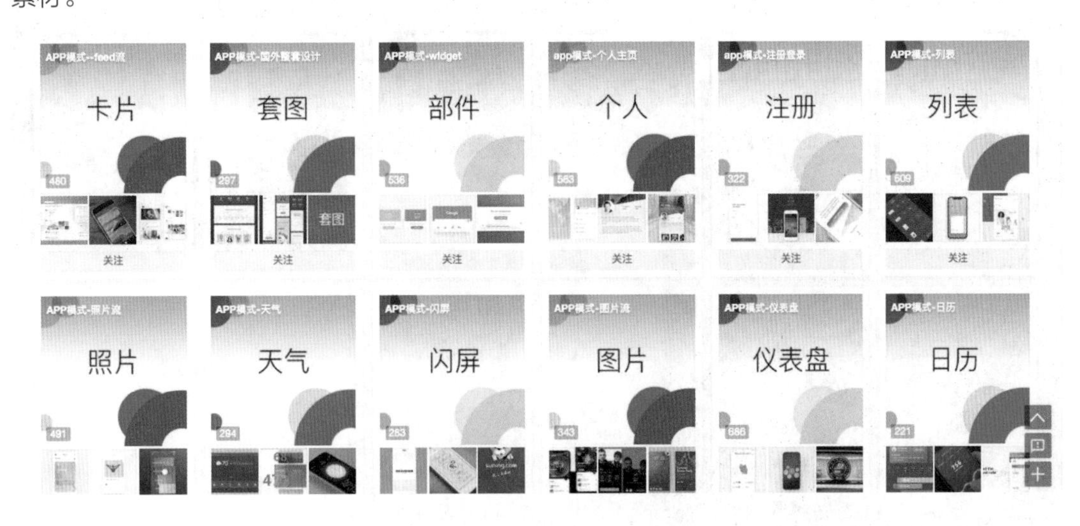

设计师的武器——素材库

素材的积累决定设计师的深度，优秀的设计拼的就是素材多。设计师要有每天收藏素材的习惯，素材积累的深度决定设计师的高度。

细节决定优秀程度

“细节决定成败”，对于设计师来说“细节决定优秀程度”。设计师应该整理好自己的电脑桌面，将平时收集的素材做好编目，将每一处细节尽可能完美处理。

丰富自己，多读书

多看文章丰富自己的知识，积累量达到一定程度后，能够开阔自己的视野并从中获得灵感。通过阅读大量的文章学习表达，在工作中要学会表达，学会阐述自己的设计思路，会表达的设计师往往更加优秀。平时多看简书、知乎、medium和人人都是产品经理等网站，以提高自己的专业性。

3 看过之后要归纳总结——设计风格整理

标题文字的排版

简单排版主标题和副标题区分层级，主标题要清晰，副标题要弱化。很多设计作品经常会使用瘦长的英文字体作为主标题，以提升版面的设计感。

点缀线用细线做装饰，平衡画面视觉。要注意不要乱用点缀线，所有的装饰一定是为了突出内容。

多彩渐变运用

多彩渐变多用于电商的Banner装饰和背景。它的特点是使用大量的艳丽颜色，丰富艳丽的颜色可以营造出热烈的气氛。

半透颜色叠加

半透明颜色叠加风格起源于设计师MBE。他早期的作品是断线风格，后来断线风格被广泛应用，因此导致大众视觉疲劳。后来MBE开始改变自己的风格，创造了这种半透明颜色叠加的设计风格。这种风格目前多用于Logo、图标和背景点缀装饰等。

断线风格

透视层次叠加

在移动端UI设计中，屏幕尺寸很小，如何体现内容层级是一大难点。透视层次叠加的卡片设计方式，可以通过空间感突出交互层级来应对这一难点。

渐变阴影层次叠加

渐变阴影层次叠加风格操作简单，在Photoshop中加一个渐变或者蒙版就可以做出来，常用于字体设计、Banner运营设计等。这种风格是将文字与文字，或文字与实物穿插摆放，以体现画面的空间感达到更强的视觉效果。

图形点缀的运用

图形点缀常用于海报和运营设计中的背景点缀。

撞色对比风

撞色对比风设计是通过颜色对比产生强烈的视觉效果，加强视觉冲击力。在Dribbble的首页上都是小图封面，很多设计师为了吸引关注，就会使用这种高饱和度的颜色设计。

双色渐变风

近几年开始流行双色渐变风格的设计，它可以增加节奏感，使画面富有变化。这种风格常用于背景和导航栏，例如QQ的PC版。

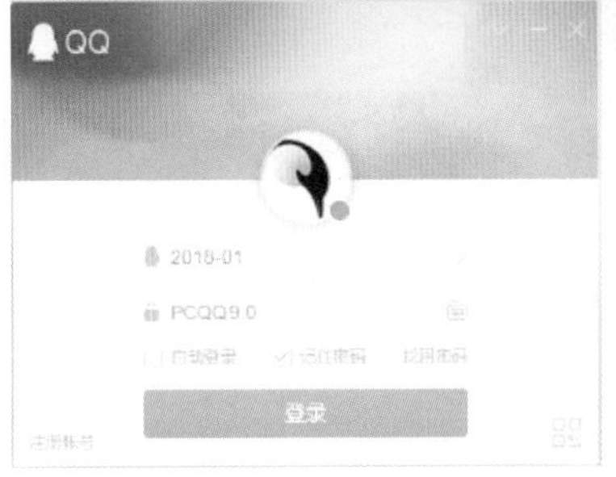

性冷淡风

性冷淡风是一种非常稳定的设计风格，没有强烈的对比，给人清新舒服的感觉。无印良品和宜家的产品海报就是这种风格的典型例子。

无边框设计

无边框设计风格伴随着iOS11的上线开始流行。在UI设计中，曾经用来划分内容区域的边框和边线逐渐消失，现在多用内容之间的留白来划分区域，使设计清晰有层次。这种设计风格的特点是掌控注意力，减少设计束缚，增加界面利用率，提升设计效率。例如，Instagram、airbnb（爱彼迎）、苹果音乐、medium等App的界面设计就采用了这种风格。

4 从画面中挖掘出更多的信息——设计细节的把控

视觉重心对齐

物体拥有同样的物理高度与大小，但仅凭物理对齐看起来视觉高度与间距并不一致，所以在进行物理对齐之后，还应该按照它们的质量区域进行大小与间距的相应调整。

用简单的几何图形来举例，形状不同的图形，面积大小不一，视觉重心也不一样。调整几何图形的大小，使之面积大致相等，视觉重心就对齐了。

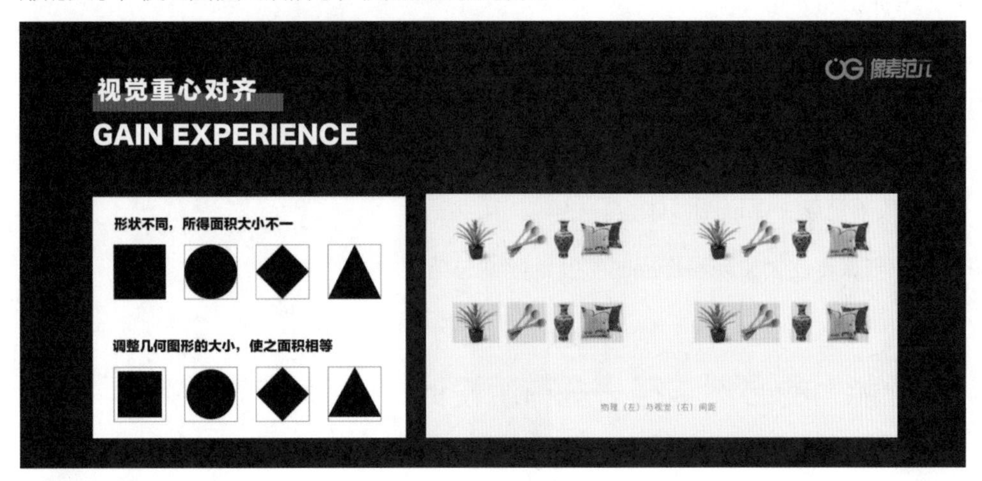

字体对齐方式

当上下分布的元素从左到右的长度相差不大时，应手动调整以达到左右对齐；标点符号占有一定的视觉安全空白区域，应采取手动调整的方式使之对齐。通过下图可以看到经过调整画面看起来更加舒服。

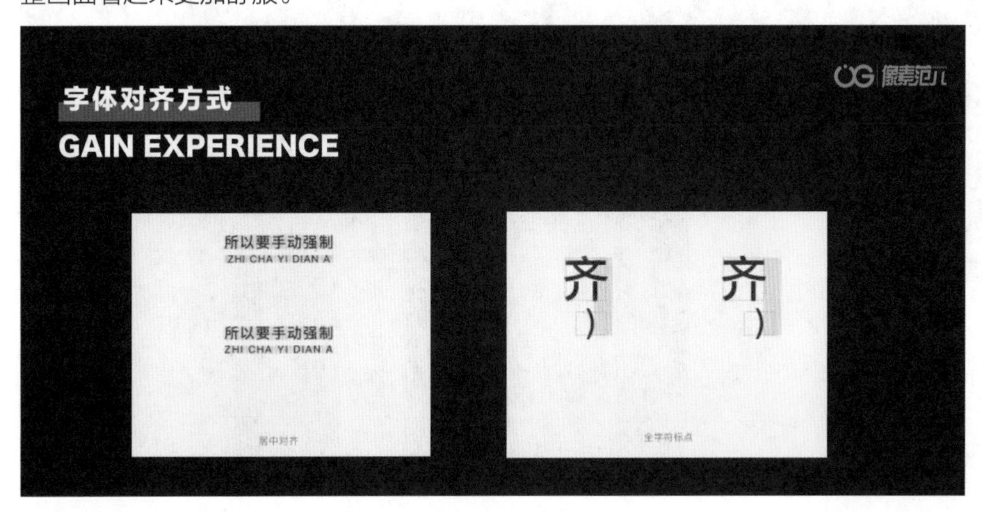

段落对齐方式

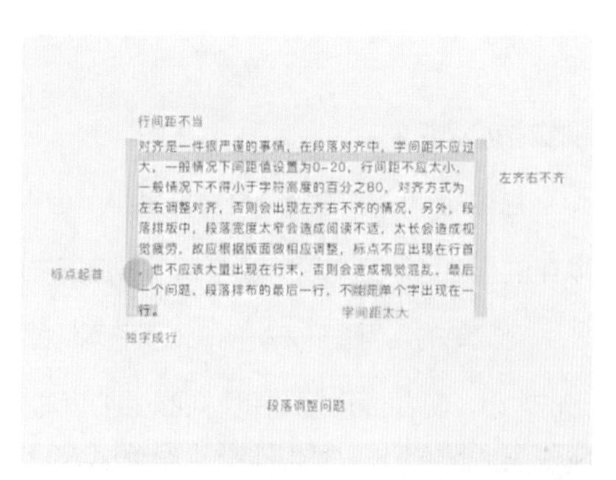

大段文字的设计需要注意以下的细节。

（1）中文段落左右对齐。

（2）英文段落左对齐。

（3）字间距不应过大，一般采用默认设置。

（4）行间距不应小于字高的50%，不应大于字高的120%。

（5）注意段落左右是否调整对齐。

（6）行首不能出现标点起始。

（7）行末尽量不出现标点结尾，造成对齐障碍；不能独字成行。

（8）控制段落宽度，保证阅读体验。

更多设计细节需要在大量观看作品时不断地归纳总结。

5 提升设计能力的必然路径——有源设计

前文有讲过“设计一定是所见、所闻的升华，也就是有源设计。”有源设计是提升设计能力的必然路径，有源设计有5个层次，包括临摹、改动、融合、创作和创造。下面对有源设计的几个主要层次进行讲解。

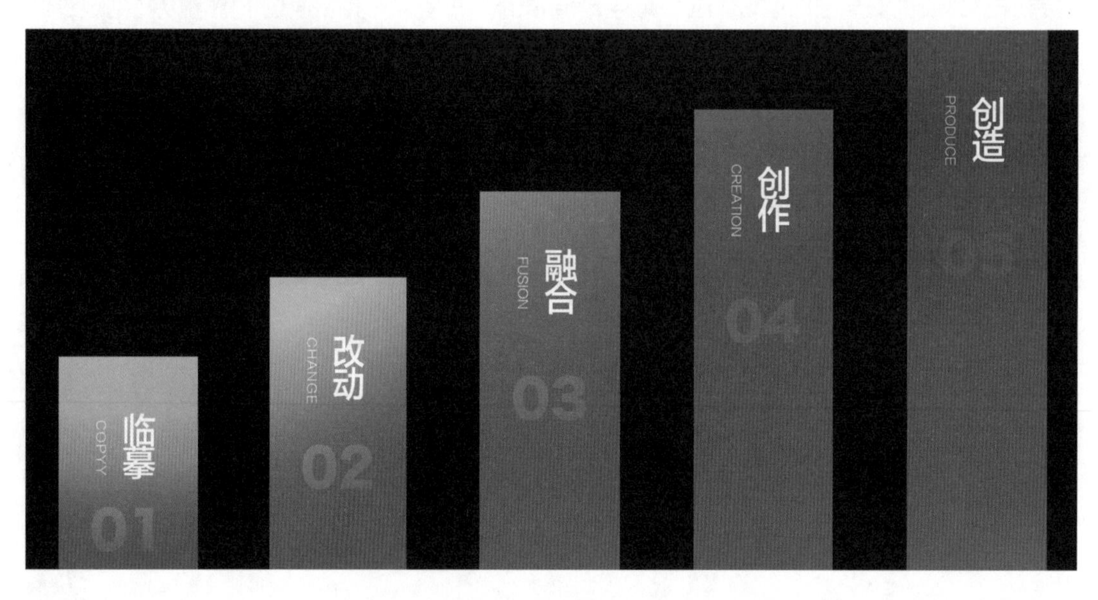

改动——元素稍加改动，变成新的作品。

融合——借鉴多个作品，并将作品中的元素进行重组，成为一个新的作品。

创作——对所借鉴的作品进行风格的延续，继续创作成为新的作品。

创造——感受其灵魂，就是万物皆有灵。欣赏足够多的优秀作品，可能看到很多作品的创作灵感都来源于生活。

6 UI中的有源设计

下面针对UI中的有源设计进行讲解。

第一步，给临摹的界面换个颜色。

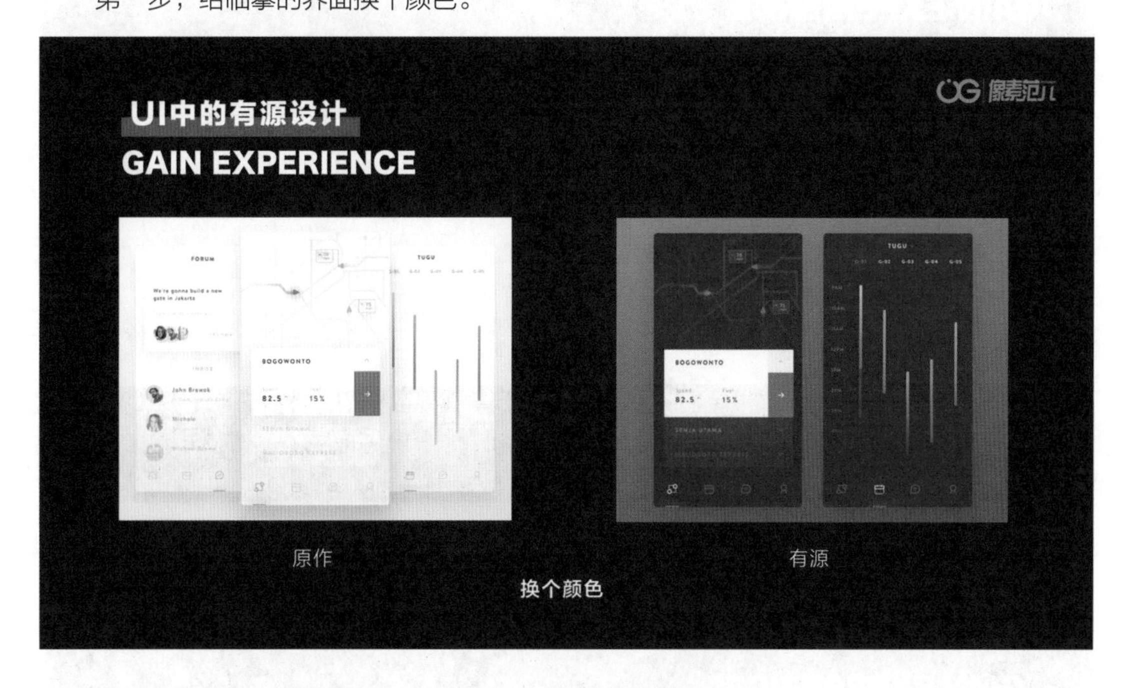

第二步，给临摹界面中的某个元素换位置，或替换某个元素。

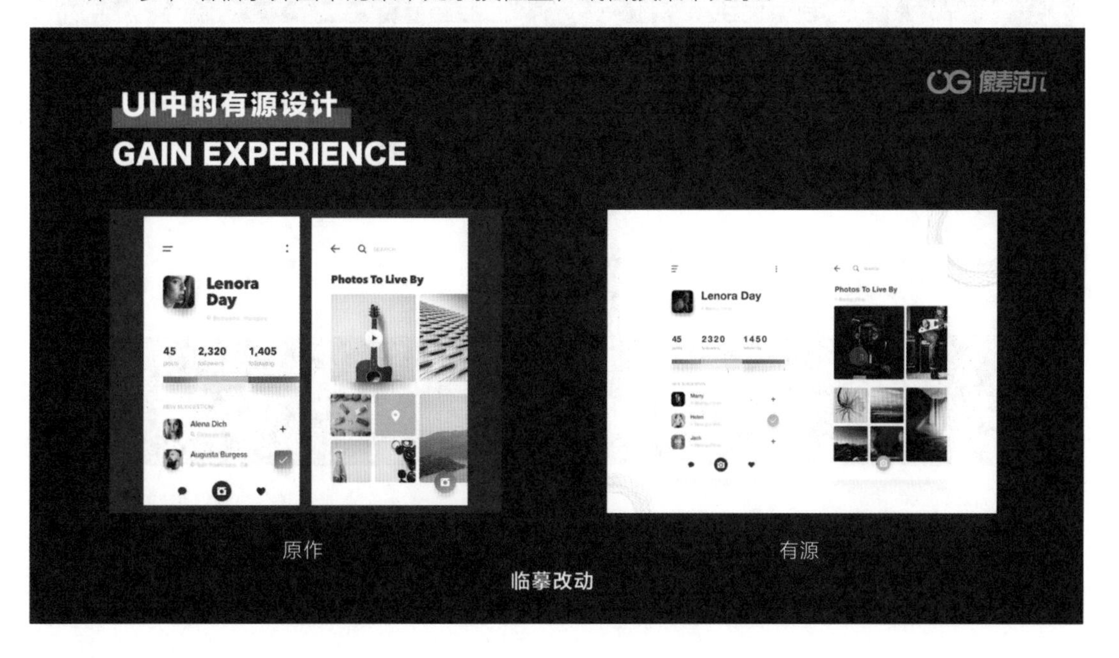

第三步，对临摹的作品进行结构调整。

第四步，只参考临摹作品的版式。

第五步，只参考临摹作品的整体布局，借鉴有特点的设计运用到自己的作品中。

第六步，总结参考作品的设计特点，并运用到自己的作品中，完全看不到临摹的痕迹。

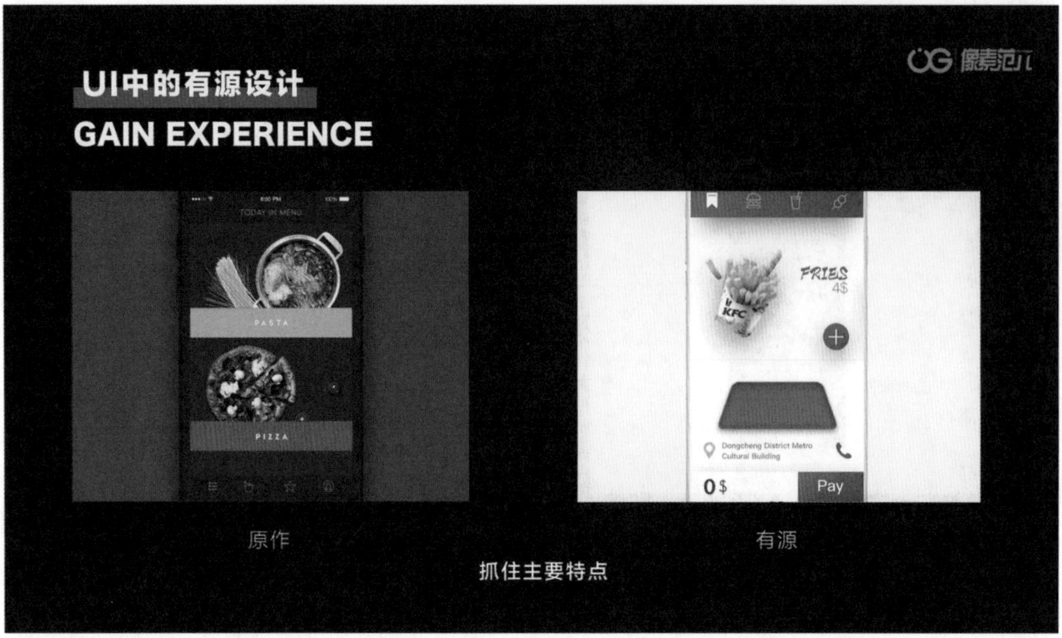

总结

设计师的成长需要积累，同时更需要自己的消化思考。设计师形成自己的风格至关重要，独特的设计理念会把自己的气质带到设计中去，设计出的东西就是自己的影子。

小知识：罗子雄Ted演讲视频（在网易公开课中搜索《如何成为一名优秀的设计师》）

罗子雄Ted视频的总结

美的东西使人有冲动去成为设计师。但很多人不知道怎么开始或在同一水平停滞不前。

如何成为一名优秀的设计师？

1. 入门

看：观看大量优秀的作品（视频中有大量网站推荐）来提高审美，如果发现自己3个月前收集的作品都是垃圾，那就证明自己的审美提高了。

做：没有什么比动手更重要，不要看纯软件教程，要看基础实例教程，但不要看过于简化的学不会的教程（视频中有推荐的教程网站）；学会如何制作一个完整的作品；有问题问谷歌；把问题不断拆分成一个个可以解决的小问题。

想：思考设计背后的原因，一切设计都有背后的理由，所以要多思考“为什么”。

2. 进阶

看：不要只局限于单一领域，一切认为美的东西都要看。

想：学会借鉴、改进和组合，但借鉴不等于抄袭。

做：做虚拟项目、Redesign或参赛。

3. 成为一名专业设计师需要积累多少经验

"一万小时的锤炼是任何人从平凡变成超凡的必要条件。"

"每天工作8小时，每周工作5天，你需要5年。"

"坚持的努力加正确的方法。"

"对美的追求从不停歇。"

"好，是不够的，需要做到更好，因此我们需要学习。"

7 作业：制作工作规划界面（UI100Day）

作业要求 寻找参考并制作一个工作规划界面，应包含任务列表、任务名称、任务详情、任务功能按键、导航等信息。

使用软件 Sketch（或Illustrator）。

训练目的 学习界面设计。

参考如下图所示

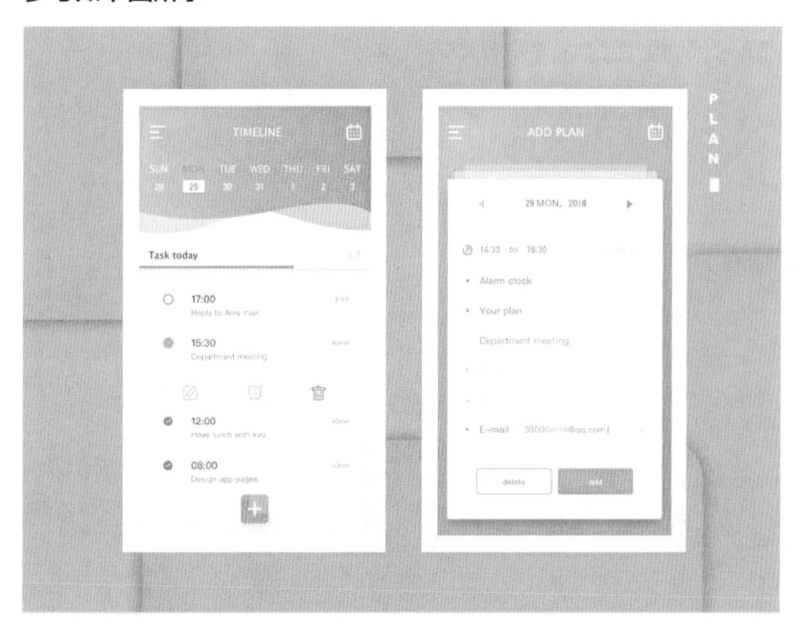

完成效果如下图所示

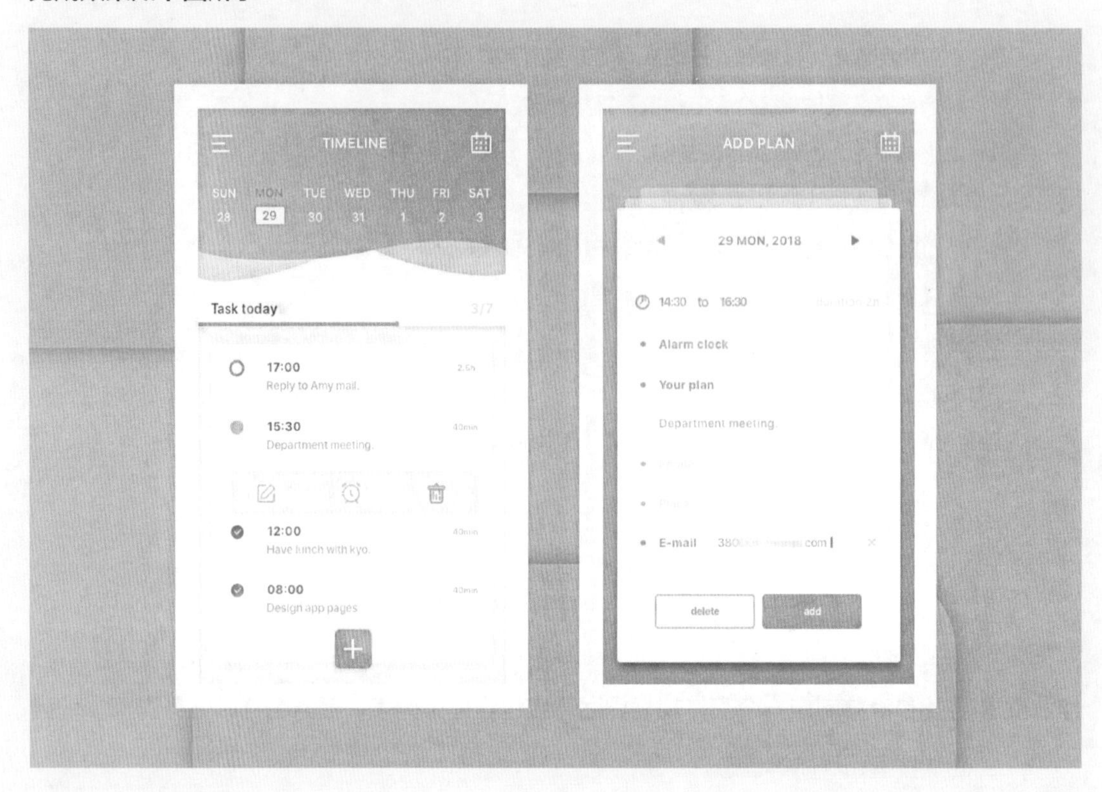

老师点评 移动端图标的细节不要太多。作品中的图标以简洁为主，但垃圾桶图标的细节过于丰富，这就造成图标细节程度不统一的问题。在配色方面，明亮的背景不要搭配亮色的文字；尝试黄色配黑色，或黄色配深黄色的配色方案。界面中带颜色的文字是否可以单击，在临摹界面时要考虑它的交互功能。

作业欣赏

作品来源 像素范儿线下课程班第33期学员高锦龙。

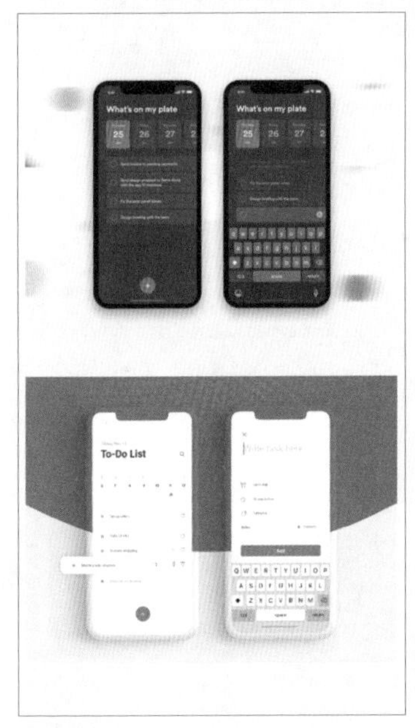

参考图

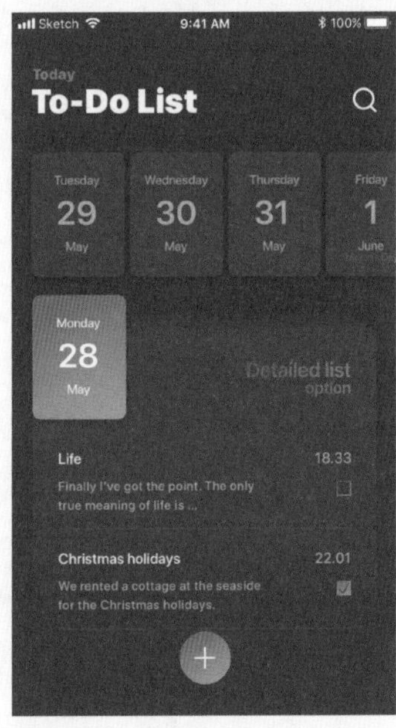

完成图

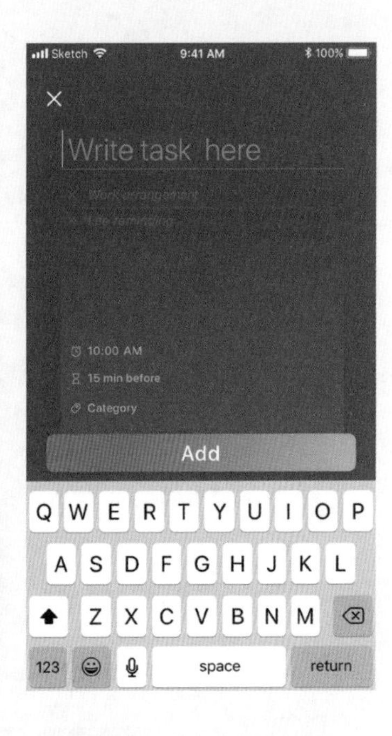

老师点评 界面整体偏灰，问题在于背景的颜色没有压暗，日期卡片没有提亮，拉开两者的对比度，效果会更好。完成图中，左侧界面的交互方式不明确，“28”的日期卡片为何放到现在的位置有些让人不明白，建议在上方日期卡片组中保留“28”的位置。

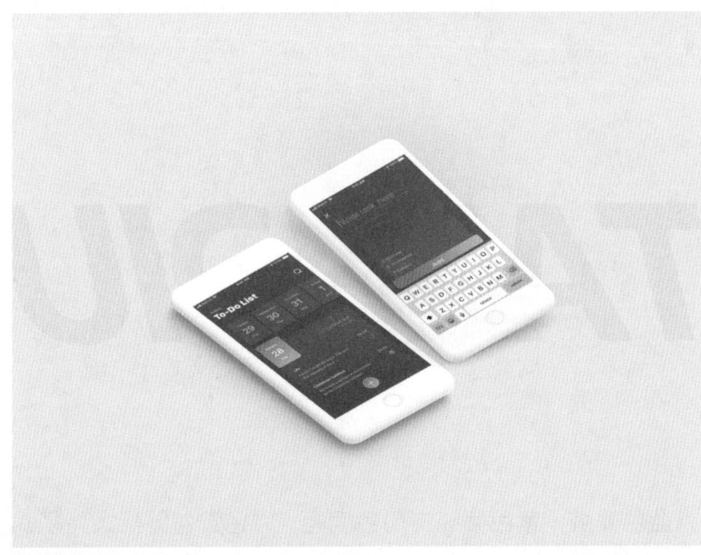

完成效果图

完成效果图的包装方式已经过时，不需要给界面做透视，直接平铺即可。要选择手机壳放界面，选择类似参考图中的黑色手机壳，简洁和简单即可。如果不知道如何为完成的界面做包装，可以到Dribbble网站上看看目前流行的包装风格。

作品来源 像素范儿线下课程班第33期学员赵威。

参考图

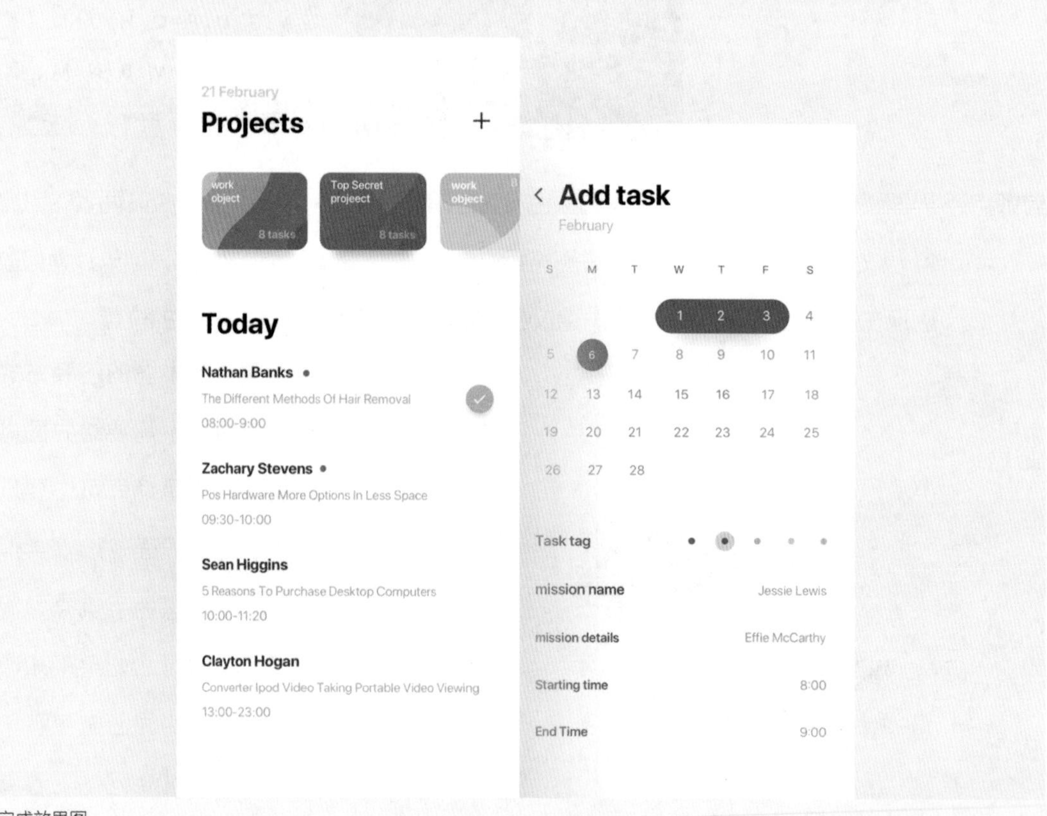

完成效果图

老师点评 3个卡片的颜色不统一，蓝色偏脏，紫色偏纯，粉色偏亮。绿色选勾图标太亮了。绿色选勾所在的文字内容为当前事项，应与其他内容作区分，把没有在进行的事项文字内容弱化，即将文字颜色设置得灰一些。

8 作业：制作天气界面（UI100Day）

作业要求 寻找天气界面的参考并进行制作，应包含天气状况、温度、日期等信息。

使用软件 Sketch（或Illustrator）。

训练目的 学习界面设计。

参考如下图所示

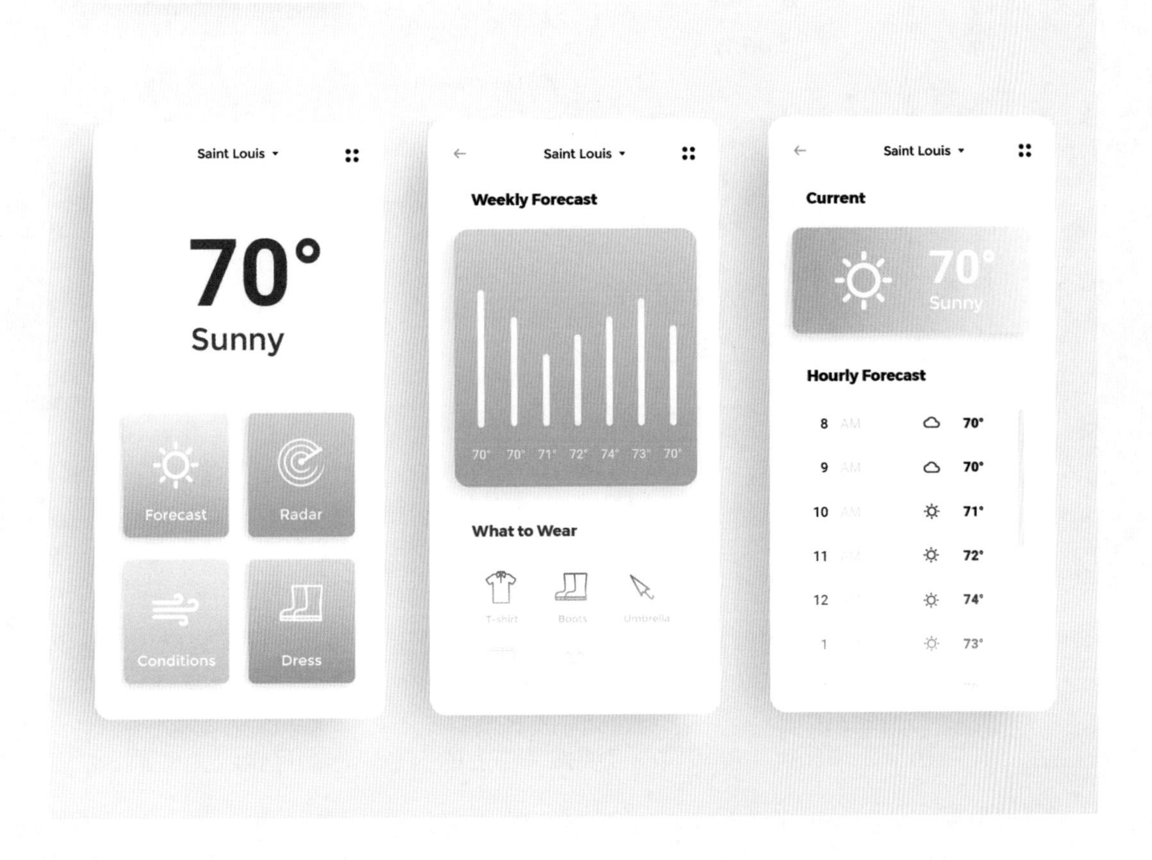

完成效果如下图所示

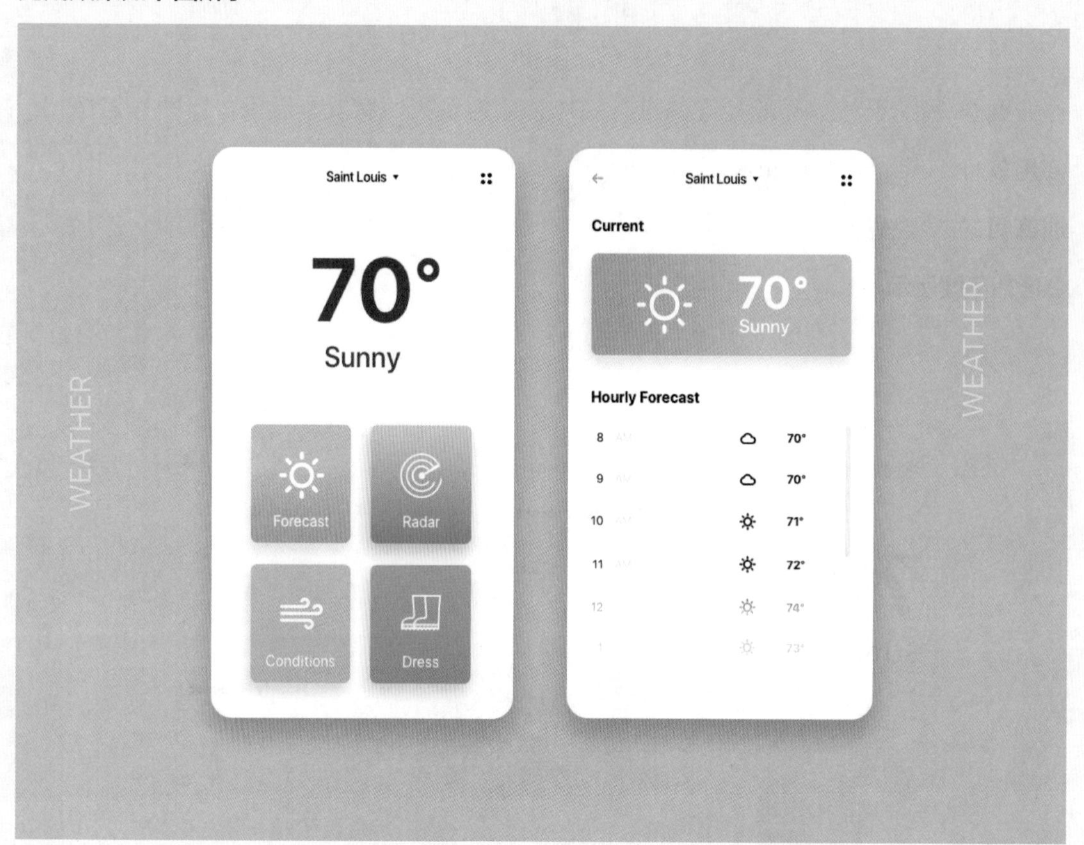

老师点评 左边界面的图标线条粗细不统一，“Radar”图标和“Dress”图标线条细，而“Forecast”图标和“Conditions”图标线条粗；图标复杂程度不统一，“Radar”图标和“Dress”图标较复杂。右边界面时间应写规范，如8:00AM；华氏摄氏度和摄氏度要做单位上的区别。作品尽量做变化，不要纯临摹。

作业欣赏

作品来源 像素范儿线下课程班第33期学员高锦龙。

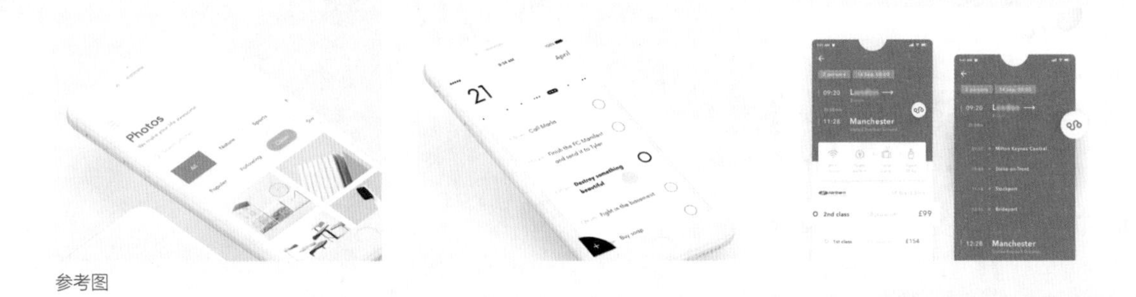

参考图

完成效果图

老师点评 界面的包装建议去掉手机壳，左上角的留白太多，把界面之间的间距拉开。

作品来源 像素范儿线下课程班第33期学员赵威。

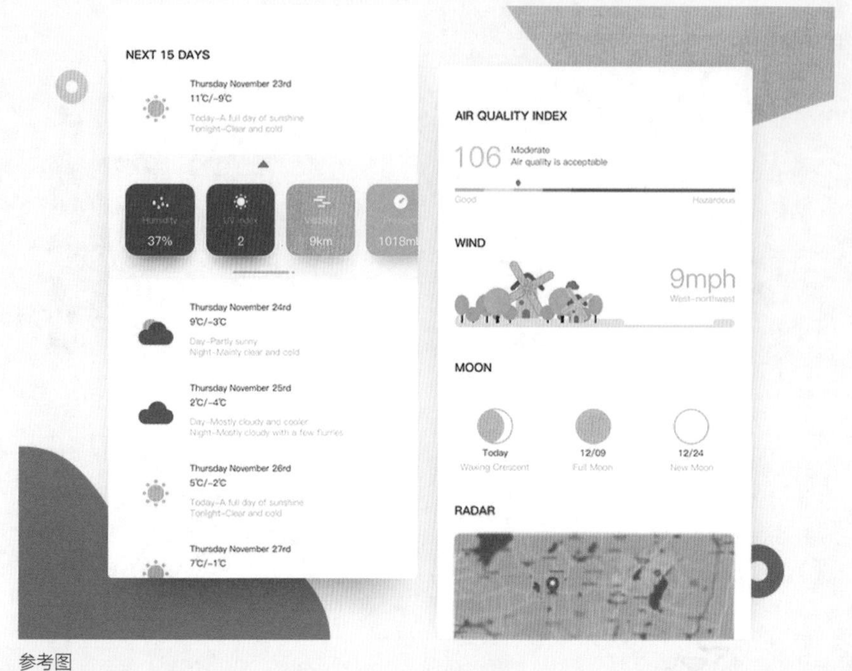

参考图

完成效果图

老师点评 左边界面，“23℃”这块区域的文字层级区分不明显，“Sunny day”要比“23℃”文字颜色弱，但要比下方文字颜色强。右边界面，当前选中卡片的分页符不明显。背景有些偏灰。

作品来源 像素范儿线下课程班第33期学员李婷婷。

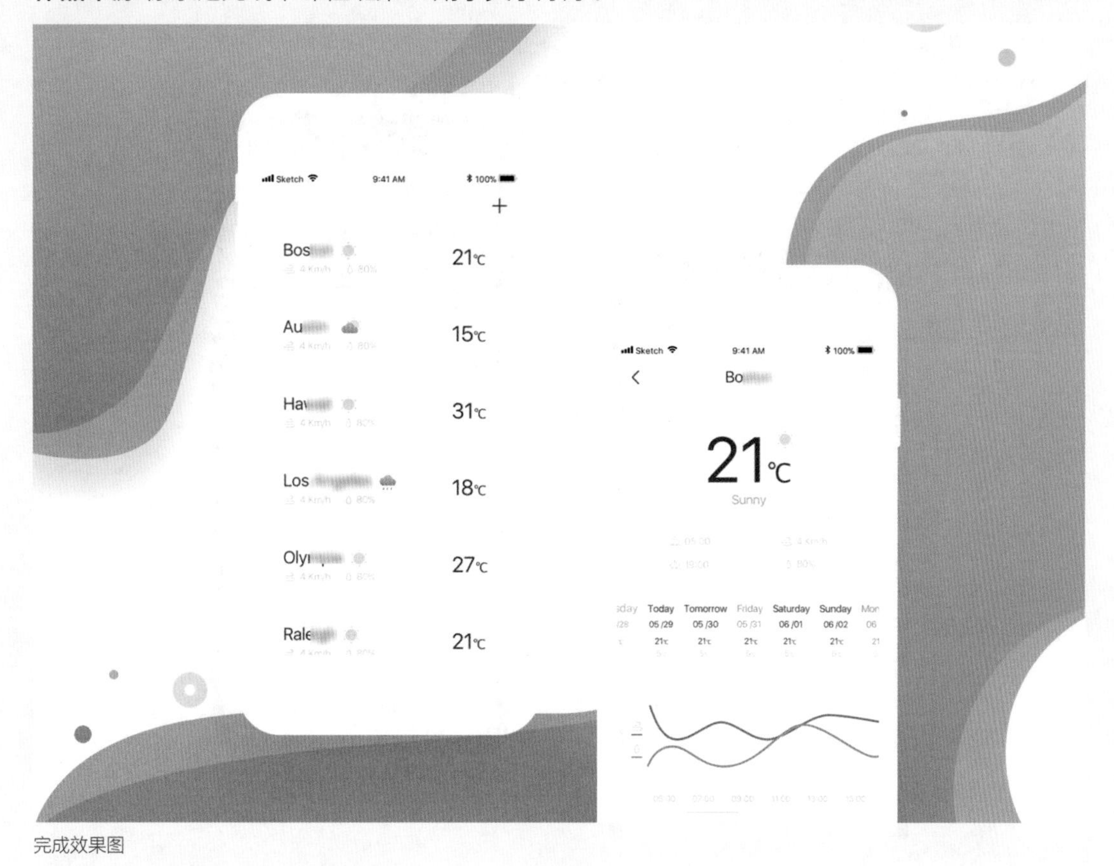

完成效果图

老师点评 界面整体放大并添加投影，使它与背景区分开。右侧界面，“21℃”下方的4个信息，文字要比图标的颜色重一些。蓝色曲线和红色曲线上标注当前的时间段。红色曲线颜色可以适当减弱，蓝色曲线可以将线变成面，并做一个从上到下的蓝色渐变，使得图表看起来更有层次。

作品来源 像素范儿线下课程班第33期学员章如兰。

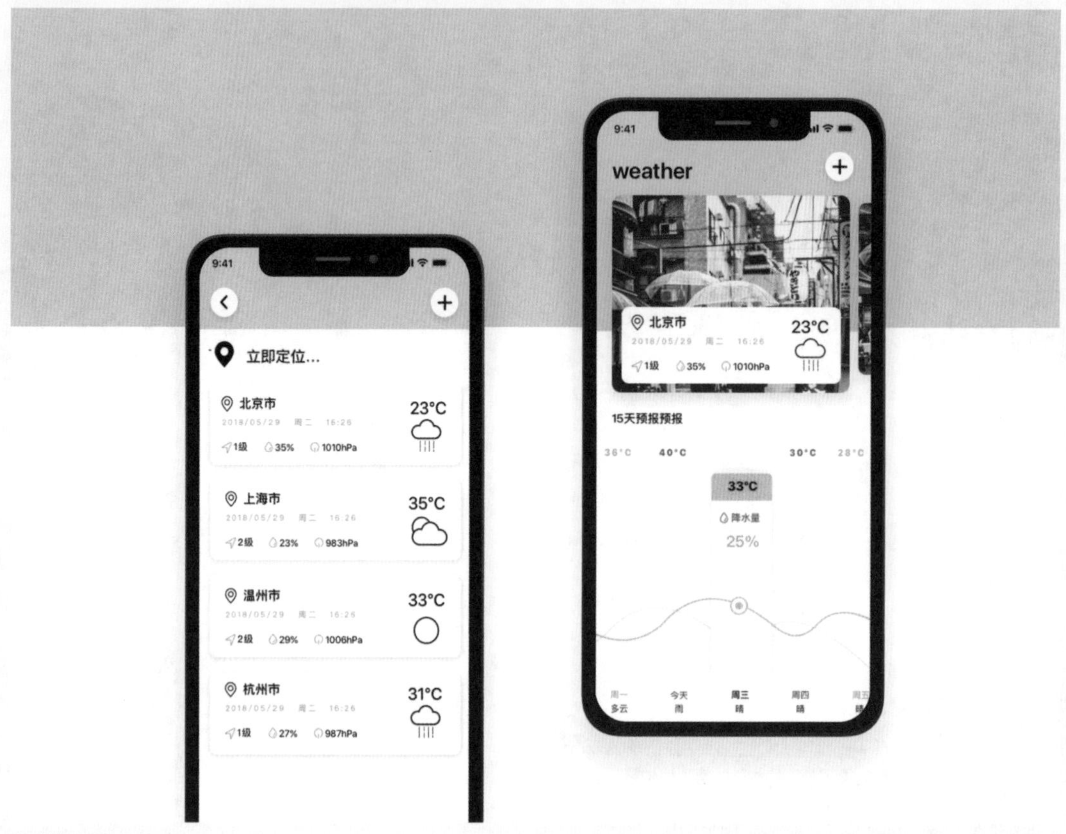

完成效果图

老师点评 左边界面，“1级”“35%”“1010hPa”此类信息的文字字号缩小一些，将粗体文字改为正常体文字，文字前面的小图标的灰度减弱，这样调整以后可以将界面的信息层级区分开。右边界面的图片背景换成简单一些的。完成效果图中的界面适当放大。

9 作业：制作日历界面（UI100Day）

作业要求 日期、添加事件按钮、事件标题、事件详情。

使用软件 Sketch（或Illustrator）。

训练目的 学习界面设计。

参考如下图所示

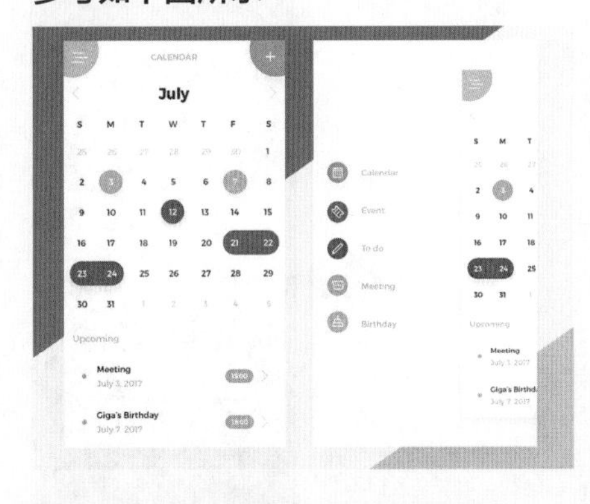

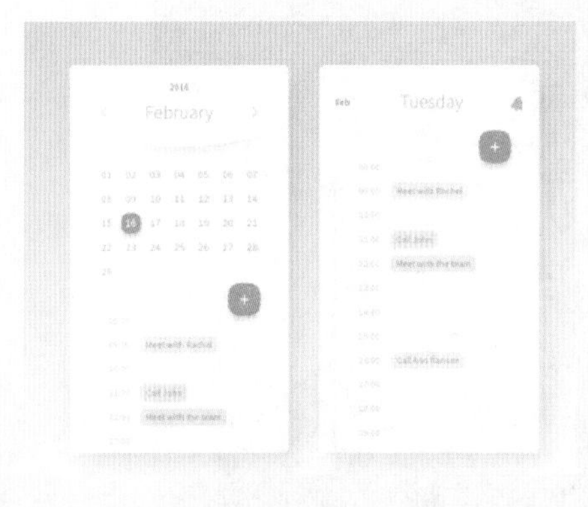

第一次完成效果如下图所示

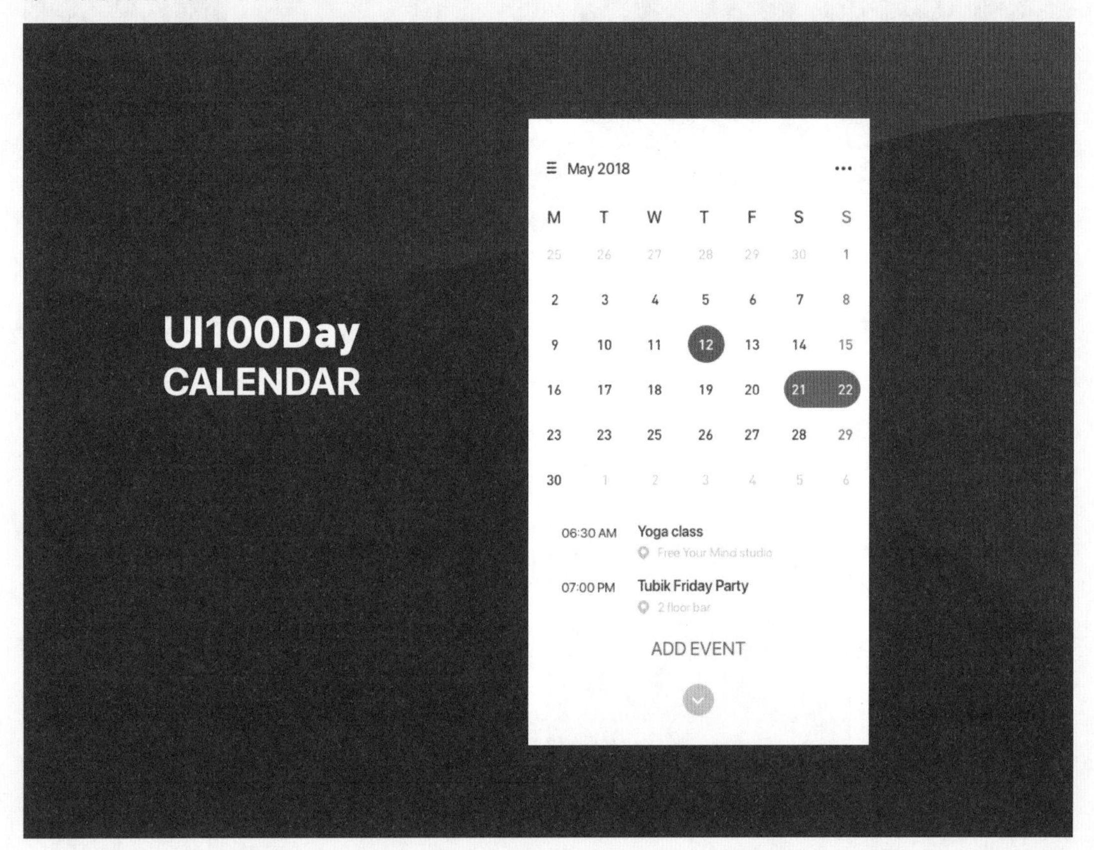

老师点评 把添加事件修改为按钮的样式；向下按钮缩小并放置在最下方；事件部分的灰色背景改为白色，并为其添加投影。

修改后效果如下图所示

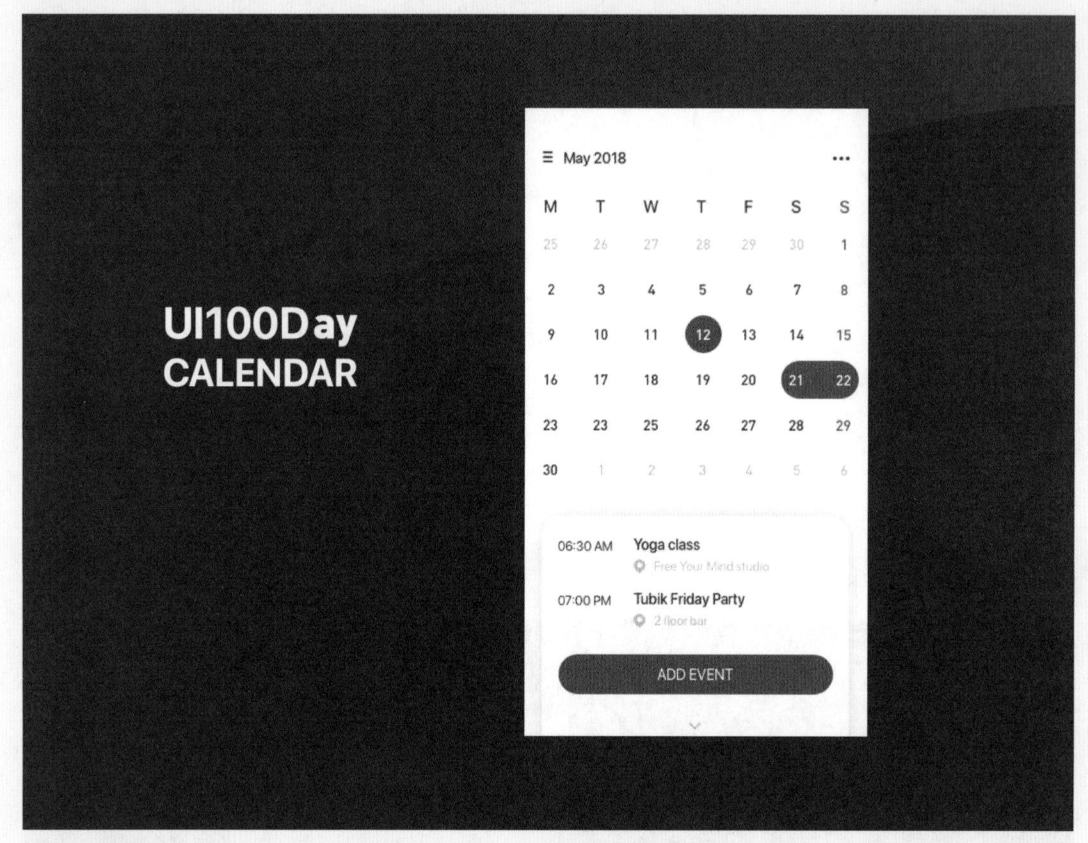

作品修改如下

（1）把添加事件的文字形式修改为了按钮形式，即“ADD EVENT”按钮，按钮的颜色为玫红色，与日历上的颜色相呼应。

（2）把原来向下按钮的圆形去掉，并放置在界面下方的边缘位置，作为下方还有内容的提示。

（3）事件部分的灰色背景已改为白色，并添加了投影。

小知识：尝试对参考图进行融合

在进行几次作业的练习后，对软件的熟练度、优秀作品的鉴别力和界面设计都有了一定的了解，那么就不能再单纯地临摹别人的界面了。初学者们可以尝试将找到的参考图做出一些改变，比如将两个参考图中的部分元素吸收到自己的作业中，或者尝试改变某些元素的颜色、形状等。

作业欣赏

作品来源 像素范儿线下课程班第33期学员赵威。

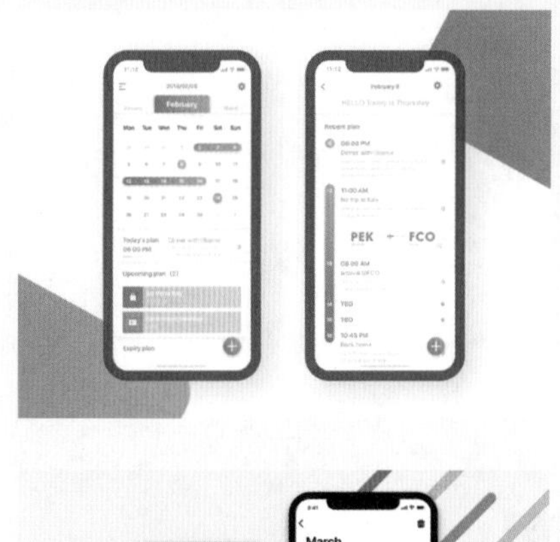

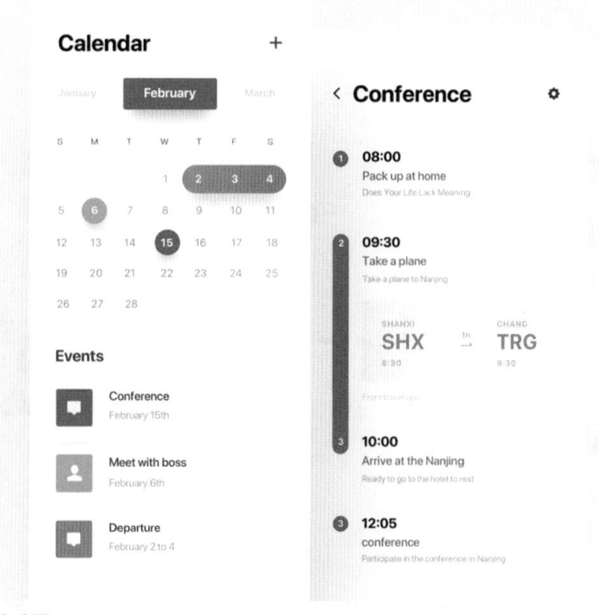

完成图

参考图

老师点评 界面设计没有问题，但是欠缺交互逻辑。左侧界面的“Conference”卡片没有显示多少事件，点击进入右侧界面，没有日期。

作品来源 像素范儿线下课程班第33期学员章如兰。

参考图

完成图

小知识：学会思考与吸收

在找到优秀作品之后要学会思考与吸收，比如优秀作品卡片是如何做的，卡片投影怎么设置才能既不突兀又能体现出层级，投影透明度设置多少合适，投影选择哪种颜色看起来更自然、更适合当前的界面色调等。

老师点评 左边界面的卡片投影看起来比较脏，应该降低不透明度。“事件”内容，其中的文字间距不要太大，容易使文字看起来松散。右侧界面的线性图标太细，目前已经不流行这样的图标了。“请输入事件标题”的灰度条降低色调。

6

课程6 构图和色彩

1 什么是构图

构图指的是作品中艺术形象的结构配置方法，是视觉艺术中常用的技巧和术语。它是造型艺术表达作品思想内容、获得艺术感染力的重要手段，特别是在绘画、平面设计与摄影中。在UI设计中，构图的主要作用是构建和谐稳定的页面布局。

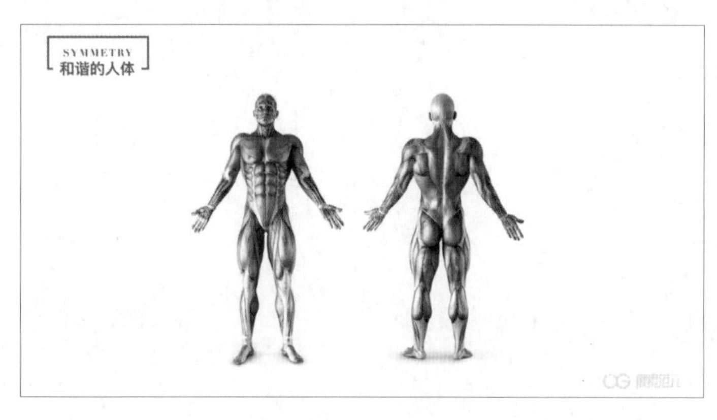

2 构图心理学

波根多夫错觉（Poggendorf Illusion）

波根多夫错觉是一种视错觉。例如，一条直线以某个角度消失于一个实体表面后，随即又出现在该实体的另一侧，看上去会有些“错位”。

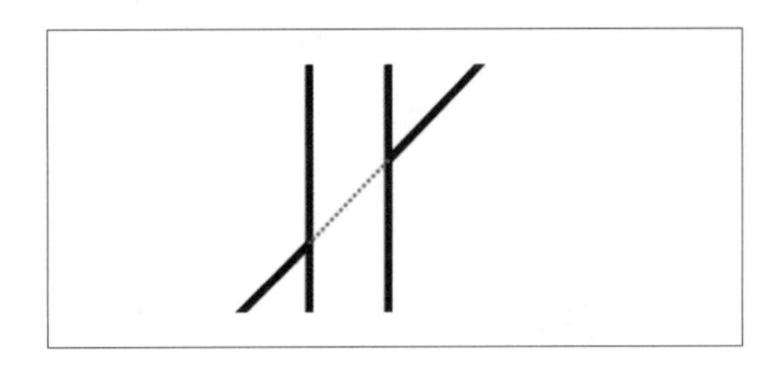

菲克错觉（Fick Illusion）

垂直线段与水平线段等长时，垂直线段看起来比水平线段长，这种视错觉称为菲克错觉。

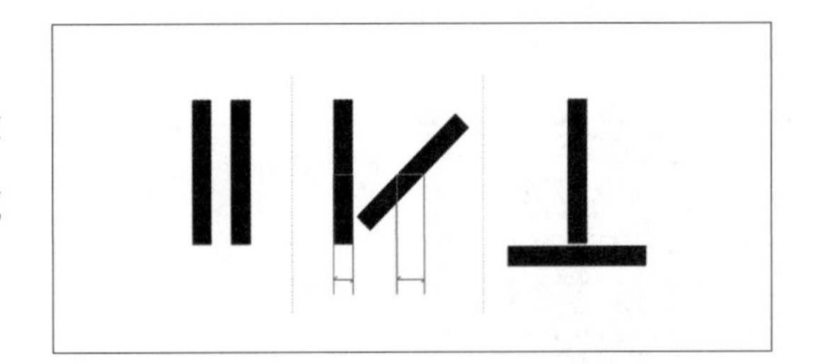

缪勒-莱尔错觉（Maller-Lyer Illusion）

末端加上向外的两条斜线的线段比末端加上向内的两条斜线的线段看起来长一些，但其实两条线段等长，这种视错觉称为缪勒-莱尔错觉。

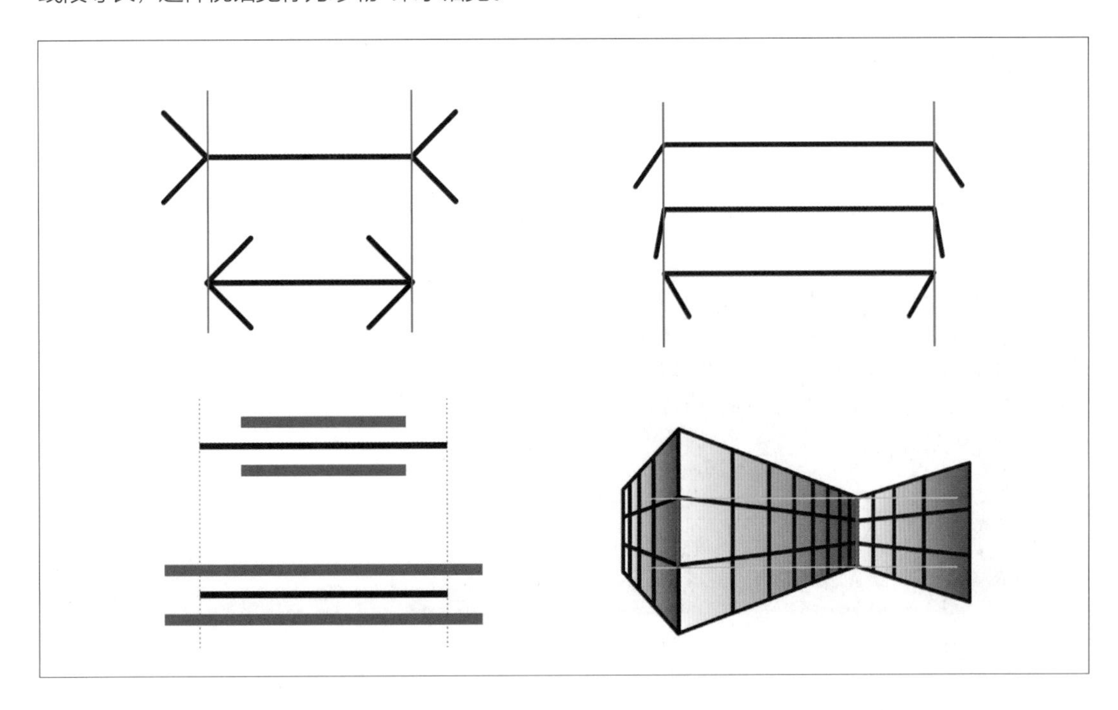

艾宾浩斯错觉（Ebbinghaus Illusion）

右图中，看起来靠左侧中间的圆比靠右侧中间的圆小一些，但实际上这两个圆的大小相同，这种视错觉称为艾宾浩斯错觉。

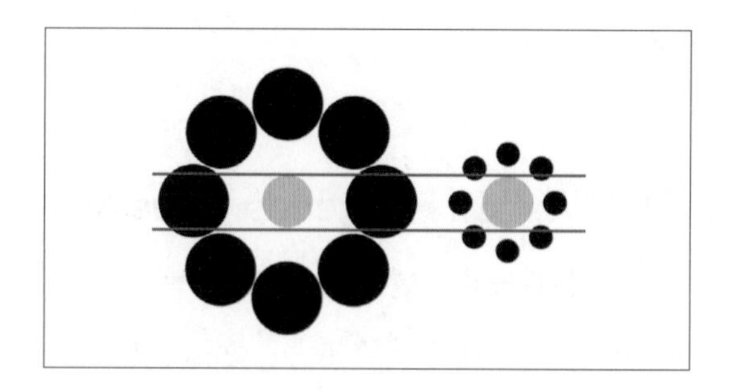

同时对比错觉

把两个同色的物体分别放在不同对比度的背景色上，会使这两个物体呈现出不同的颜色，这就是同时对比错觉。

芒克白错觉

芒克白错觉相当细微，却迷人无比。如下图所示，左侧的紫色块看起来比右边的明度要高一些。但是合并之后，两侧的色块明度是完全一致的。

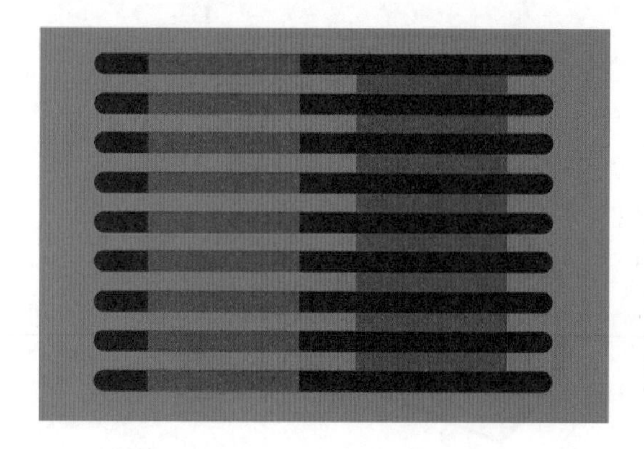

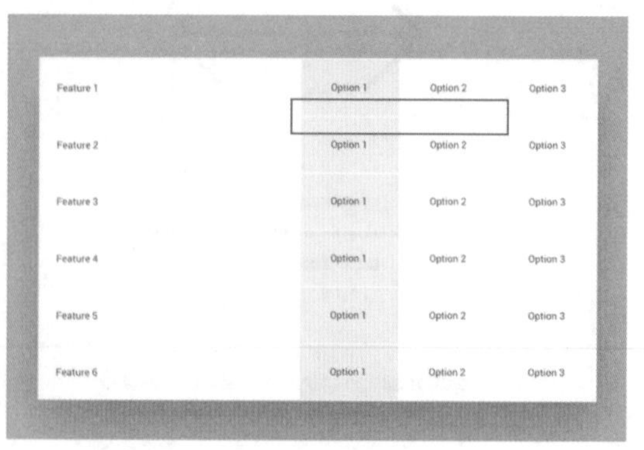

水彩错觉

轮廓线亮度与对比度的组合不同时，色彩的扩散效果看起来不同，这就是水彩错觉。

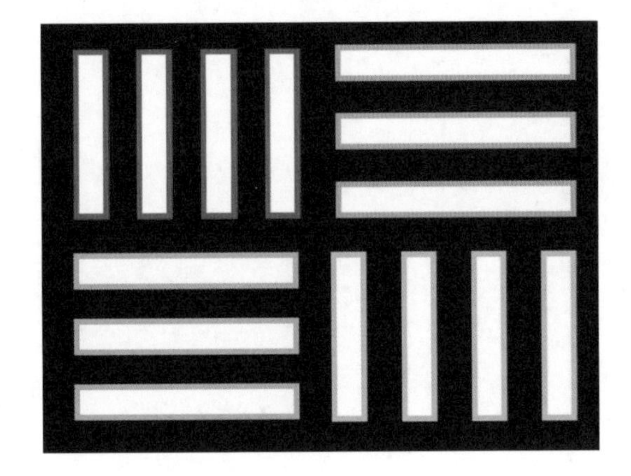

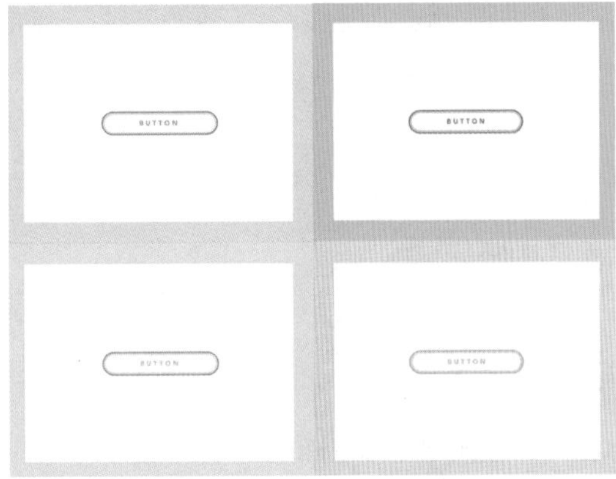

3 构图的技巧

稳定性

对称平衡可以说在视觉上形成稳定性，这种形态在视觉上有自然、安定、均匀、协调、整齐、典雅、庄重的朴素美感，很符合人们的视觉习惯。

强点优先

在构图时要注意强点优先。第一幅图使用的是最常见的法线——黄金分割线，其中①②③④是强点。第二幅画面中明暗交接处是天然强点；对于画面中的人，人脸是天然强点；在人脸中，人的眼睛是天然强点。第三幅图同理。

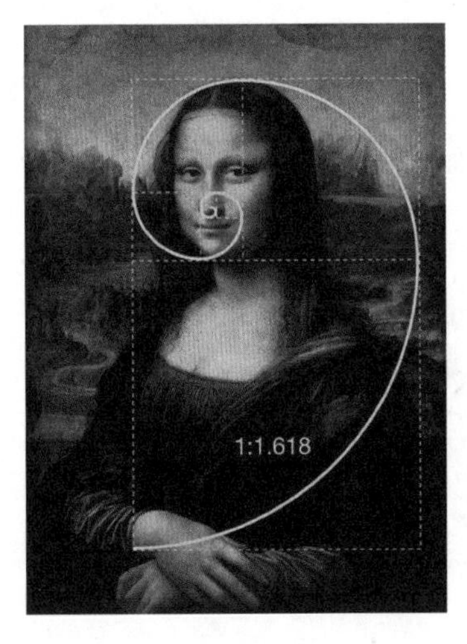

均势

均势就是通过物理力学规律给画面支撑，保持视觉重心的平衡。在构图时，注意调整设计中积极元素与消极元素之间的关系，确保设计中的区域不存在偏差，每一种元素彼此相连，组成一个无缝衔接的整体。

4 排版原理

格式塔原理

格式塔原理是试图解释人类视觉的工作原理。研究人员在观察了许多重要的视觉现象后，对它们编订目录并进行研究，其中最基础的发现是人类视觉是整体的。人类的视觉系统自动对视觉输入构建结构，并在神经系统层面上感知形状、图形和物体，而不是只看到互不相连的边、线和区域。格式塔原理的4项基本法则分别为：简单、相似、接近、闭合。

简单

“我们的眼睛在观看时，眼和脑并不是在一开始就区分一个个形象的、各个单一的组成部分，而是将各个部分组合起来，使之成为一个更易于理解的统一体。”

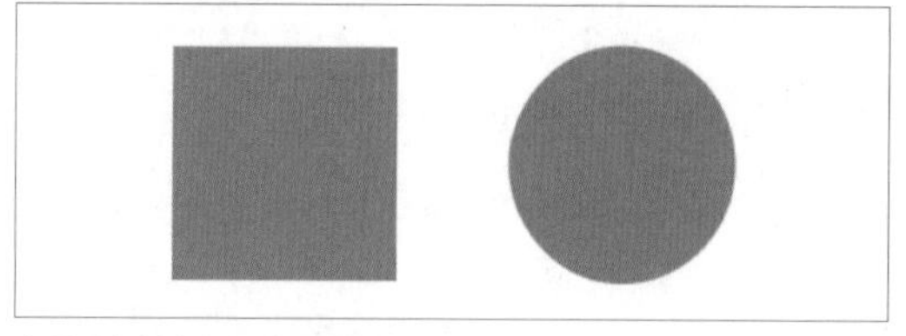
容易理解的规则几何形状

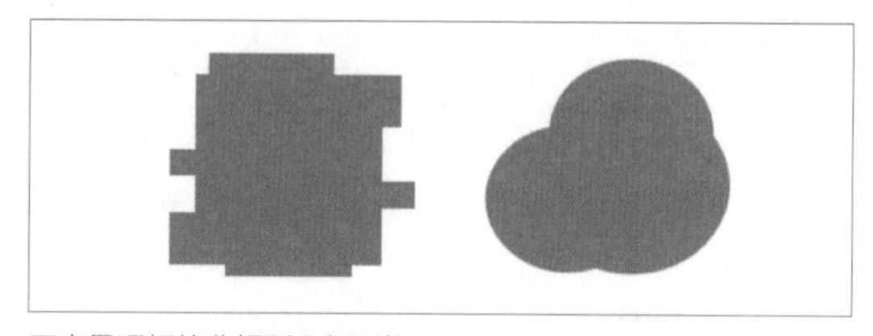
不容易理解的非规则几何形状

简单原理暗合构图法则，例如最常见的三角形构图、均衡构图、对阵构图、向心式构图（圆形）、对角线构图和X形构图等法则，其目的都是在复杂的信息环境中构建更易懂的整体。三角形构图、X形构图、斜线构图在运动广告中经常用到。

向心构图

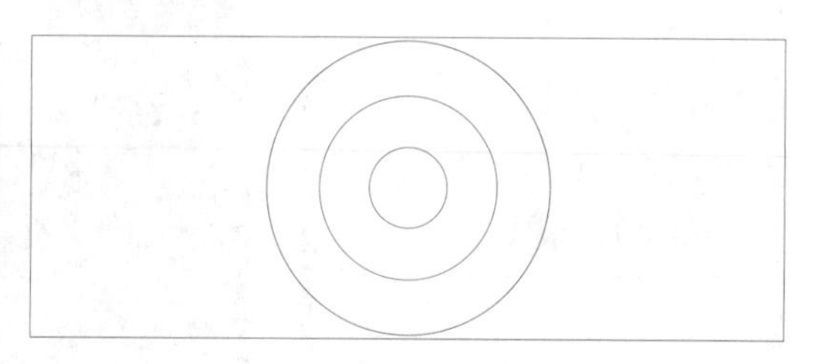

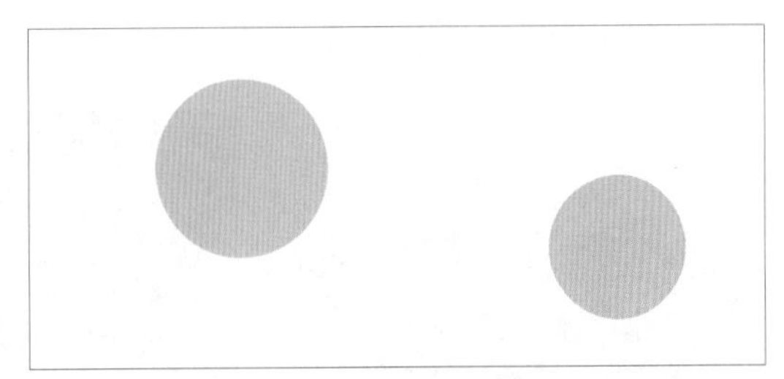

均衡构图

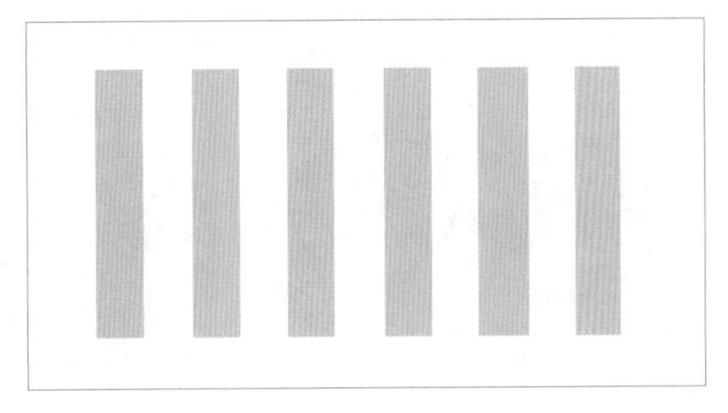

垂直构图

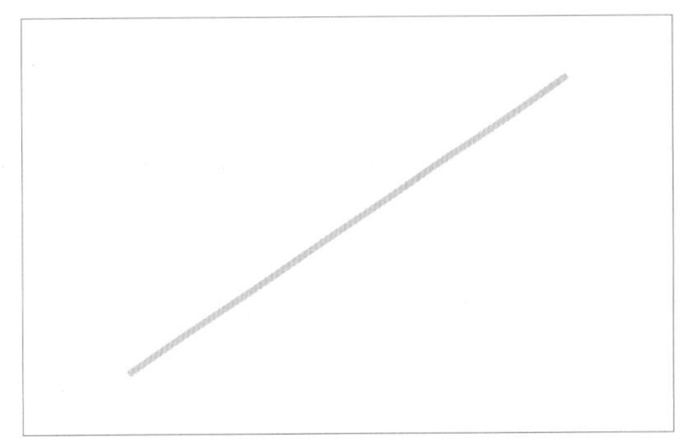

对角线构图

X形构图

均衡构图适合电商产品展示，一般是产品图片加文字的构图形式。

相似

“我们的眼睛很容易关注那些外表相似的物体，且不管它们的位置是不是相邻，总是把它们联系起来。”

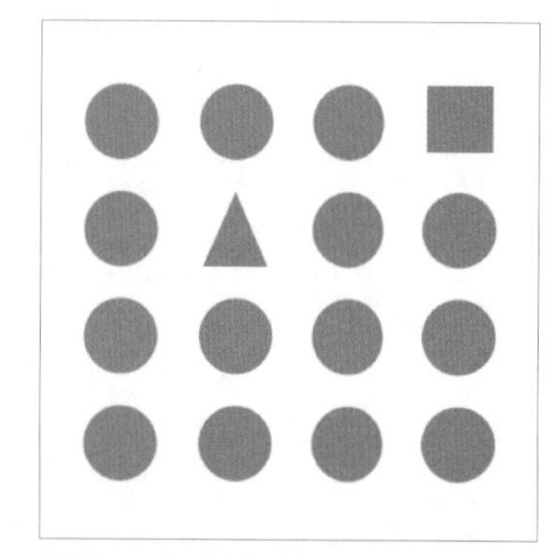
形状：不同形状的信息组，多用于处理信息的重要程度平均的信息，不强调也不弱化不同的信息组，仅区分不同。

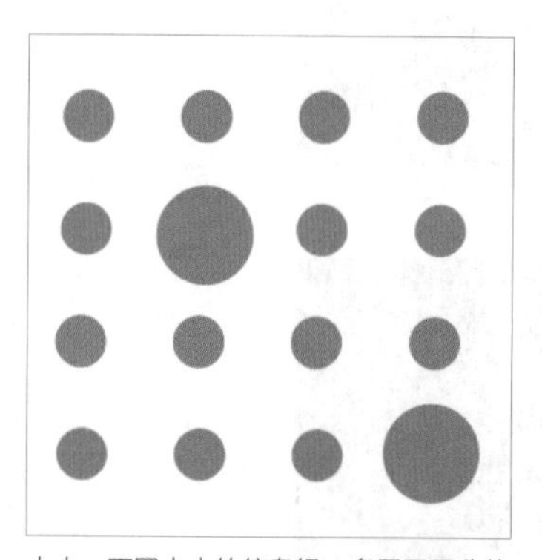
大小：不同大小的信息组，多用于区分信息的重要程度。

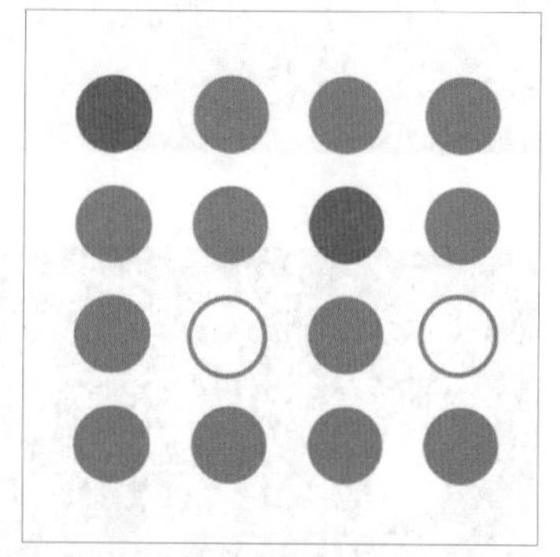
色彩：如果相邻元素色彩差异够大，信息组很容易用作强调和区分。

下图的3个界面，用红框圈起的部分都有一个共同点，即都是相似的元素。图1，虽然是定位图标和放大镜图标两种图标，但它们所使用的颜色、大小和线的粗细是一致的，使得内容看上去既整体又有区分。图2，圈起来的文字部分使用了相同的字体字号，让内容看起来是并列的层级。图3，圈起来的两组数据，文字大小一致，只是使用了不同的颜色，使它们既有联系又有区分。

图1

图2

图3

接近

“单个视觉元素之间无限接近，视觉上会形成一个较大的整体。距离近的单个视觉元素会融为一个整体，而单个视觉元素的个性会减弱。”

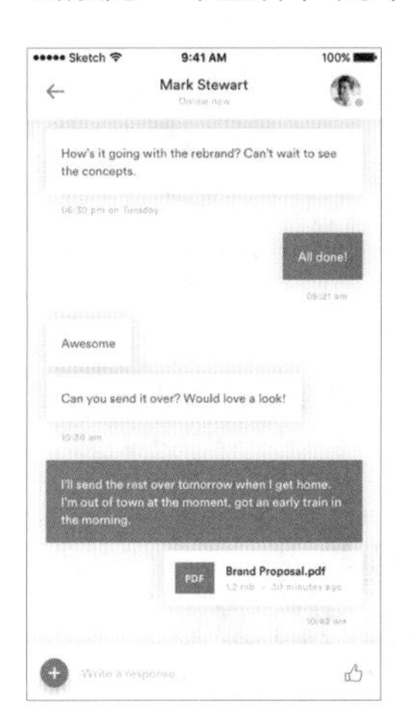

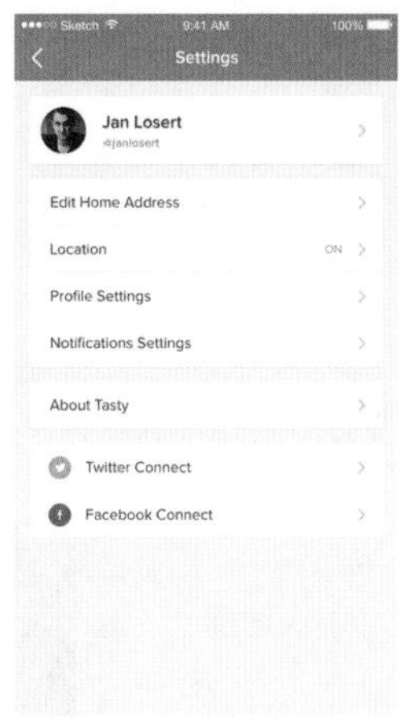

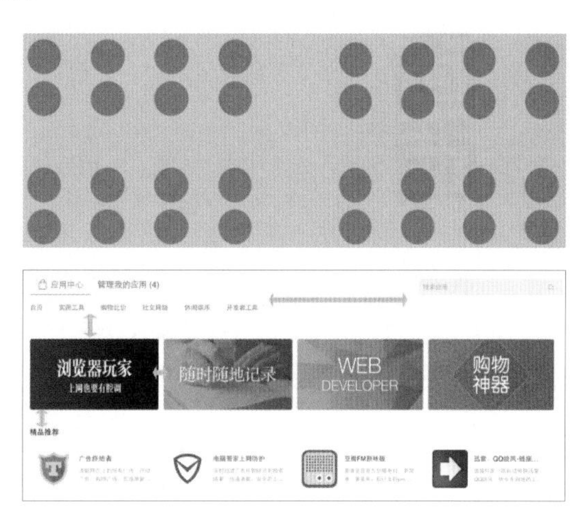

排名 / 球队	已赛	胜/平/负	得/失球	净胜球	积分
1 广州恒大	29	18 / 10 / 1	69 / 28	41	64
2 上海东亚	29	18 / 8 / 3	61 / 34	27	62
3 山东鲁能	29	17 / 5 / 7	63 / 40	23	56
4 北京国安	29	16 / 8 / 5	46 / 24	22	56
5 河南建业	29	11 / 10 / 8	34 / 30	4	43
6 石家庄永昌	29	8 / 15 / 6	33 / 28	5	39
7 上海申花	29	11 / 6 / 12	39 / 43	-4	39
8 江苏舜天	29	9 / 8 / 12	38 / 45	-7	35

信息间隔分布较为平均，这样大脑试图分组简化信息时，横向与纵向的信息似乎都可以分组解读，所以需要花费的精力会更多。

		球队	场	胜	平	负	进/失	净胜	积分
○	1	广州恒大淘宝	29	18	10	1	69:28	41	64
○	2	上海上港	29	18	8	3	61:34	27	62
^	3	山东鲁能泰山	29	17	5	7	63:40	23	56
v	4	北京国安	29	16	8	5	46:24	22	56
○	5	河南建业	29	11	10	8	34:30	4	43
○	6	石家庄永昌	29	8	15	6	33:28	5	39
○	7	上海绿地申花	29	11	6	12	39:43	-4	39
^	8	江苏国信舜天	29	9	8	12	38:45	-7	35
^	9	长春亚泰	29	8	10	11	37:45	-8	34

利用接近法则排版，较长的间隔可以清晰地为球队及数据分好组，大脑不会再为此付出额外的精力。即使添加新信息，也不会增加整体感知负担。

闭合

“人们在观察熟悉的视觉形象时，会把不完整的局部形象当作一个整体的形象来感知，这种知觉上的结束称为闭合。如果局部形象过于陌生或者简略，则不会产生整体闭合联想。”

版式设计的4大基本原则

版式设计的4大基本原则包括：亲密性原则、对齐原则、重复原则、对比原则。

亲密性原则

亲密性原则就是将彼此相关的项靠近，归组在一起。如果多个项目相互之间存在很近的距离，它们就会成为一个视觉单位，而不是多个孤立的元素。这样有助于组织信息，减少混乱，为读者提供清晰的结构。

Turkish Chickpea Salad
Veggies, Yoghurt Dressing, Hummus, Boiled Chickpeas, Cottage cheese, Pomegranate, Feta

Italian vegetable fitness salad
Veggies, Yoghurt Dressing, Hummus, Boiled Chickpeas, Cottage cheese, Pomegranate, Feta

对齐原则

任何元素都不能在页面上随意安放。每个元素都应该与页面上的另一个元素有某种视觉联系，而这种视觉联系往往是看不到却可以感受到的。

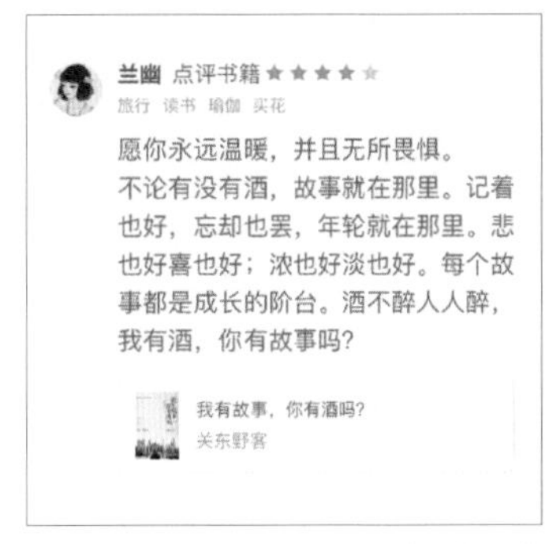

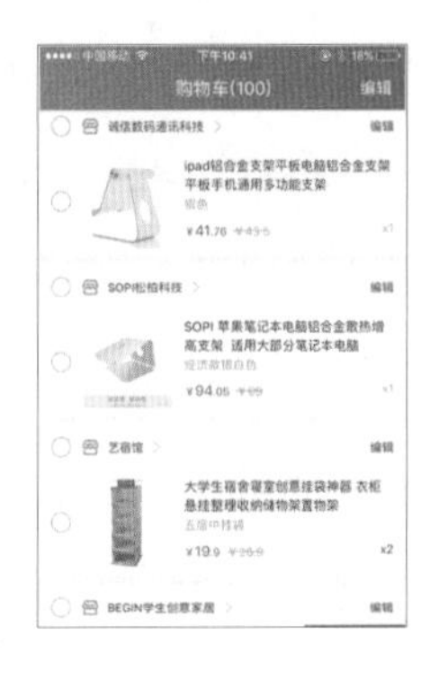

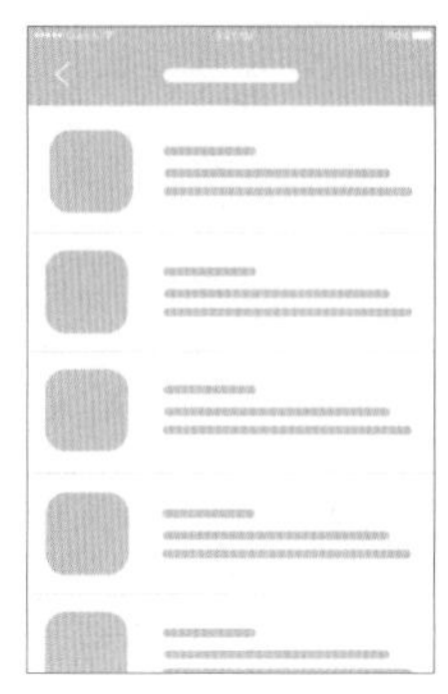

对齐是最常见的排版方式，元素围绕轴线环绕排列会使界面更加有序。

重复原则

重复原则就是让设计中的视觉要素在画面中重复出现，如，重复字体、颜色、形状、线条、大小和图片等，这样可以为画面增加条理性和统一性。

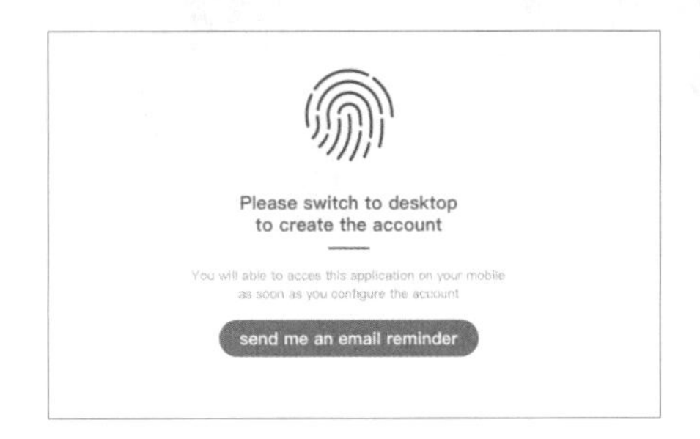

小知识：停顿

节奏中断会让设计更加层次化。如果一首歌在中间停顿时，突然出现一段RAP，听者会觉得这首歌很特别，所以制造停顿也是一种排版方式。

Twitter的主页上，在有节奏的feed流里面经常会出现一些推荐列表，这种停顿是一种抓住注意力的好方法。

对比原则

对比原则的基本思路是避免页面上的元素太过相似，如果字体、颜色、大小、线宽、形状和空间等不相同，那就干脆让它们截然不同。要让页面引人注目，形成对比通常是最重要的方式之一。

右图的3组内容展现了对比原则的重要性。第1组的文字信息和数据都采用相同的字体字号，无法区分文字的层级，让人无法马上获取重要信息。第2组，虽然加大了名字和数字的字号，但跟整体内容区分不大，使得对比较弱。第3组，进一步加大了名字的字号，且做了加粗的处理，对比效果明显，让人能抓住主要信息。

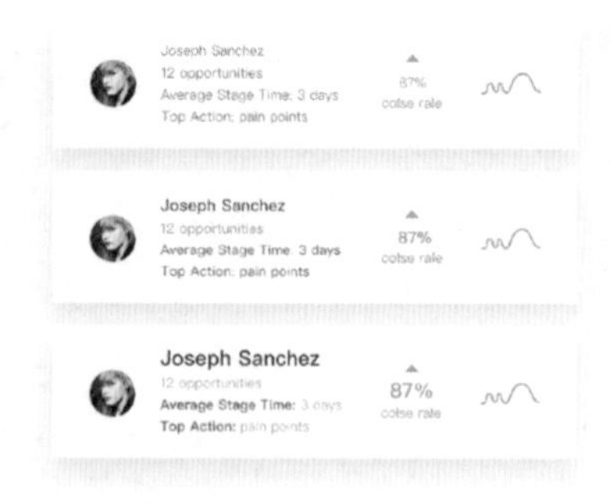

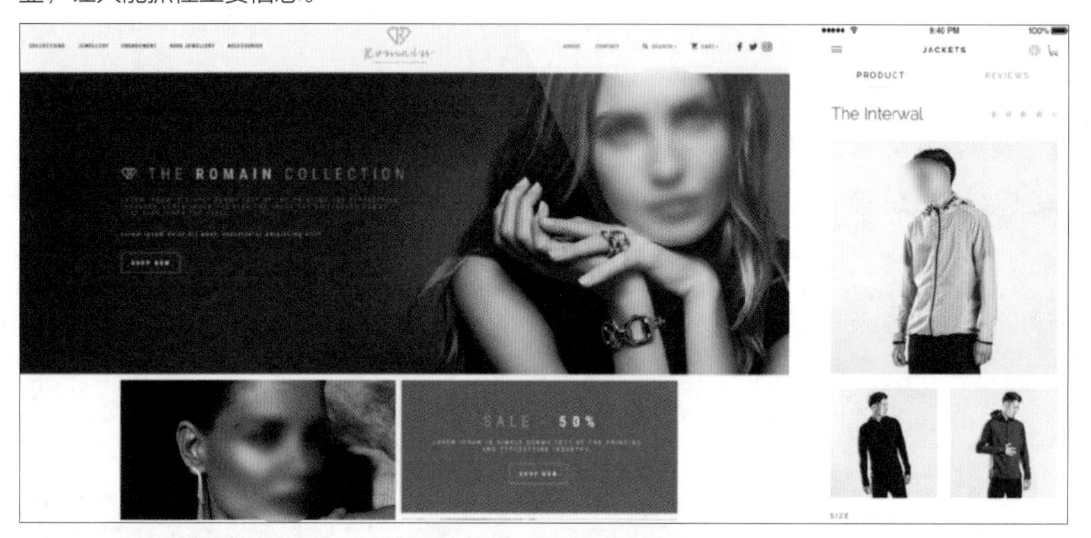

通过大小来区分层级，视觉让信息区分为重要与不重要。

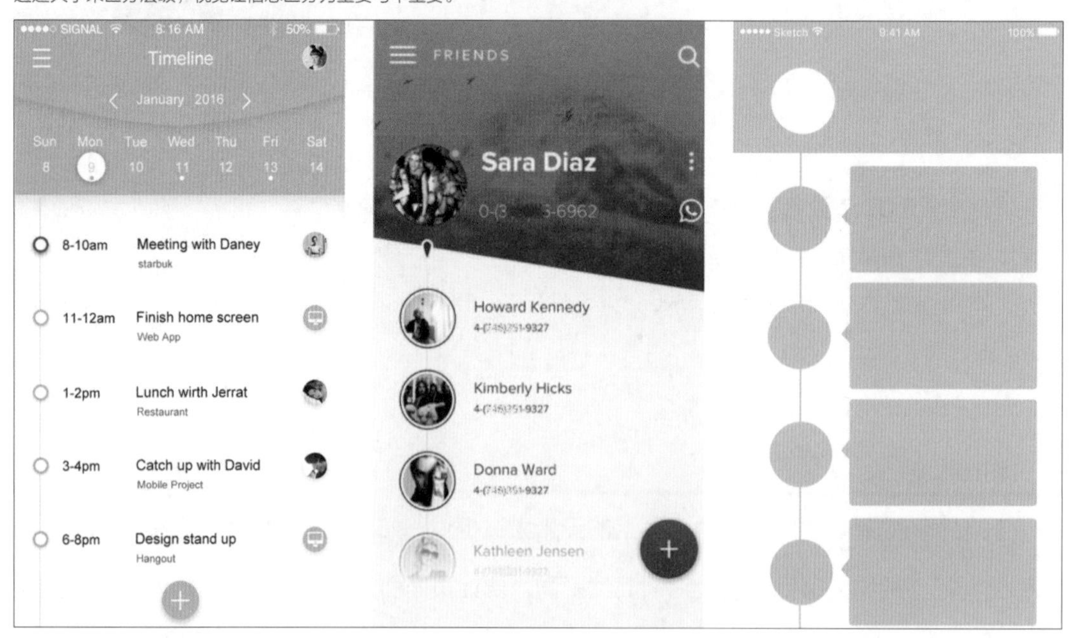

将元素放置到一些固定的位置，比如圆圈里面的内容，代表信息层级最高。一般会在有轴心、时间线的页面中使用到。

5 色彩

在没有文字的场景中，颜色的搭配非常重要。如何配色可以使设计感更强，如何配色更好看，哪些配色不好看？解决这些问题的方法就是学习色彩理论。

色彩的混合

色光混合。色光中存在三种最基本的色光，它们的颜色分别为红色、绿色和蓝色。不同量的红、绿、蓝混合可以呈现出其他颜色，等量纯度的三色光混合成为白色光。色光混合又称加法混合或正混合。

油墨混合。动物、植物、矿物质以及化学合成的颜料通过不同比例的混合可以呈现出多种色彩。青、品、黄3种颜料是不能通过混合形成的颜色，称为颜料三原色。等量纯度的三原色混合为黑色。颜料混合又称减法混合或负混合。

小知识

在设计作品中，如果需要加遮罩或是分割线，建议用纯黑色调节透明度，而不要用饱和度来调节。

色彩三要素

色相（Hue），各类色彩的相貌称谓，如大红、普蓝、柠檬黄等。色相是色彩的首要特征，是区别各种不同色彩的标准。事实上任何黑、白、灰以外的颜色都有色相的属性，而色相由原色、间色和复色构成。

饱和度（Saturation），色彩的鲜艳程度，也称色彩的纯度。饱和度取决于该色中含色成分和消色成分（灰色)的比例。含色成分越大，饱和度越大；消色成分越大，饱和度越小。

明度(Brightness)，眼睛对光源和物体表面明暗程度的感觉，主要是由光线强弱决定的一种视觉经验。明度不仅取决于物体照明程度，还取决于物体表面的反射系数。

基本色相环

基本色相环的颜色分布按光谱顺序为：红、橙红、黄橙、黄、黄绿、绿、绿蓝、蓝绿、蓝、蓝紫、紫、红紫。这些就是十二基本色相。

在色相环的圆圈里，各种彩调按不同角度排列。十二色相环每一色相所占角度为30°；二十四色相环每一色相所占角度为15°。

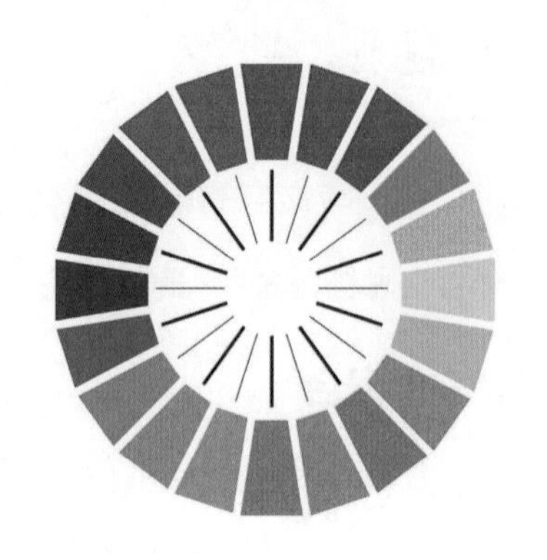

色彩搭配基本知识

单色配色。在色轮上使用一个颜色或色调，运用饱和度和色值的知识来创造变化。单色配色方案的好处是它们能够保证颜色的匹配度。单色配色在色彩变化上也适合长时间阅读，它的颜色波动较少，比较适合沉浸性交互的界面设计。

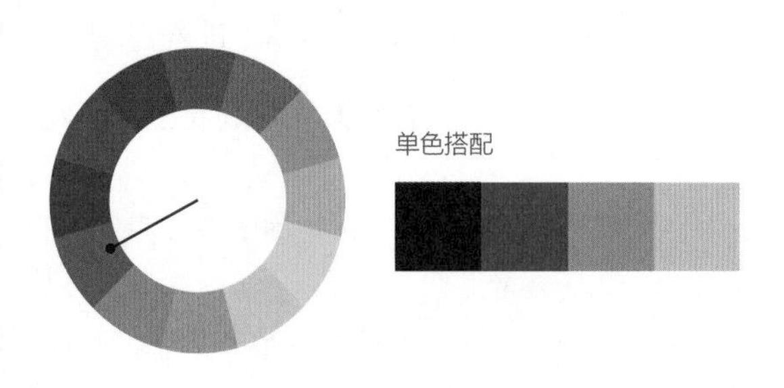

相似色搭配。使用色轮中彼此相邻的色彩，比如红色和橙色、蓝色和绿色。不要害怕色彩搭配得不好，大胆的尝试可以创造出更好的配色方案。

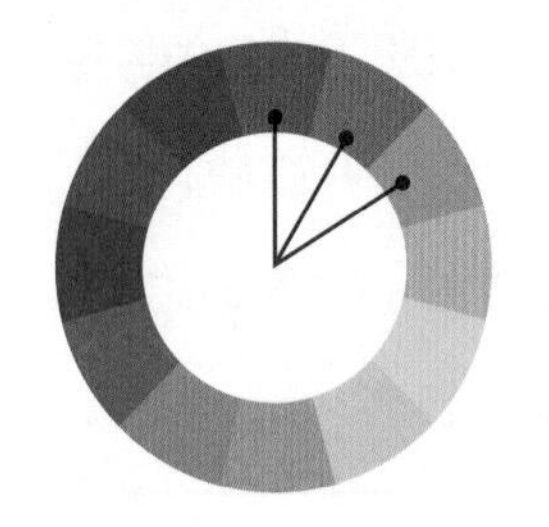

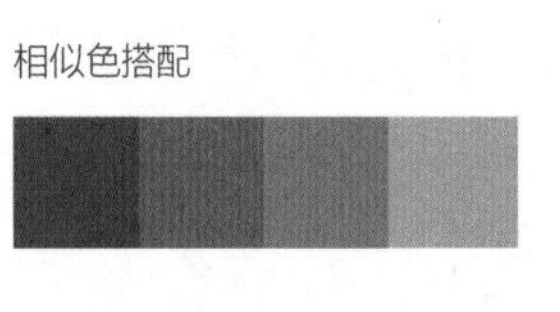

互补色搭配。互补色彼此相对。例如，蓝色和橙色或经典的红色和绿色。为了避免互补配色方案过于简单化，可以引入一些更轻、更深或者饱和度不同的颜色进行搭配。

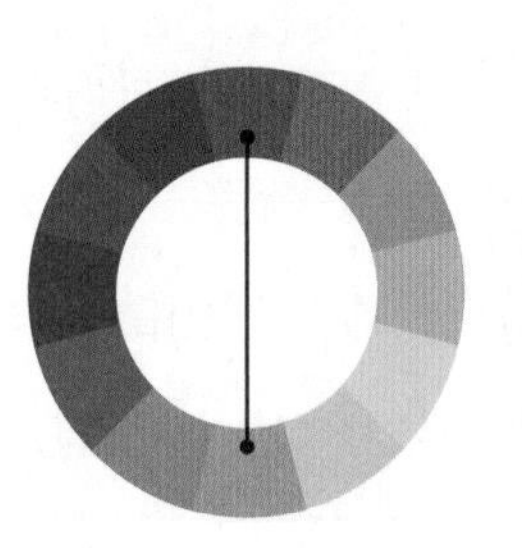

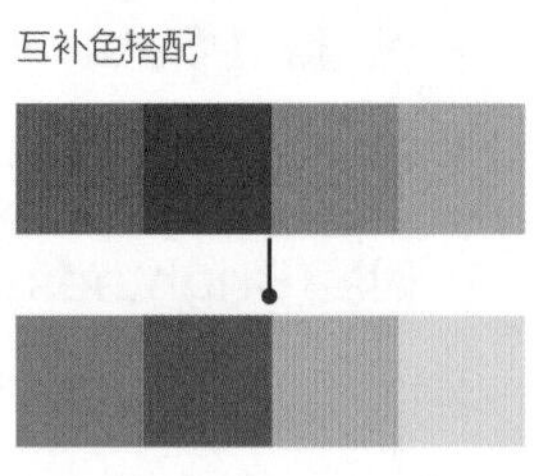

分裂互补色搭配。分裂互补配色方案使用的是相对颜色的两侧配色。除了能够提升对比以外，还能够带来一些更有趣的效果。

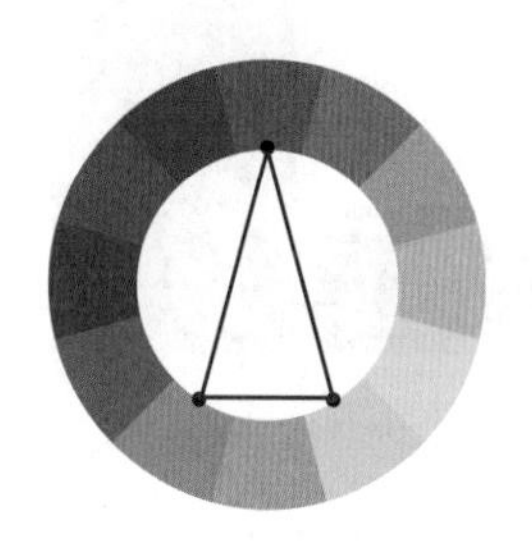

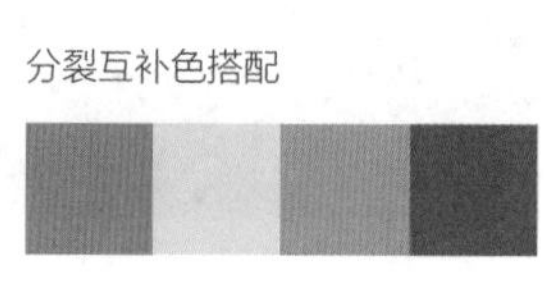

三元色搭配。采用三种均匀分布的颜色，在色轮上形成一个完美的三角形。这些组合的效果往往是相当惊人的，特别是主色或辅色的运用。

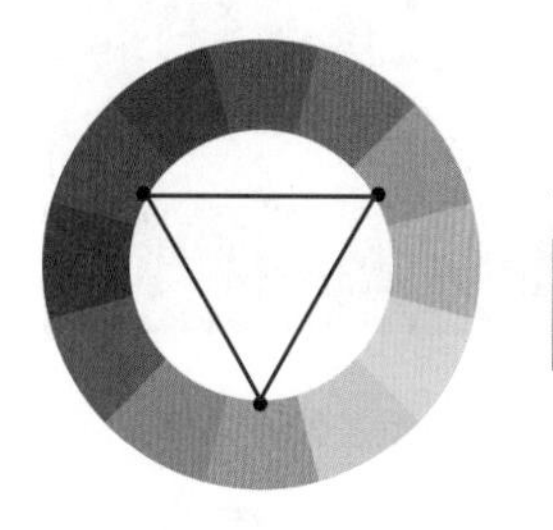

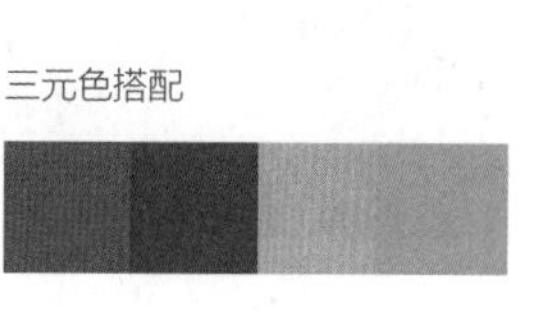

四元色搭配。四元色搭配在色轮上形成了一个矩形。将其中的一个颜色作为主色，其余颜色作为辅色进行搭配可以得出不错的效果。

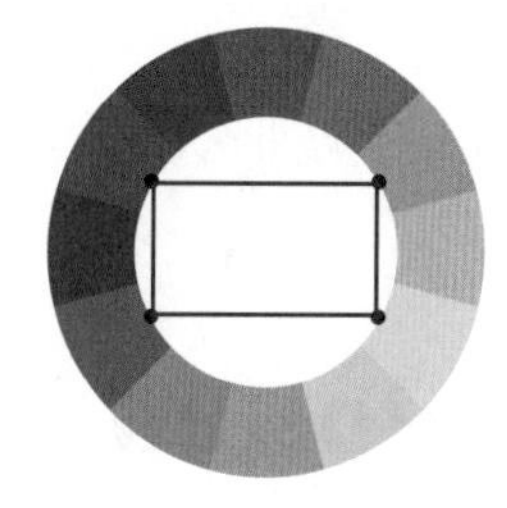

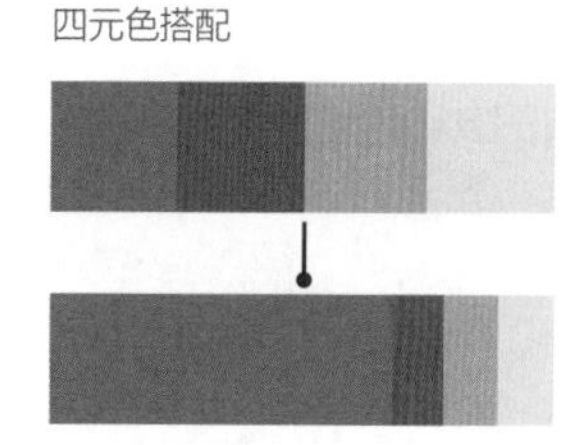

解决常见的色彩搭配问题的方法

调整色调。要让搭配的颜色不扎眼，最简单的方法是将色调降下来。选择一种颜色，尝试调整其亮度、暗度或饱和度。有时候调节细微的对比度就能够满足画面需要。

使颜色清晰易读。可读性是任何设计的必备要素，颜色搭配也应该清晰易读。例如，中性色（如黑色、白色和灰色）可以平衡画面，使信息真正脱颖而出。

正确选择颜色。每种颜色都会传递出不同的信息，即色彩情感。设计时要考虑到项目的色调，并选择一个合理的配色方案。例如，明亮的颜色往往能够带来有趣或现代感的氛围，低饱和度的色彩搭配往往会受到商业公司的喜爱。

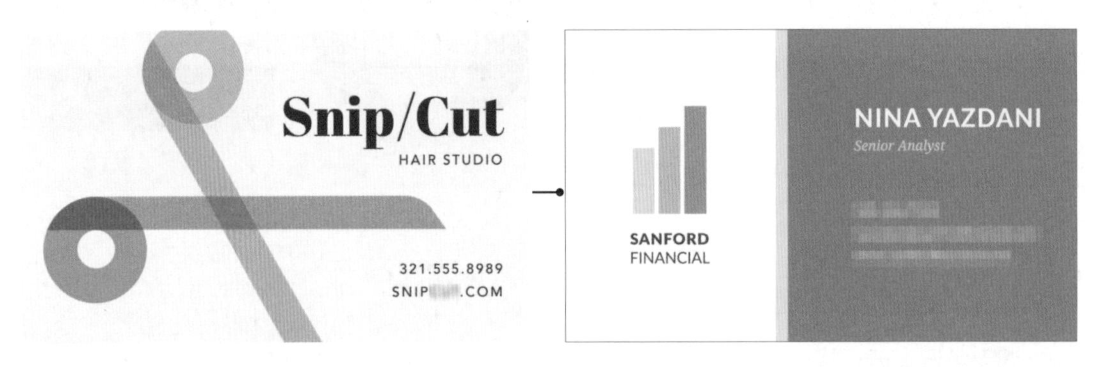

获取色彩搭配灵感。在各种有趣的地方寻找配色方案。例如，在广告以及一些有名的艺术作品中寻找，通过配色网站获取精美的配色。经验丰富的设计师甚至可以在周围的世界中得到灵感，发现并找到喜欢的色彩，使它们成为自己的绝妙搭配。

6 色彩搭配在界面中的运用

色彩构成

一款App的颜色构成应该不超过3个色系，分别为主色、辅色和点缀色。主色（75%）决定了界面的风格趋向；辅色（20%）使界面更丰富；点缀色（5%）引导阅读，装饰画面。

移动端设计一般控制在1～2个颜色，辅助以黑、白、灰为主。

很多应用界面的颜色为蓝色，如Facebook、Twitter、Skype和支付宝，但不是所有应用都适合蓝色。

色彩关系

协调感是人类生理和心理安全感的需求，也是受众长时间持久阅读的色彩学保障。色彩关系可以分为同一色、同类色、相邻色、中消色和对比色。

同一色。色相环中的任意色因明度变化而呈现的色彩。颜色混合是通过在纯色中加入黑、白、灰形成的。同一色调的颜色，色彩的纯度和明度具有共同性，明度按照色相不同略有变化。

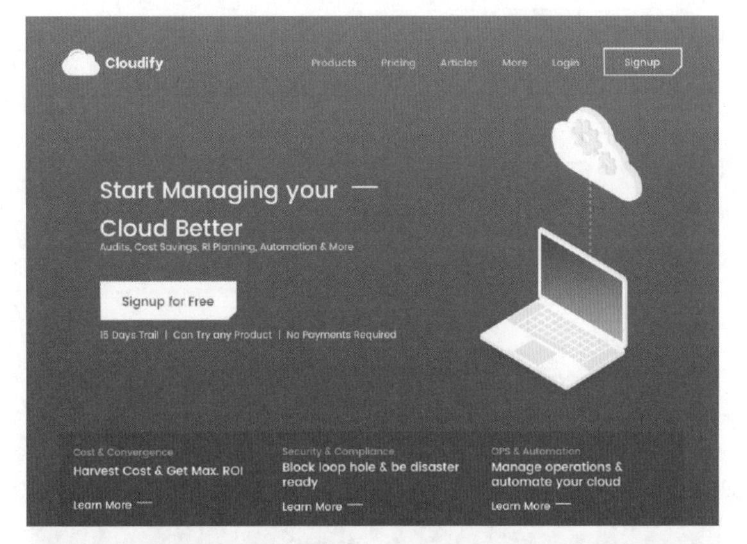

同类色。两种以上的颜色，且它们的色相倾向接近。例如，红色类的朱红、洋红、绯红的色相都倾向于红色，因此称它们为同类色。其他如黄色类中的柠檬黄、米黄、土黄，蓝色类的翠兰、淡蓝、天蓝、湛蓝等，都属于同类色关系。

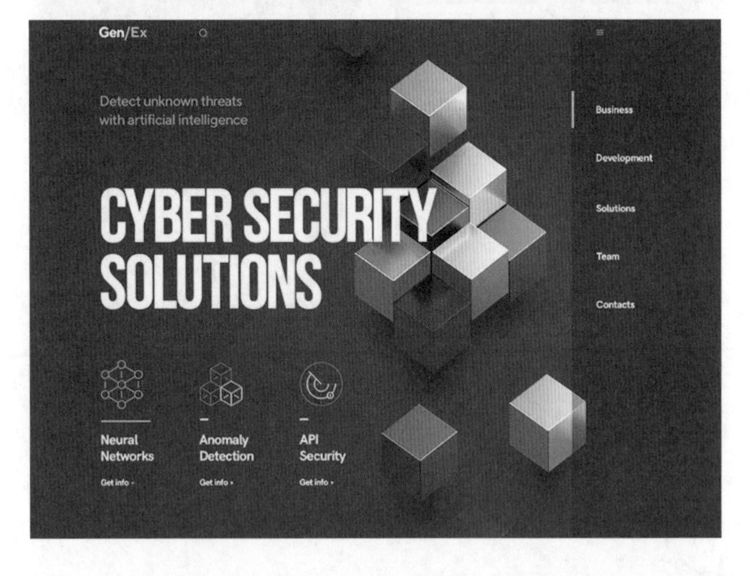

相邻色。在色环上任一颜色同其毗邻之色称为相邻色。例如，红色的相邻色是橙色和紫色，黄色的相邻色是绿色和橙色，依此类推，蓝色的相邻色是紫色和绿色。

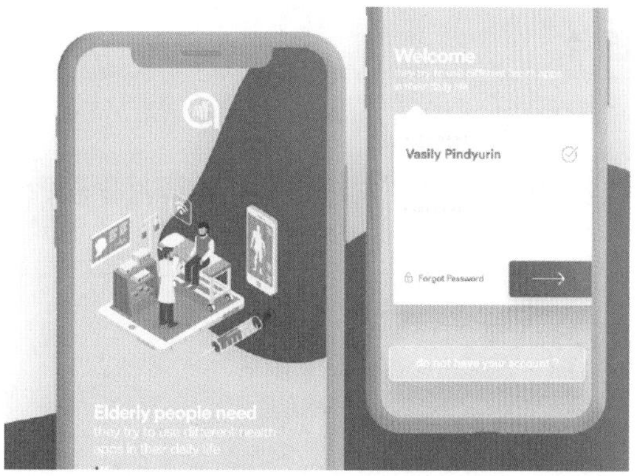

中消色。在色彩构成中，消色简单地分为黑色和白色。在色相中加入白色可调出浅红、浅蓝、浅黄等深浅不一的色彩，可降低原色相的饱和度，形成中消色。

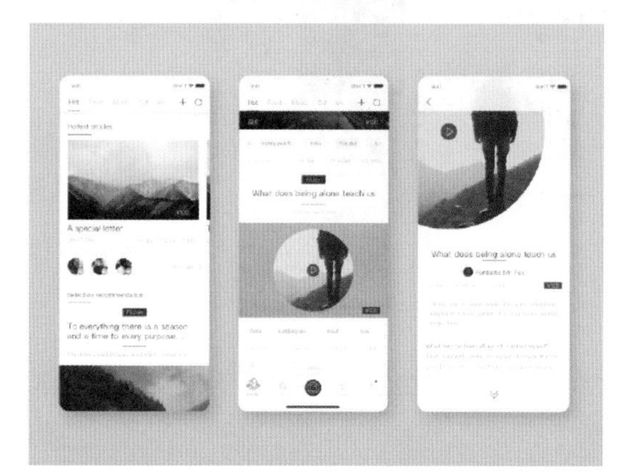

对比色。在色相环上间隔120° 左右的两种颜色为对比色。对比色之间无过多的共性，对比效果强烈。当对比的两色具有相同的彩度和明度时，对比的效果最明显。

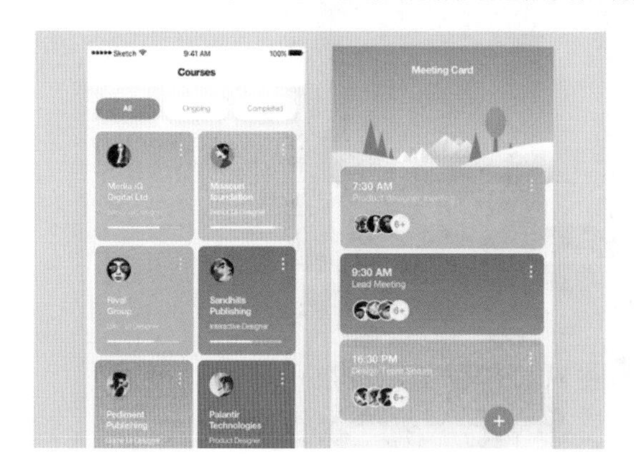

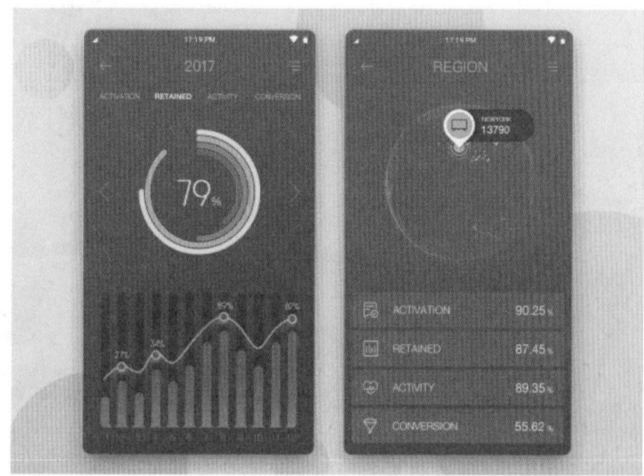

7 配色灵感捕获

图片

来自Make Media的Callie Hegstrom是一名才华横溢的设计师，对于获取灵感她是这样建议的：“我常常通过漂亮的照片来获取斑斓绚烂的配色方案，取色的时候直接通过Photoshop或者Illustrator就可以。图片是非常不错的配色来源，不过前提条件是你选取的图片一定要有足够的凝聚力”。

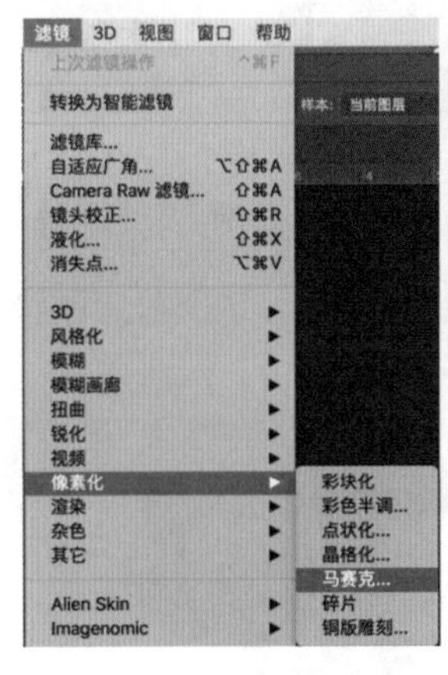

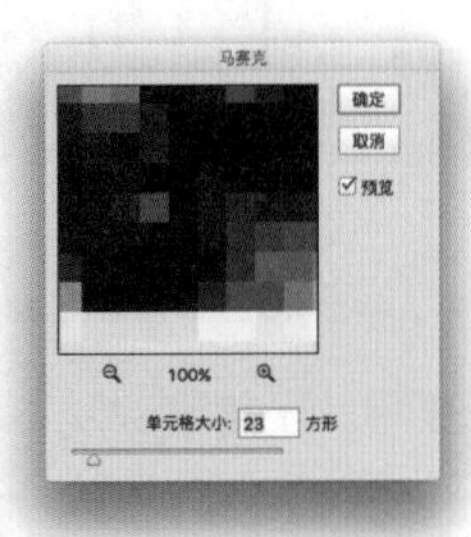

在Photoshop中打开图片，执行滤镜-像素化-马赛克命令，在弹出的对话框中可以设置单元格大小，即可将图片的颜色提取出来。

室内设计

来自My Creative Land的英国设计师Elena Genova指出“室内设计的许多设计规则运用在平面设计上非常靠谱”。

中国风

古风配色可以通过中国风的作品学习，从优秀的中国风作品中提取颜色，并进行色彩搭配的尝试。

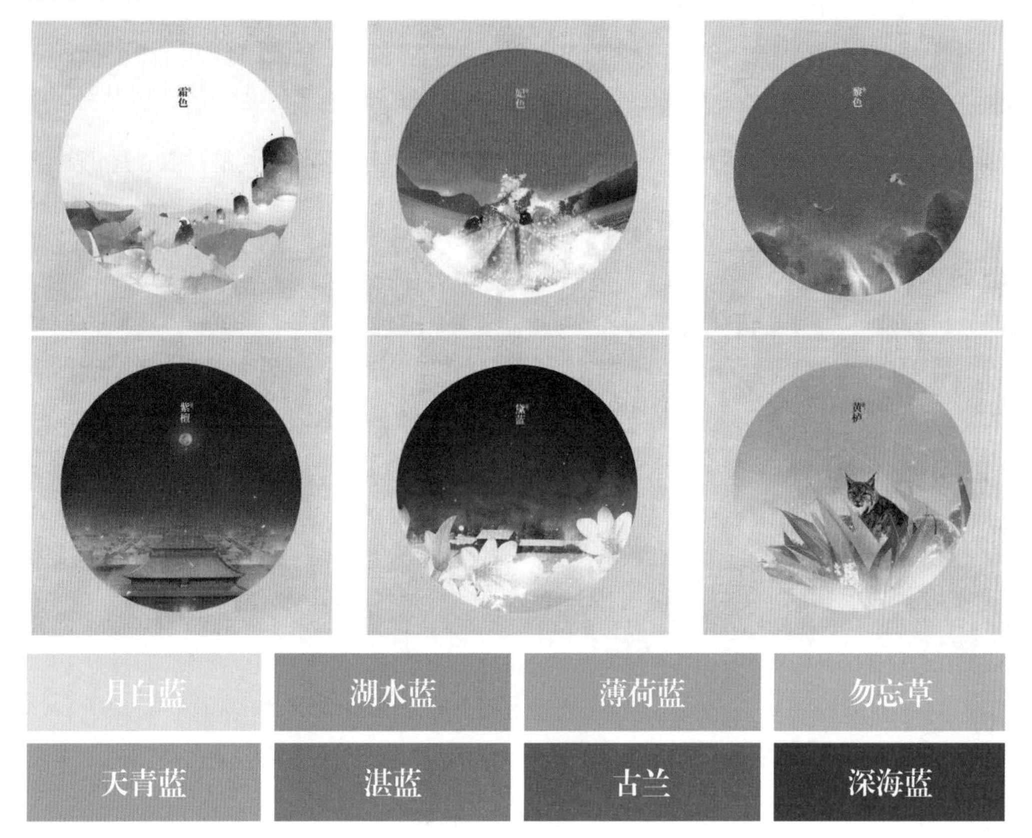

8 配色网站推荐

（1）coolhue：很棒的色卡配色网站。

（2）NIPPONCOLORS：日本传统色系配色网站。

（3）coolors：单击生成颜色。

（4）colorfavsr：抓取图像配色，带收藏配色功能。

（5）uigradients：在线生成高级的渐变色。

（6）MD配色：Material Design在线配色器。

（7）Web Gradients：180个背景渐变色集合。

（8）Color Koya：扁平化配色取色器。

9 作业：临摹“好好住”App的界面

作业要求 临摹“好好住”App界面，做35张界面，其中包含3张引导页，并寻找参考将做好的界面做成长图包装。

使用软件 Sketch（或Illustrator）。

训练目的 学习界面设计，了解界面中文字的大小、文字层级、文字与图片的关系、图形的绘制，以及如何包装自己做完的界面。

完成作品如下图所示

5张界面临摹

老师点评 界面包装效果图的头图部分，图形弧度不规整，显得有些凌乱，并且使用的绿色背景与“好好住”的icon没有区分开。

参考图

好好住
COLOR PALETTE
SCREENS
FUNCTIONAL MODULES
ILLUSTRATION
+35
+120
Thanks for Watching

界面包装效果图

作业欣赏

作品来源 像素范儿线下课程班第33期学员赵威。

老师点评 长图中各标题层级清晰，即标题和正文能很好地区分开，标题字号大且加粗，正文字号小，并且用了深灰色的文字颜色，与标题做了区分。每个内容之间留有空白，很好地拉开了内容之间的距离。长图所展示的内容很丰富。界面展示部分在保持整体统一的情况下，还富于变化，很有节奏感。

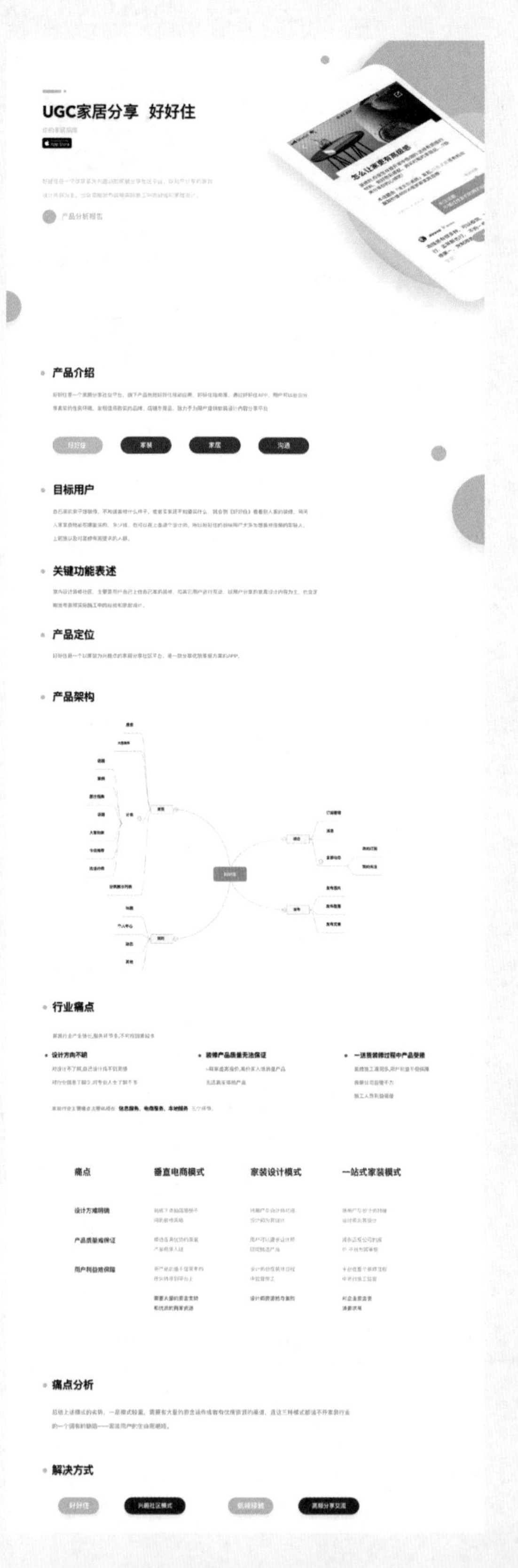

- 字体颜色

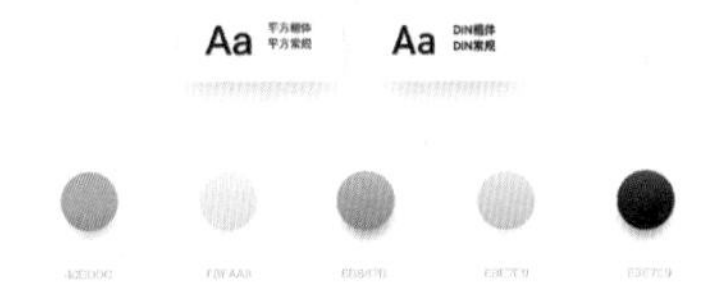

- 图标展示

- 界面展示

Home page

首页订阅

Topic discussion

话题讨论

Recommended section

推荐板块

Whole case

整屋案例

时间线分类

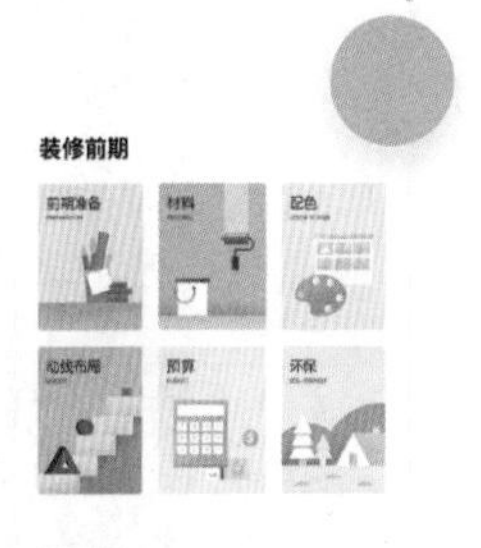

- 引导页

- 界面展示

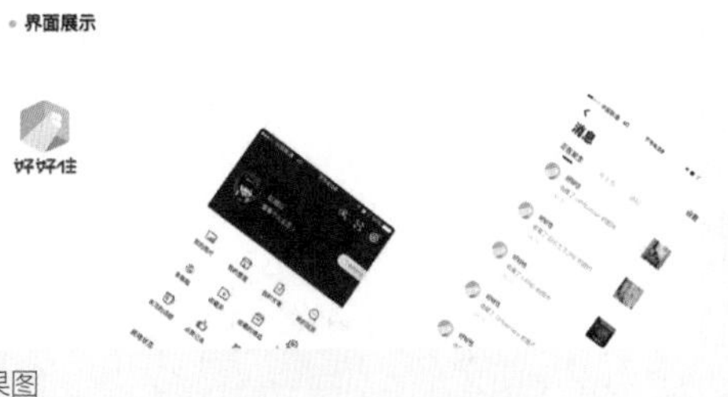

完成效果图

作品来源 像素范儿线下课程班第33期学员高锦龙。

老师点评 头图下方的中英文排版略显凌乱，层级没有拉开。长图宽度的尺寸有些窄。长图整体版式清晰明了，有一定的设计感。

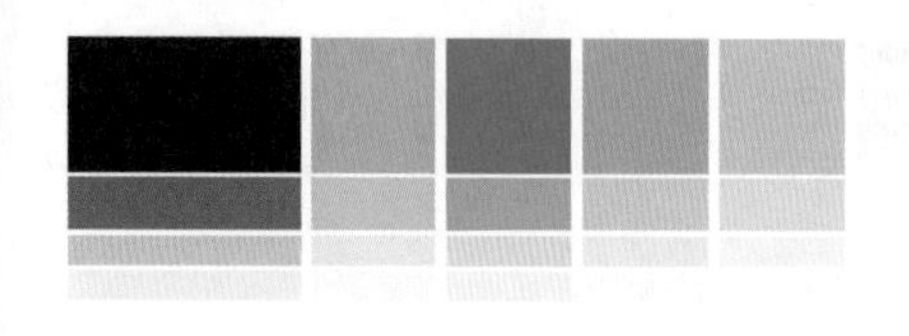

详情主页
Details of the home page

广告界面
Advertising interface

好好住开屏设计
扁平化矢量风
Open screen design
Vectorial wind design

推荐界面
Recommended interface

整体页面展示
变革发于微小 始于极致 造而成就全新世界
Overall interface display
Change begins at the smallest and ends in a new world.

完成效果图

浏览界面
Browsing interface

评论界面
Review interface

作品来源 像素范儿线下课程班第33期学员徐英荐。

参考图

装修顾问

为您的私人住所提供海量的装修参考，
从风格到材料。
网罗最新的装修信息和装修知识，
一键求助圈内注册设计师，为您的装修
保驾护航。

完善的用户社区让您随时分享自己的爱巢，
也可以查阅其他用户的装修心得，
您也可以在社区中解答其他用户的疑问，
畅所欲言，分享经验。

私人分类

详尽的收藏分类让您的收藏井井有条，
供您梳理有价值的文章，图片，用户分享
甚至是装家商品。

完成效果图

老师点评 头图上方的空白留得太多，下方内容整体往上提。绿色块上方的内容也存在同样的问题，留空太多。手机壳的颜色偏灰建议换一个。整体版式不错，清晰明了。

7

课程7 图标设计

在UI设计中，图标相当于辅助说明性图形传达给用户这是什么功能。因为设计师很难给每一位用户详细讲解自己的设计思路，如产品有什么功能、该如何操作。

1 图标的分类

功能性图标

功能性图标是满足当前界面需求，引导用户理解和操作的图标，对于简化App的使用方式非常重要。

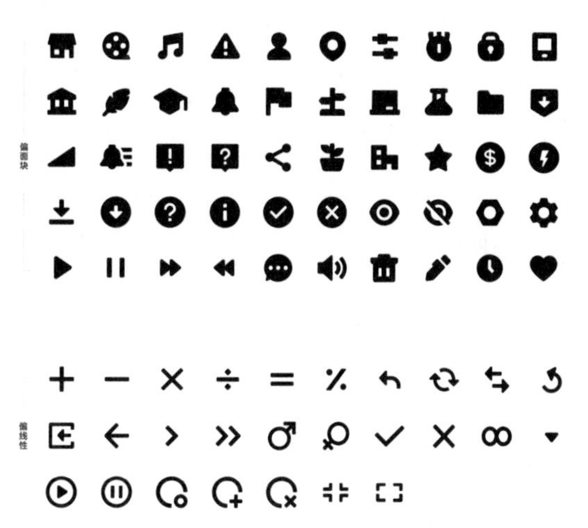

功能性图标是表意的，用户看见这个图标，就知道它代表什么功能。以微信为例，看见“消息”图标就知道点进去是消息界面，看见“朋友圈”图标就知道点进去是朋友圈。功能性图标的特点是简洁、易用。

装饰性图标

装饰性图标对于App整体的传播非常重要，丰富的色彩和细腻的形态可以将信息准确且有趣地传达给用户。

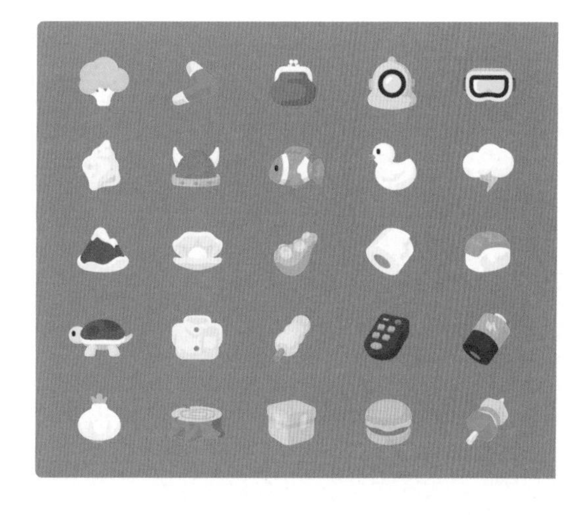

制作K12教育（学前教育至高中教育的缩写，普遍用来指代基础教育）App的公司近年来十分红火，招聘了很多UI设计师。这种类型的App里经常出现装饰性图标，图标本身并没有什么含义，纯粹是为了好看，提高孩子的学习兴趣。

2 图标的发展趋势

线性与面性

以前流行线性的图标，现在则多是面性的图标。线性图标的代表有网易云音乐、简书和Airbnb等，面性图标的代表有Pinterest、Twitter和Keep等。

线性图标

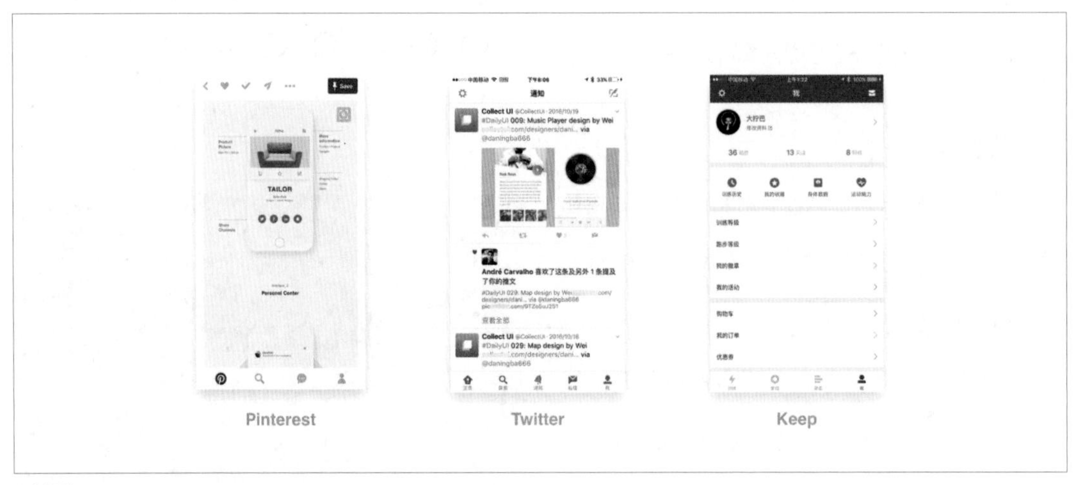

面性图标

优酷6.0版本使用的是线性图标，线条交会处有颜色加深的重叠设计，模拟马克笔绘制的风格。但这种图标的使用体验不好，用户寻找一个功能需要花费很长时间。这一套图标只使用了红、蓝两个颜色，图标的识别度不高。后来在进行版本迭代时，每个图标都有单独的颜色，线性图标变成面性图标，图标的复杂程度降低，识别度增强。

蚂蚁金服还叫蚂蚁聚宝时的图标如下图所示，虽然是线性图标，但不是简单的线性，它拥有很多复杂的细节。因为其设计整体统一，所以形成了独特的风格。

轻质感图标的出现

以前的UI设计流行拟物图标，所以UI设计师设计的图标越逼真越好。随着扁平图标的流行，各种大型公司基本没有了做拟物图标的需求，拟物图标的替代品——轻质感图标开始出现。下图是两种形式的轻质感图标。左边的图标是玻璃的质感，圆形框是不喧宾夺主的小点缀；右边的图标是凸起的、有厚度的质感，圆形框是对应功能的小装饰。

轻质感图标

小米手机曾用过轻质感图标，它所有的图标都是使用一个或两个图形的组合，虽然简单但却很耐看，并能体现出图标的层次感。

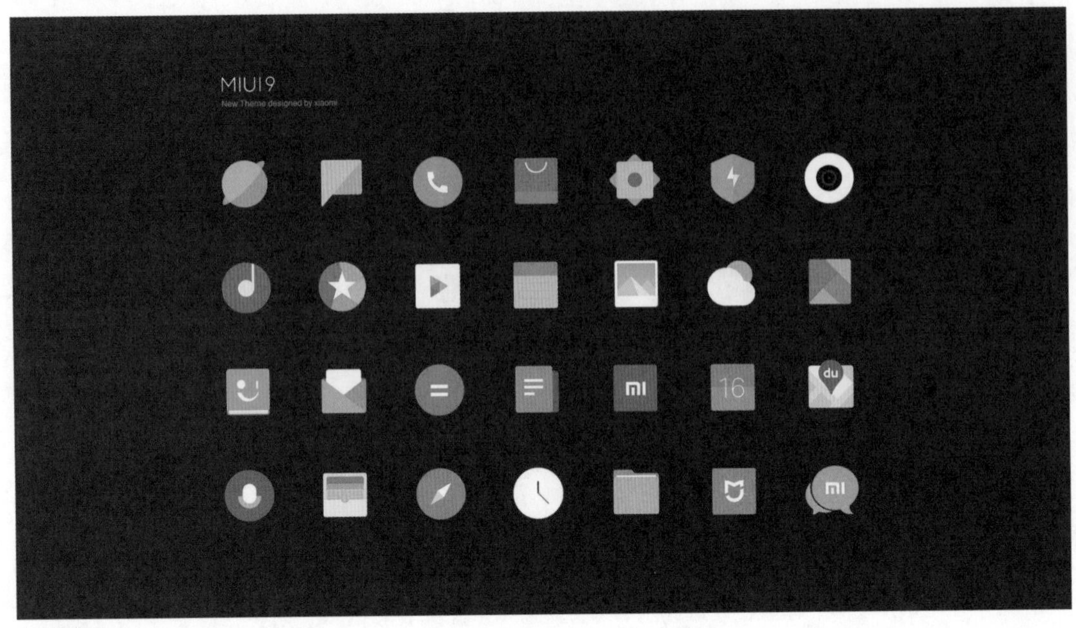

小米图标

“花椒直播”App的图标如右图。第二行为改版前的图标，质感非常好；改版后变成第一行的线性图标，走极简风格，这是因为要迎合大众去网红化的审美需求。

产品调性

在做设计时，要融入公司的设计基因、产品调性与企业标识。例如，“Keep”是健身类App，图标设计符合其简洁的风格。灰色的主色调，搭配简洁的图标设计和界面排版，使整个信息层级非常清晰，凸显了“Keep”简约、实用的风格。

“百度外卖”App的图标是由不同的项目部门分别设计出来的，但可以看出总体的风格基本一致。图标的背景颜色多样，选取的都是饱和度适中、不过于鲜艳的颜色；图标以面性为主，画风偏饱满圆滑。

“大众点评”App与“百度外卖”App的图标风格有所不同。图标的背景颜色选用较为鲜艳的渐变色，图标设计棱角的感觉更多，且更拟物。

Keep图标

百度外卖图标

大众点评图标

“淘宝”App图标的改版。用户头像居中放置浪费空间，于是改版将头像左移，右侧空间是原头像下方的内容；线性图标换成了面性图标，图标颜色由实色变为鲜艳的渐变色。从不同版本的图标设计中能够看出当前的流行趋势。

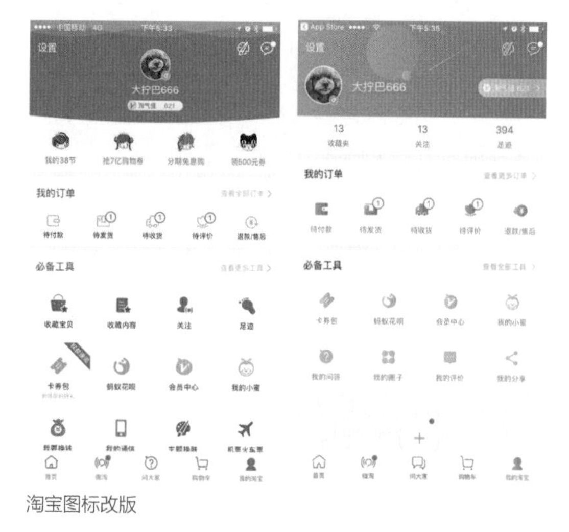

淘宝图标改版

活动期图标

还有一种极具特色的图标设计风格，可以概括为活动期图标，即图标配合活动、节日等进行的整体设计。就图标设计或用户体验来说，活动期图标并不是优秀的设计。为了视觉效果的呈现，图标的表意功能会被弱化。这种图标设计的意图是展现氛围，表意性或实用性不再重要。如淘宝二楼的图标设计，每个图标的细节很丰富，风格也符合主题，但画面整体显得较乱。

活动期图标

电商平台配合七夕、圣诞、“618”店庆等活动的图标设计，装饰性比功能性要强。更为夸张的活动期图标，如春节期间的“红包”图标设计，完全抛弃了图标的表意功能，单纯追求视觉效果。

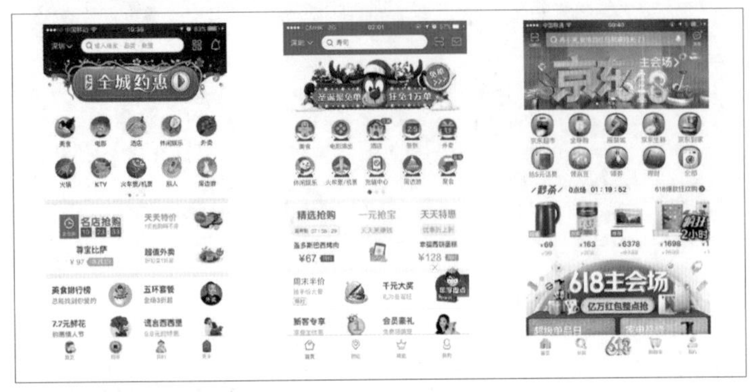

配合节日设计的图标

春节期间的红包图标

3 图标设计需遵循的要点

（1）功能识别

①是否能被用户看懂。②是否产生歧义。③是否能增加用户的喜爱（用户有无单击欲望）。

（2）颜色选择

①是否需要颜色辅助。②是否符合用户习惯。③是否符合产品风格。

（3）展示状态

①是否正确表达用途。②是否提供用户反馈。③是否干扰用户思考。

4 图标案例分析

案例1

第一行图标的颜色比较多，而第二行图标颜色却十分简单统一。日历图标的红色条比菜单图标的红色条粗；折线图的图标图案过于复杂。

案例2

照片图标中颜色过于丰富；咖啡图标中杯子图案绘制过于详细，杯盖颜色过重，且没有必要在杯身上写coffee字样。

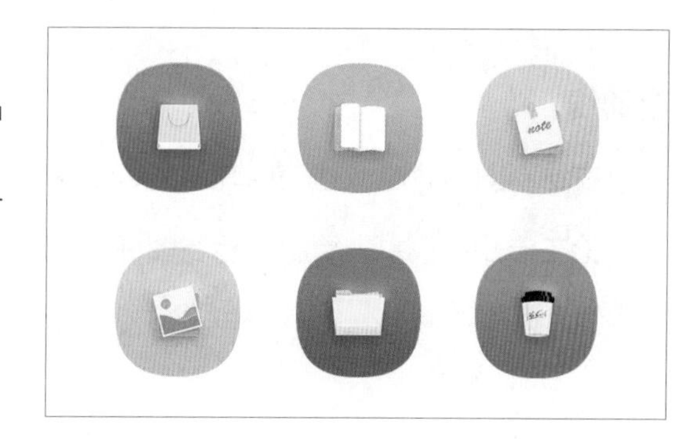

5 图标设计规范

图标占满像素格

在Sketch软件中，参数不要有小数点，让图标占满像素格。因为计算机不能识别小数点，导出图标时计算机会把不能识别参数的部分拉伸填满像素格，导致图标出现虚边。

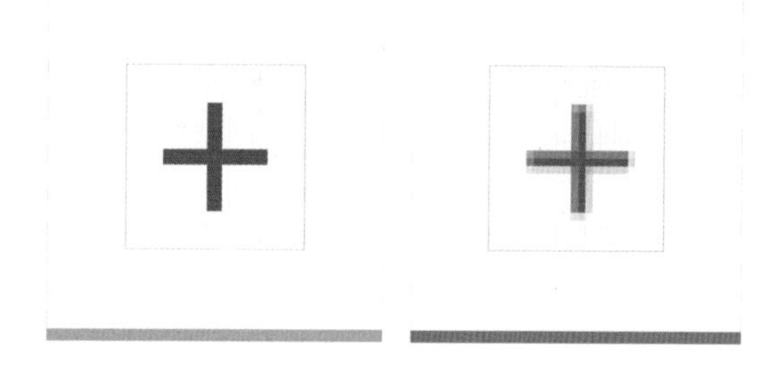

图标设计的统一性

进行图标设计时应注意其统一性。在Sketch软件中，线条的对齐方式应设置为居中描边。如果端点设置为圆角，那么拐角也要设置为圆角，这样图标看起来更加统一。

简化图标，增加辨识度

功能性图标不需要加太多细节，在意思表达清楚的前提下尽量简单，越简单的图标，辨识度会越高，简单的事物更容易被记忆。

辅助线

在绘制图标时应合理使用辅助线，以保证无论在什么形状中去绘制图标，图标都是居中的。

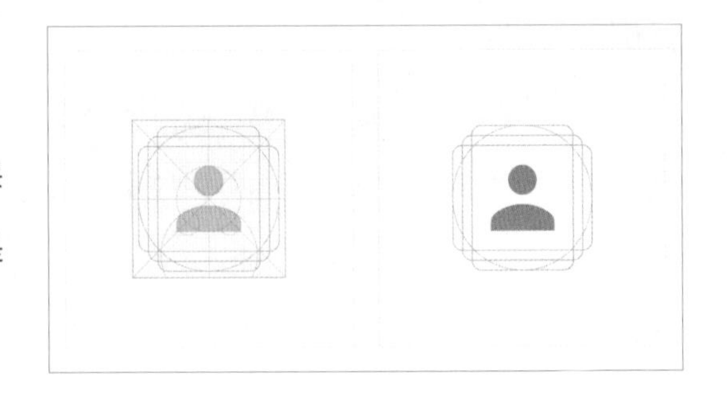

内容与安全区域

图标设计规范会规定图标的设计范围，但是这不意味着图标内容要紧贴范围线。设计范围是包含安全区域的，图标内容在安全区域上下浮动一点是可以的。

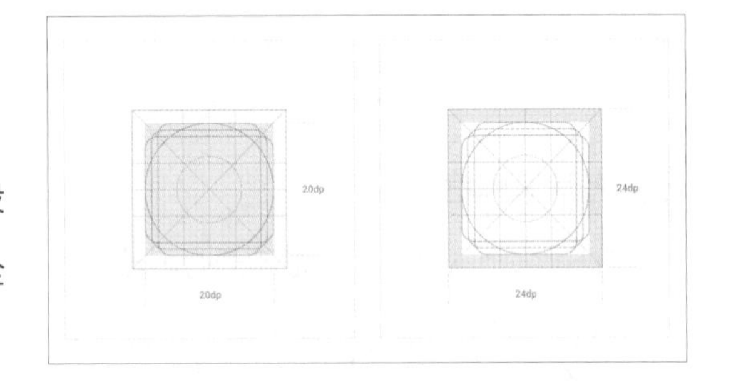

图标视觉统一

绘制图标不光要满足物理上大小统一，还要实现视觉上大小统一。设计师要懂得调节图标大小以避开视觉上的错觉。

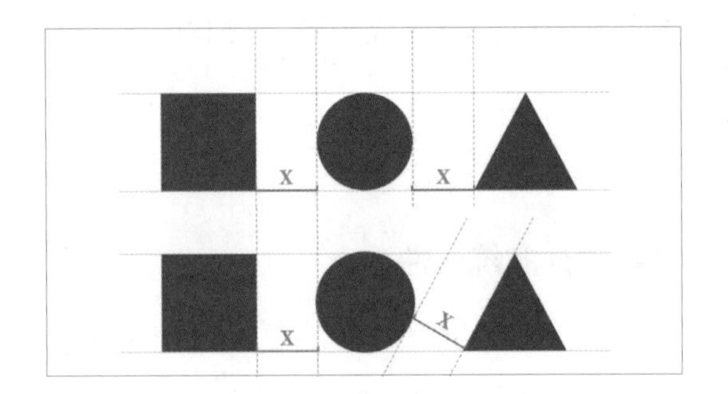

图标可以创作，但不要过于创新

右边两组图标中，第5个图标均为标准可用形式，其他图标为过度创新的结果，容易让用户产生误解。

个人中心

飞行模式

设计思路灵活

作为一名设计师，应有灵活的思维。设计图标时，在不造成歧义的基础上适当做一些变化，常用的方法是保留基本形状，只改动部分细节。

消息

设计规范范例

在UI设计工作中，除了界面排版，就是图标制作。进入公司之后，设计师通常没有太多的发挥空间，因为原有的设计框架已经存在，设计规范严格，设计师需要遵循这些规则进行设计工作。下图为某公司的设计规范。

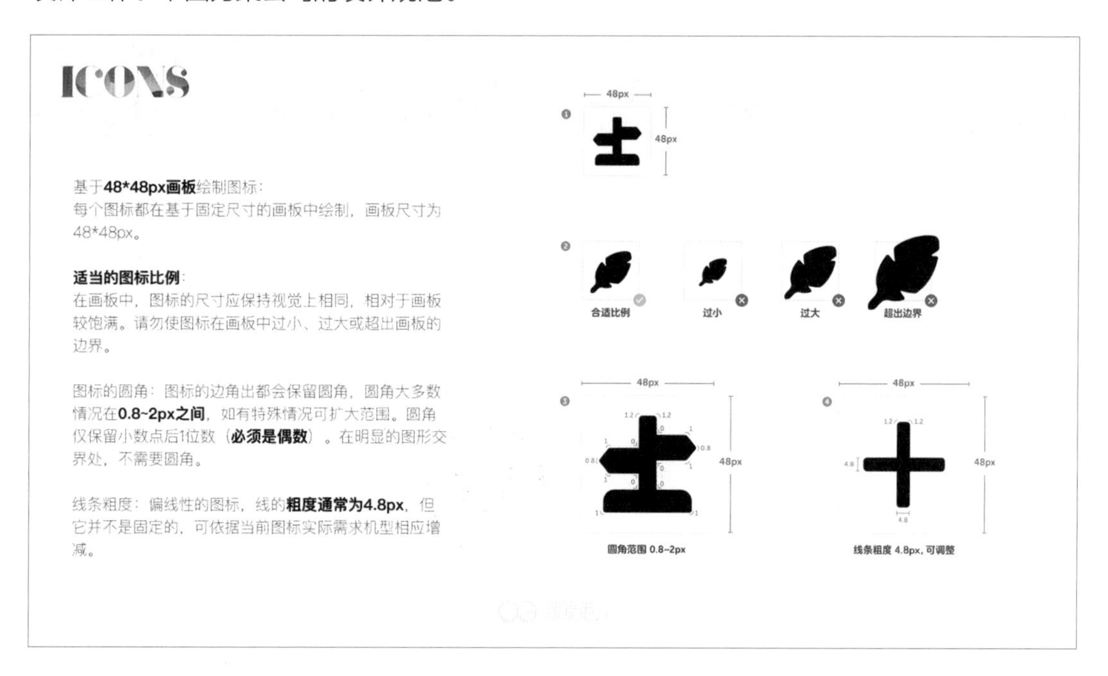

图标的尺寸多为偶数是有原因的。市面上手机屏幕的尺寸过多，每一个屏幕尺寸设计一个界面浪费精力，这时设计师设计出一倍图的尺寸，然后把图标做好切图标注，交给开发人员，开发人员就可以用二倍图、三倍图等对不同屏幕尺寸进行适配，而图标尺寸设为偶数易于换算。

很多大公司的设计理念、设计规范等会对外公开，在网络上能够找到。蚂蚁金服的设计规范如下图。在Ant Design官网，不仅可以查看它的所有设计语言与解决方案，还可以得到相关的工具与资源。

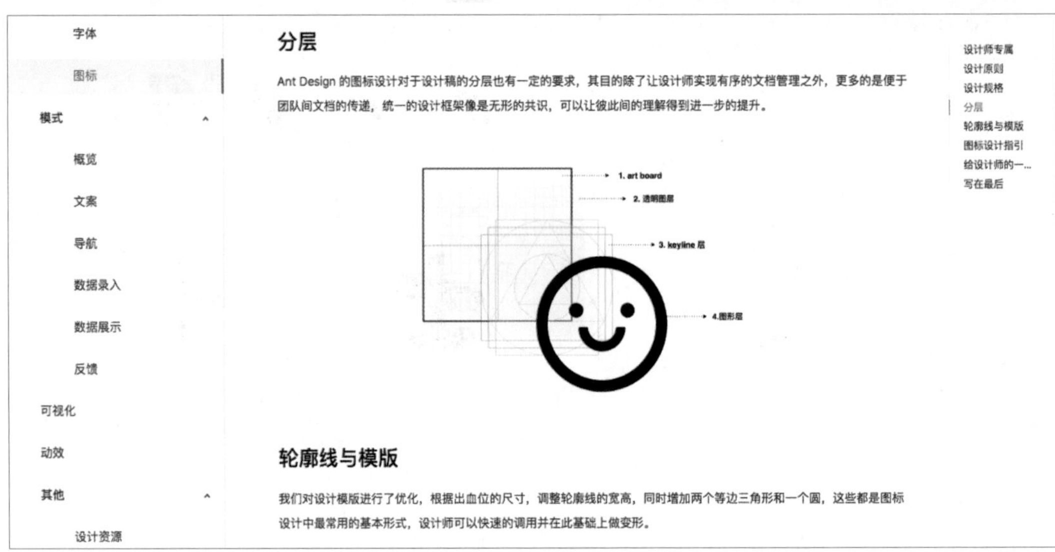

腾讯系列产品有ISUX产品品牌书。在官网，可以查看它的设计公开课、产品与资源，在品牌分类下有腾讯旗下每一个产品的详细品牌书。品牌书中涵盖了设计语言、设计规范等内容。

ISUX
ARTICLES
BRANDS
RESOURCES
CAREERS
欧漫风诠释YCG品牌...
DESIGN
YCG promotional video to motivate artist and other creatives to shar...
腾讯微云文件图标的...
DESIGN
全文4000字，阅读需要15分钟。作者将向你展示微云团队一路以来对文件...
PUPU激萌表情设计...
DESIGN
PUPU online sticker

ISUX
ARTICLES
BRANDS
RESOURCES
CAREERS
腾讯社交产品品牌书
BRANDS
品牌通过规范的设计原则，从抽象到具象，从文本到符号、系统规范品牌的基本原则和使用方法，是人们进行识别认知的依据。

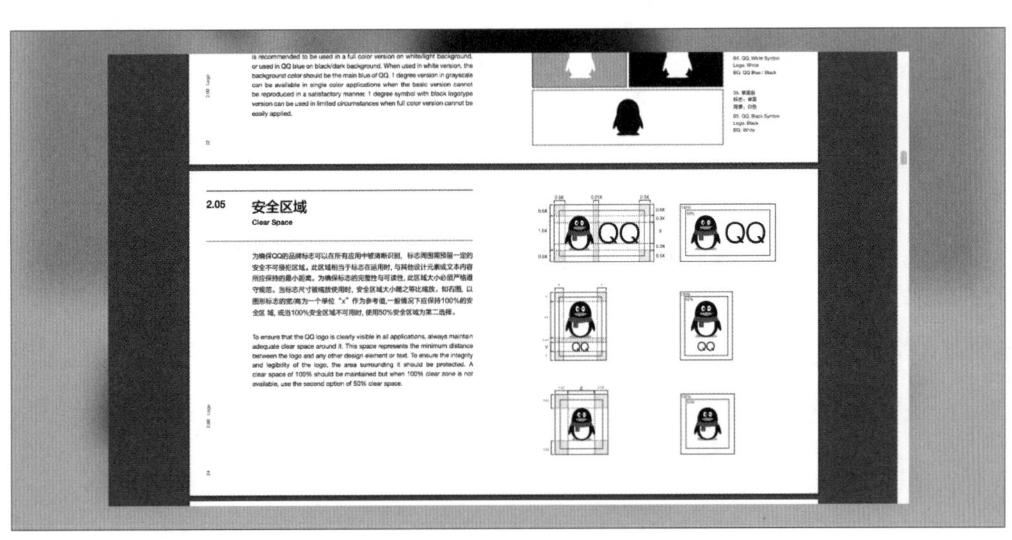
2.05
安全区域
Clear Space
QQ

6 Dribbble上一些值得推荐的图标设计大咖

推荐Dribbble上一些值得设计师关注的图标设计大咖。

Anton Kuryatnikov，最早拟物化设计时代代表性设计师，作品以超写实和质感为主。

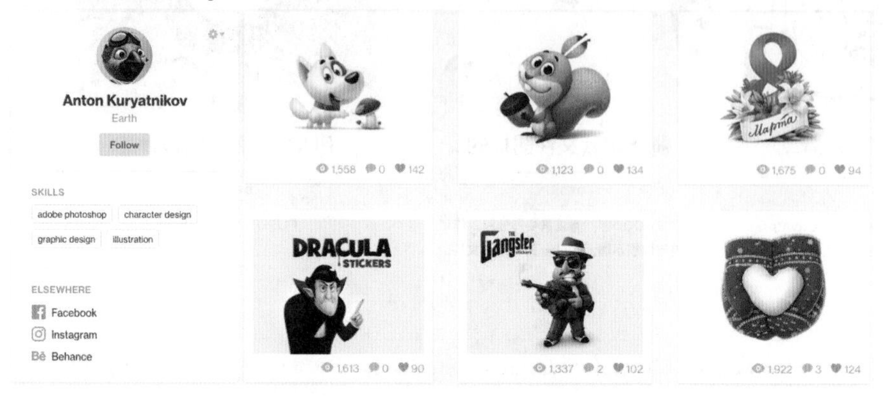

Thunder Rockets，dribbble著名的矢量插画设计师，以描边线条为主来表现抽象的人或者物体。

Ben Bely，以2.5D等距视图为设计特点的图标图形设计，突出体积感，作品多以俯视带给别人冲击感。

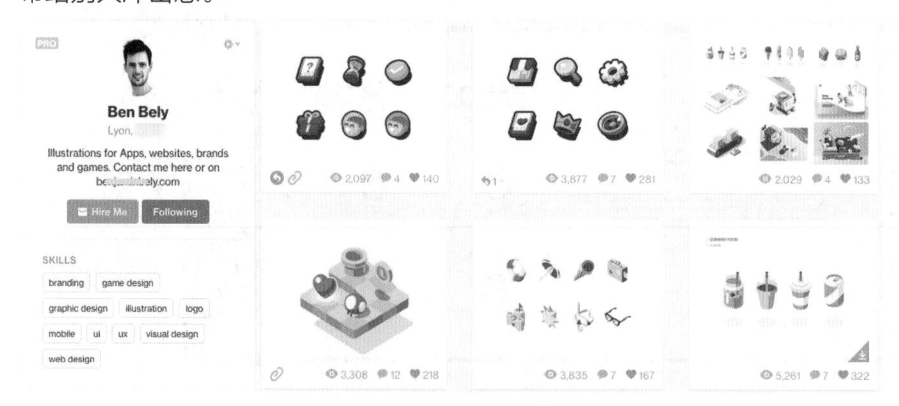

7 如何临摹装饰性图标

优秀作品的观察与总结

装饰性图标与功能性图标不同的是装饰性图标有一种类似于小插画的感觉。

临摹装饰性图标时需要加面性、高光（也就是亮的部分和暗的部分）以及多色彩的东西，让它有一种插画的感觉。

装饰性图标有很多类别，如快餐类、工具类、影视英雄、太空类、学习工具、运动体育、动物类、游戏人物类等。比如下面图片中的图标。

这些图标具有统一性，可以做成卡片的感觉，也可以做成贴纸（像贴纸，还会有白边、投影）的感觉。下图是一些快餐类、小怪兽类和小动物类的装饰性图标。

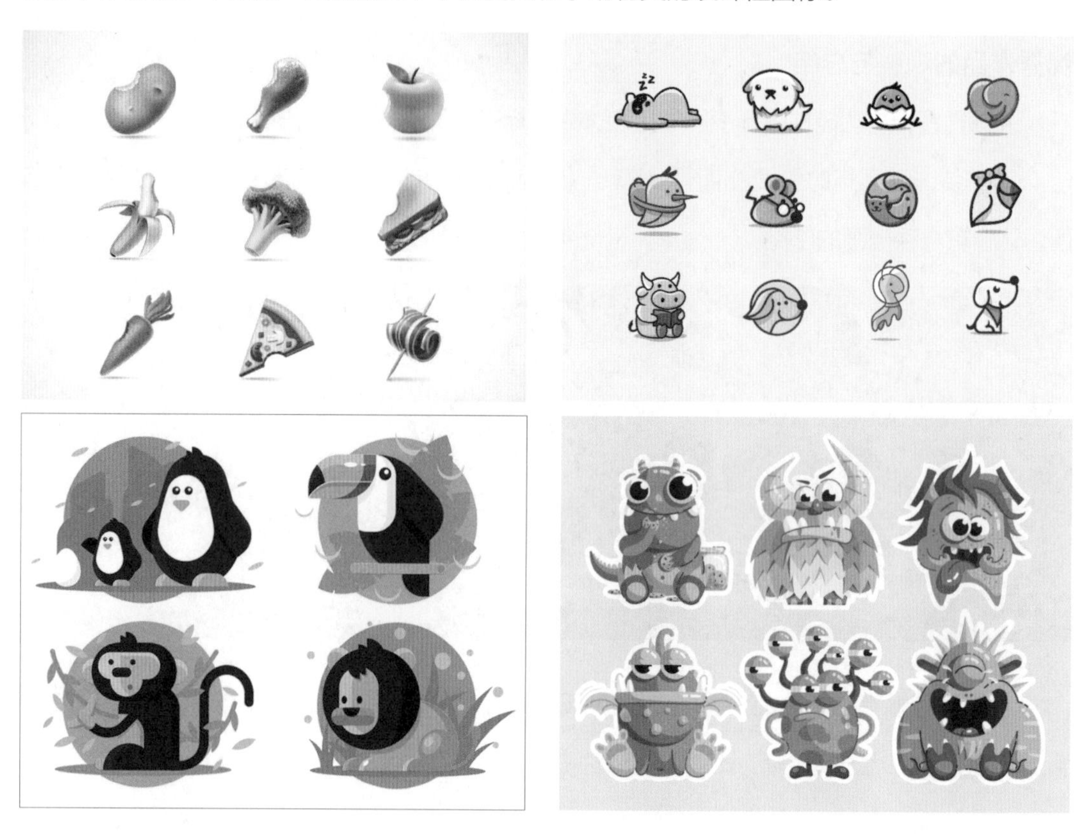

装饰类图标的设计可以以实物为原形进行简化，或基于多个真实物品进行融合，最终临摹为矢量图标。

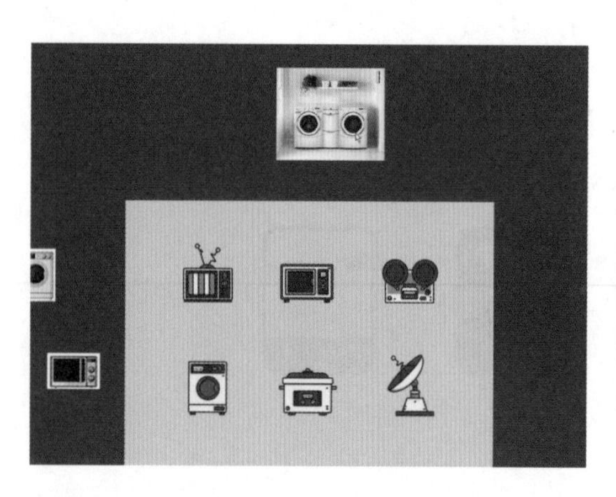

头像图标的启发

基于自己的样貌设计头像图标，将其用于站酷网、微信等地方都是很酷的。

一些同学听到要做头像会说自己不会画画。这个和画画没关系，不用画得有多像，能抓住自己的特点就将特点展现出来；如果觉得自己长得不好看，可以将头像做成理想中自己的样子；实在不会，可以用形状剪接一个头像。

如果对鼠绘或是钢笔工具运用得比较熟练，可以画一些复杂的头像，如右图。

下面再看一些同学绘制自己头像的例子。

一位女同学画了三个比较可爱的自己

一位男同学画的自己

启动页的有源思路

启动页的椅子，参考的是一个实物椅子；人像插图是对在网络上寻找的一些人的坐姿进行归纳绘制而成的。通过这种方式得到启动页的最终效果，就是有源设计。

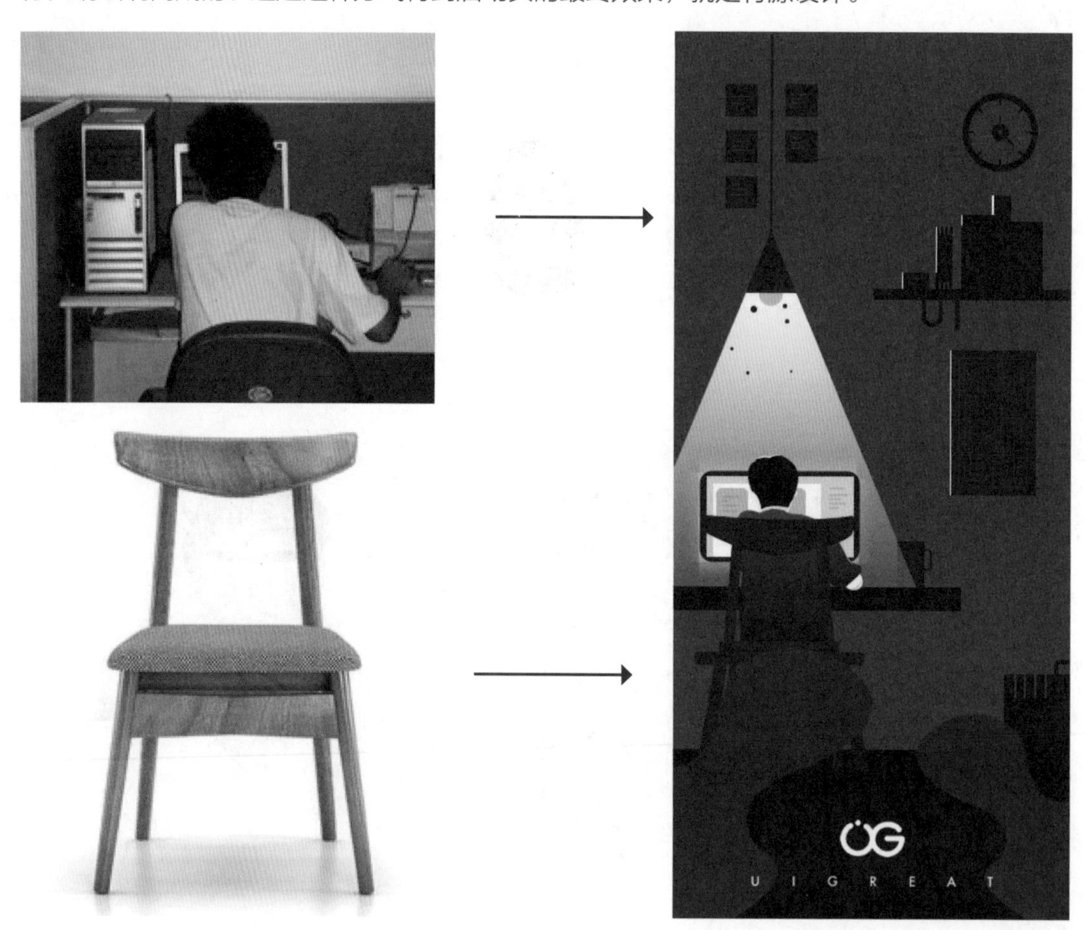

再分析另一个同学做的启动页的有源思路。

他寻找了大量参考图。模仿了图1中的构图形式；参考了图2中的山和水；参考了图3中的人物，但改变了人物的性别，改变了太阳伞的形状，添加了一些小装饰。为完成效果图设计了融合度很高的包装。

参考图

图2

完成效果图

图1

图3

8 作业：微信图标Redesign

作业要求 绘制标签栏的4个图标、1个“设置”图标和1个“表情”图标，共6个图标，只能使用两种颜色。画布尺寸为800px × 600px。图标类型可以是线性图标、面型图标，或线面结合图标。设计语言要统一，即大小统一、复杂程度统一、风格统一、线条粗细统一、面性面积统一等。

使用软件 Sketch（或Illustrator）。

训练目的 学习图标的绘制方法，掌握套系图标统一的要点。

参考如图1~图3所示

图1

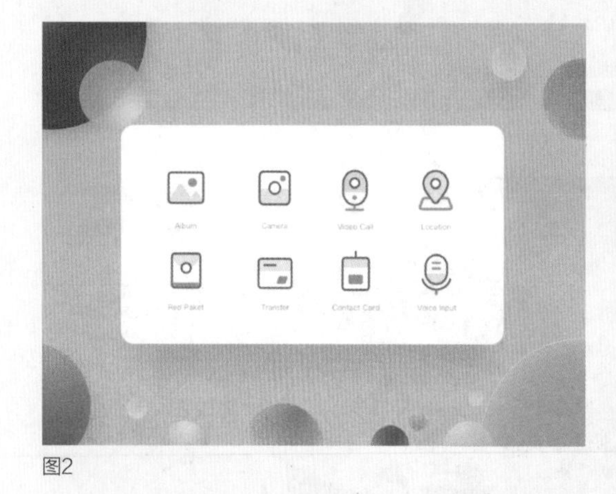

图2

图3

第一次完成效果如下图所示

设计思路 参考图1的外形、图2的线面结合形式和图3的背景及包装形式。

老师点评 图标中的浅蓝色减淡，白色部分调整为深蓝色。“设置”图标的识别性不高。背景的层叠色块使用白色，并降低不透明度。

修改后作品如下图所示

作品修改如下

（1）图标中的浅蓝色部分减淡了。

（2）“信息”图标、“通讯录”图标和“表情”图标中的白色改为了深蓝色。

（3）设置图标换了一种形式。

作业欣赏

作品来源 像素范儿线下课程班第33期学员高锦龙。

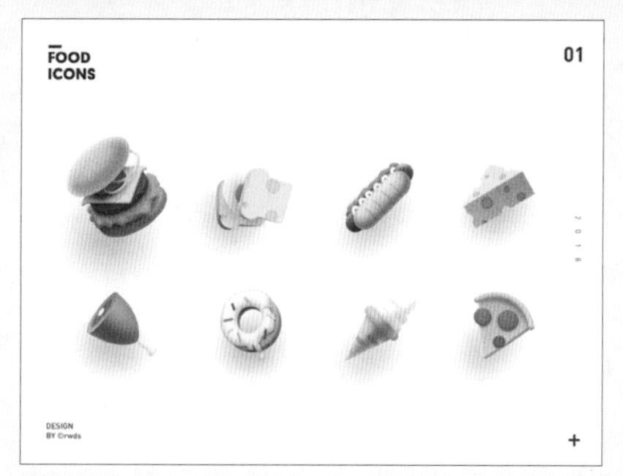

参考图

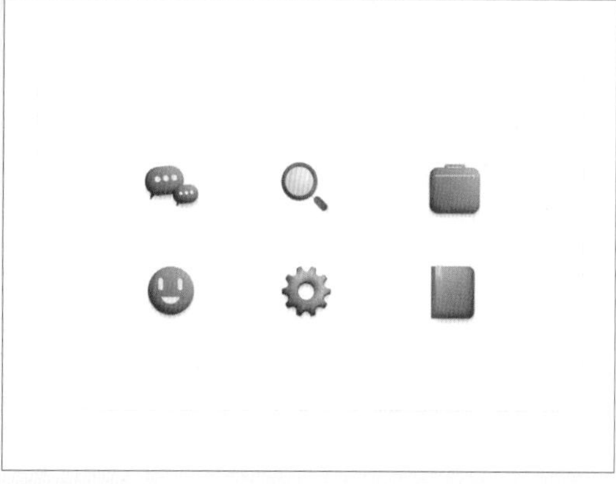

完成效果图

老师点评 图标的渐变过渡比较生硬，在图标的亮部选择偏黄一些的红，这样颜色渐变才不显得脏。因为图标整体是圆润的感觉，所以图标里面的小元素要注意去掉尖角。建议去掉图标里面的内阴影。图标的整体效果图不理想，需要修改。

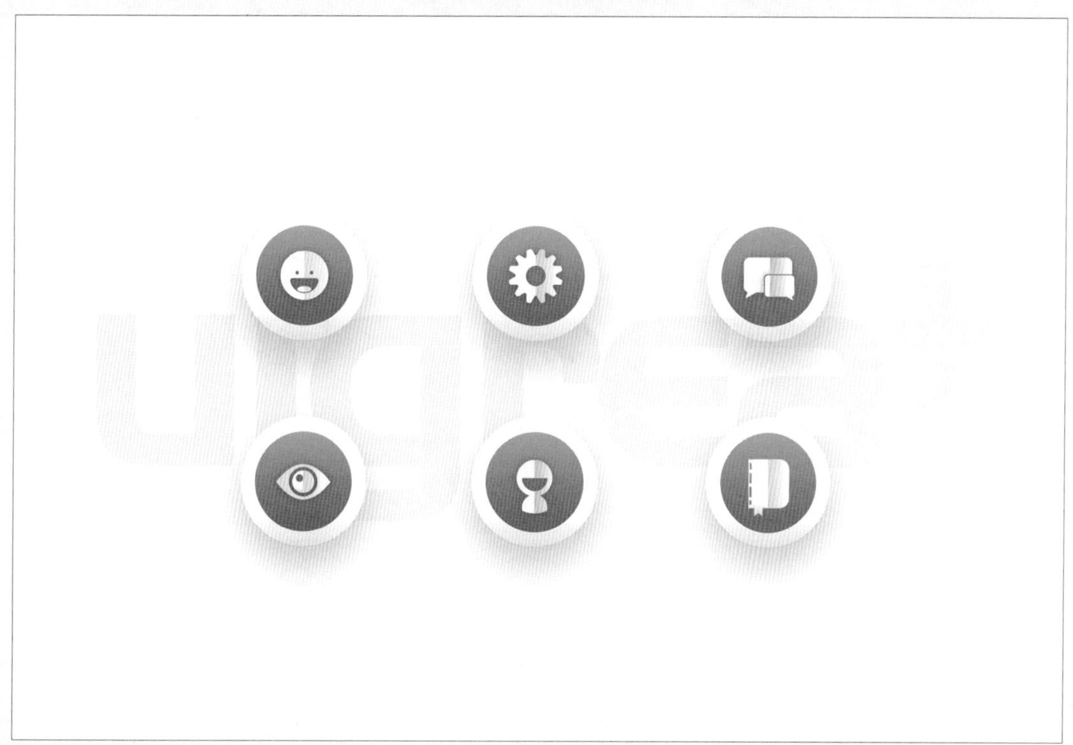

修改后的效果图

作品来源 像素范儿线下课程班第33期学员赵威。

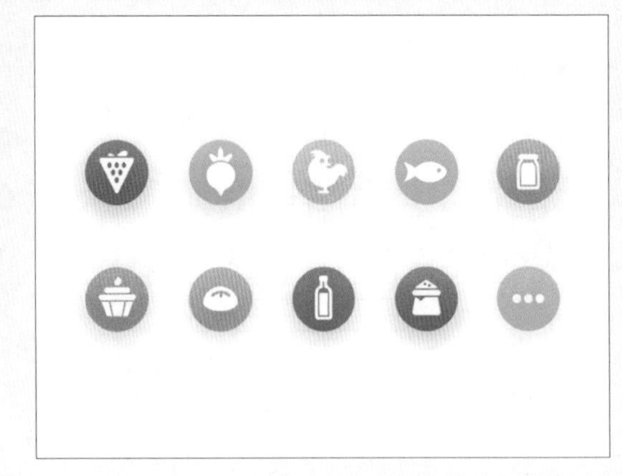

参考图

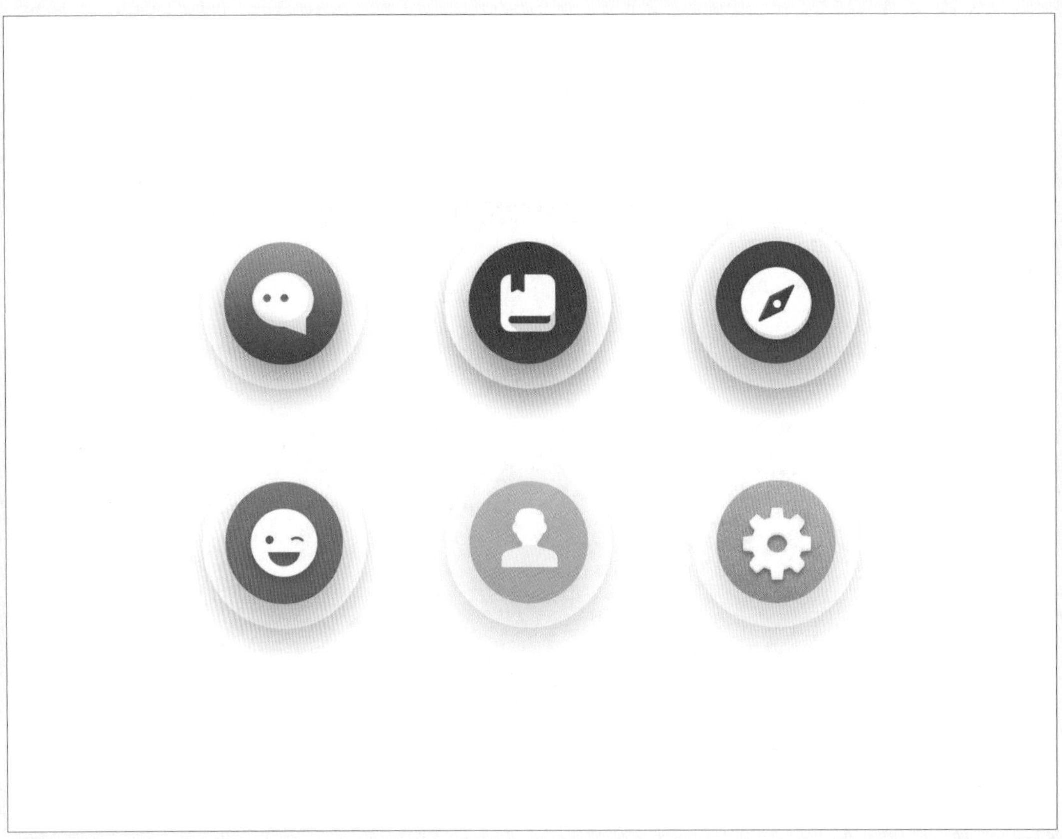

完成效果图

老师点评 图标厚度不统一，有的图标是45° 方向的厚度，有的图标是90° 方向的厚度，有的图标的厚度变成了投影。左起第一行第一个图标的质感比较不错，其他图标立体感不够。

作业来源 像素范儿线下课程班第33期学员章如兰。

老师点评 图标包装的背景脏。第二行的第1个和第3个图标中的白色小领带太突兀，第1个图标中的两个小人前后拉不开空间关系。

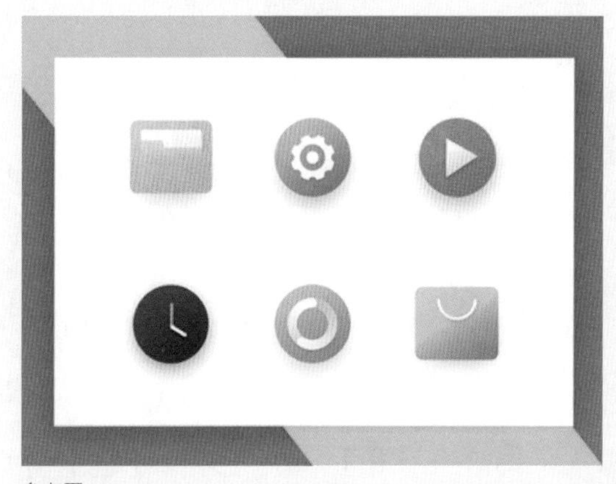

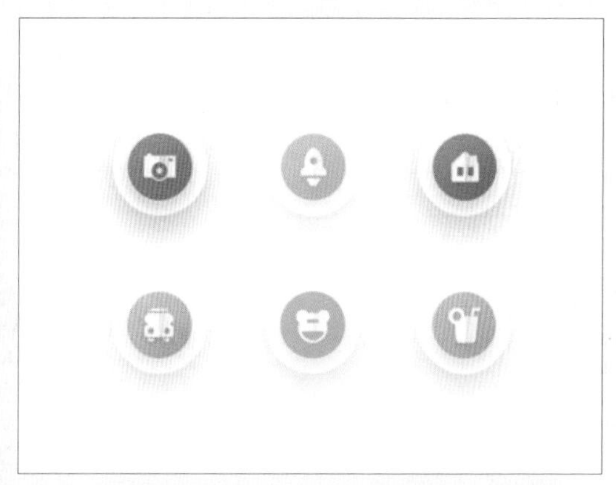

参考图

完成效果图

9 作业：制作30个图标

图标内容 个人中心、收藏、分享、删除、观看、点赞、评论、消息、语音、拍照、图片、设置、时间、标签、音量、购物车、分类、播放、暂停、快进、快退、钱包、发现、搜索、编辑、客服、账号、密码、关注、热门。

作业要求 画布尺寸为800px×600px。图标类型可以是线性图标、面型图标，或线面结合图标。设计语言要统一。

使用软件 Illustrator。

训练目的 学习使用Illustrator绘制图标的方法，掌握套系图标统一的要点。

参考如图1~图3所示

图1

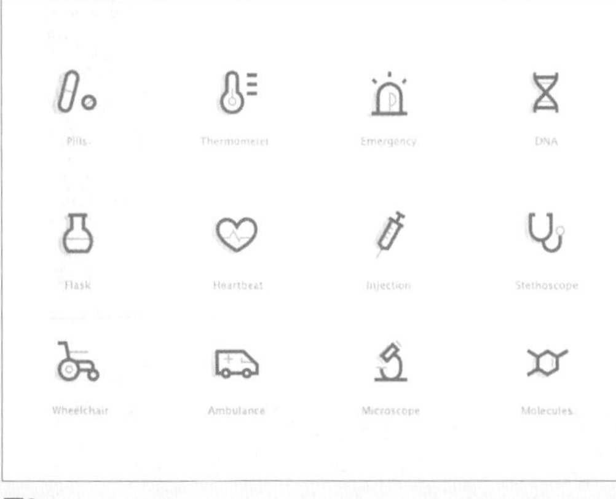

图2

图3

第一次完成效果如下图所示

老师点评 图标整体太大，应适当缩小；图标大小不统一，例如“垃圾桶”图标看起来大，而“购物车”图标显得小，应适当调整大小，使得视觉感受上图标大小是统一的；图标的圆角和直角不统一，例如“消息”图标、“语音”图标、“暂停”图标和“快进”图标整体圆润，而“信息”图标、“图片”图标和“拍照”图标则是直角图标，应对它们进行统一。

修改后效果如下图所示

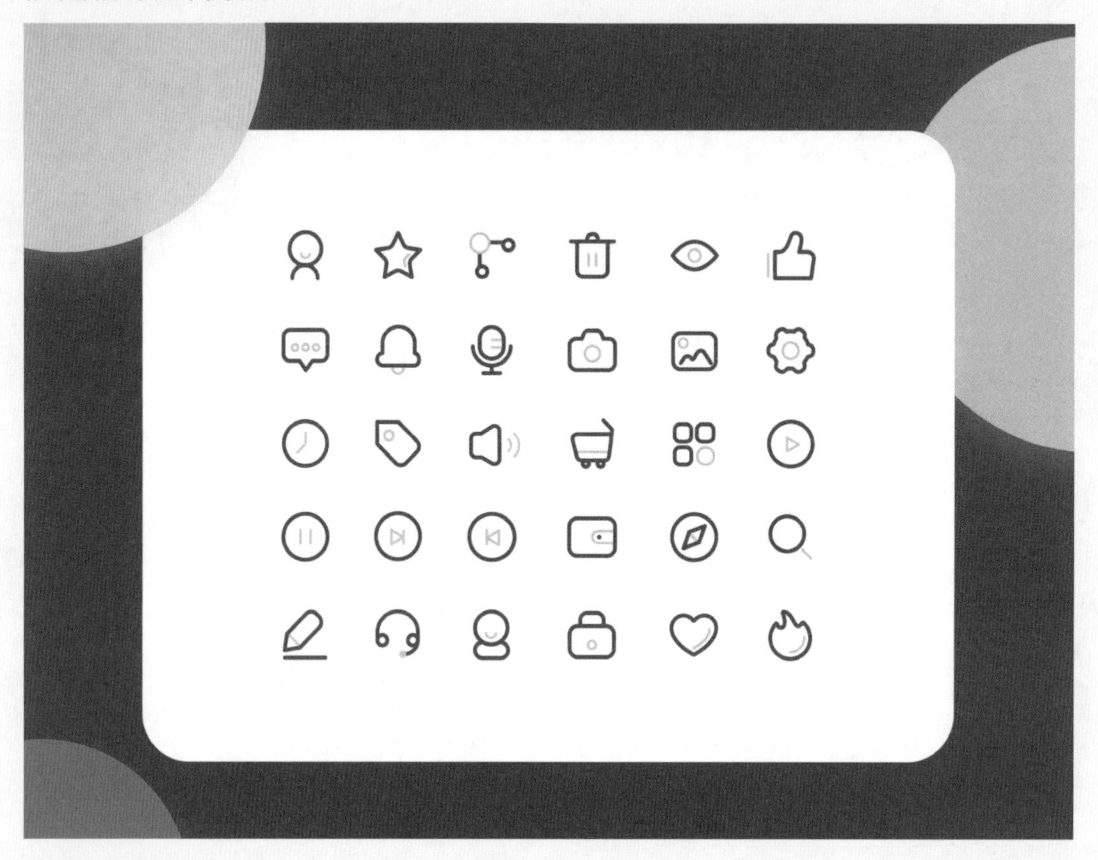

作品修改如下

（1）图标整体缩小，并调整了个别图标的大小，使图标的大小看起来统一。

（2）图标统一改为了圆角。

作业欣赏

作业来源 像素范儿线下课程班第33期学员章如兰。

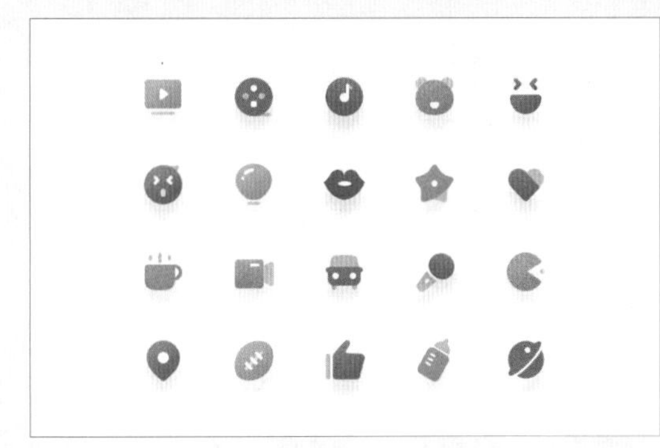

参考图

完成效果图

老师点评 图标的复杂程度不统一，线的粗细不统一，白色的面积不统一。

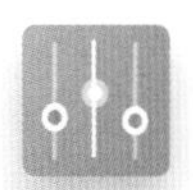

该图标里面的线与其他图标相比太细，并且图标内的元素太多，显得过于复杂。

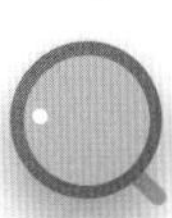

这两个图标里面的小白点太小，与其他图标的白色面积不统一。

作品来源 像素范儿线下课程班第33期学员赵威。

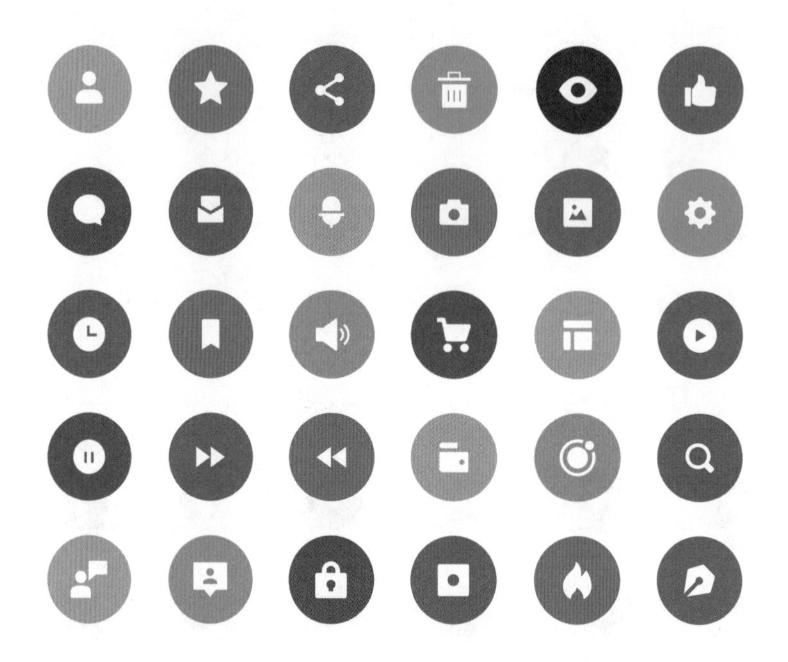

完成效果图

老师点评 图标颜色太多，改为1种颜色。“回收站”图标的小盖子改为面性。图形的圆角和尖角要统一。

10 作业：制作快递进度查询界面（UI100Day）

作业要求 寻找参考并制作快递查询界面，应包含商品信息、送货进度、时间信息等模块。

使用软件 Sketch（或Illustrator）。

训练目的 学习界面设计。

参考如下图所示

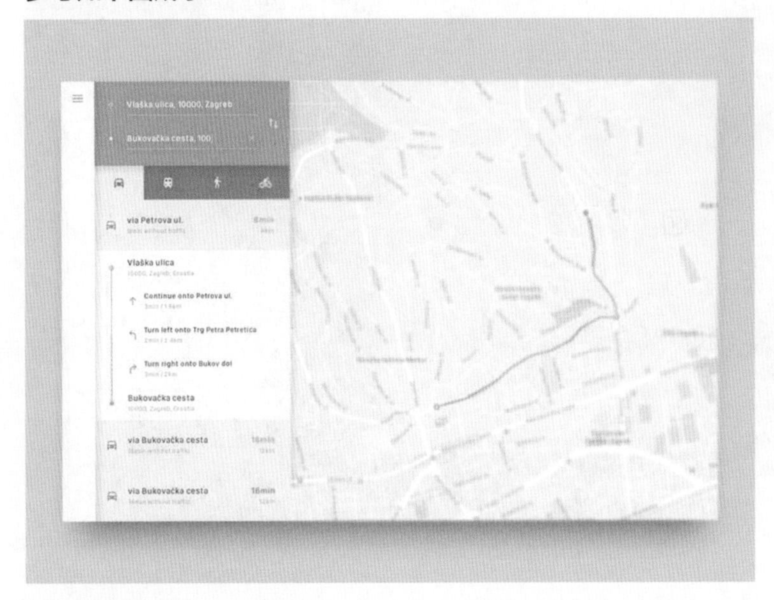

第一次完成效果如下图所示

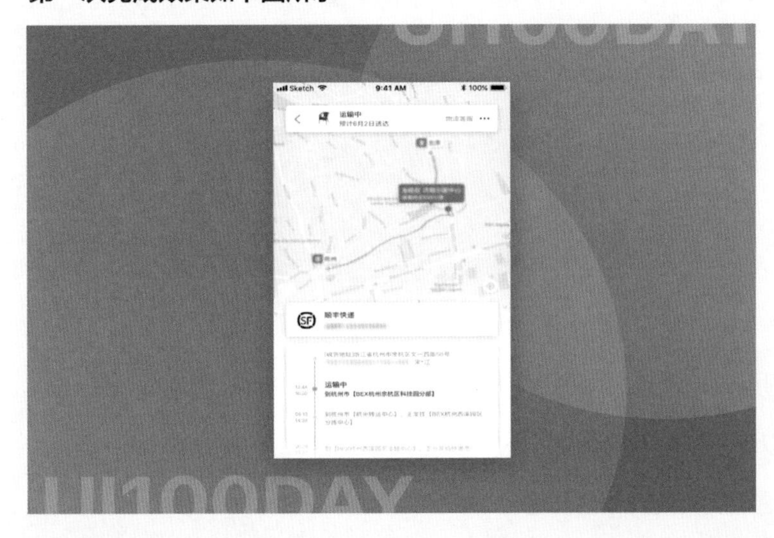

老师点评 物流信息部分，第1个圆点与第2个圆点的颜色应有所呼应，并适当降低其不透明度；直线的颜色要弱化。

修改后效果如下图所示

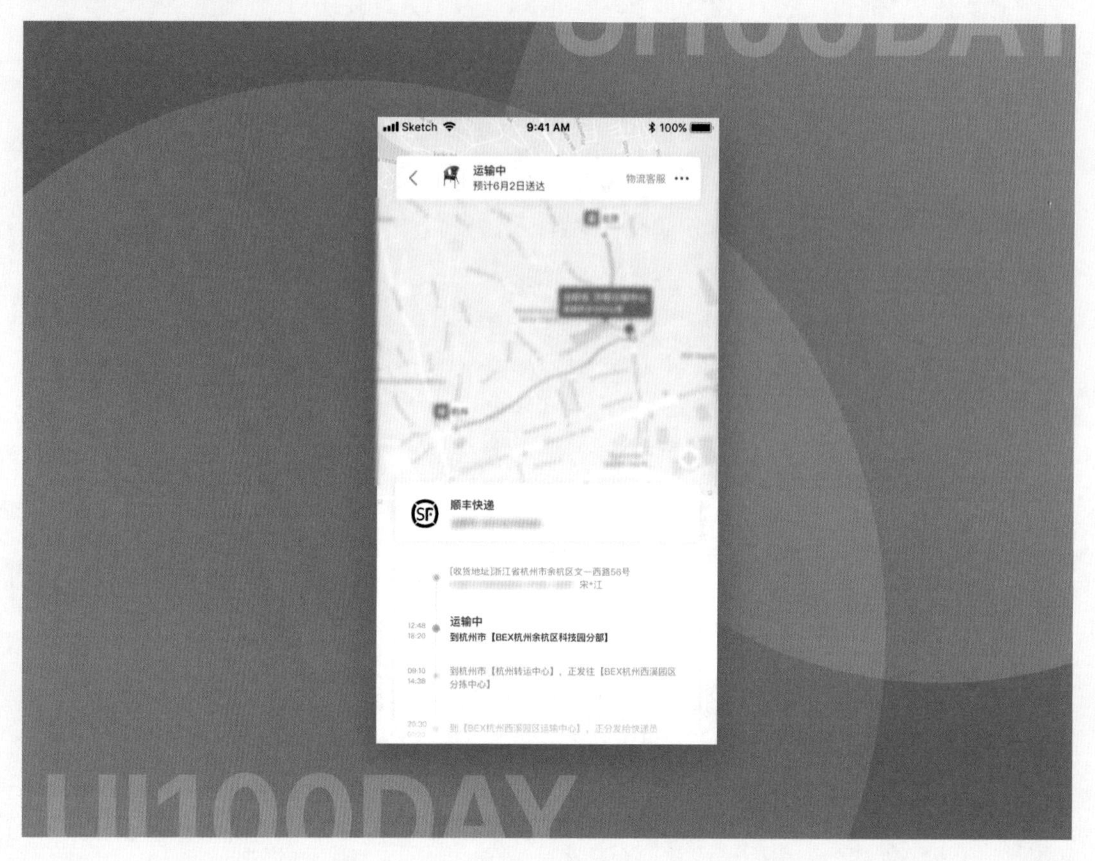

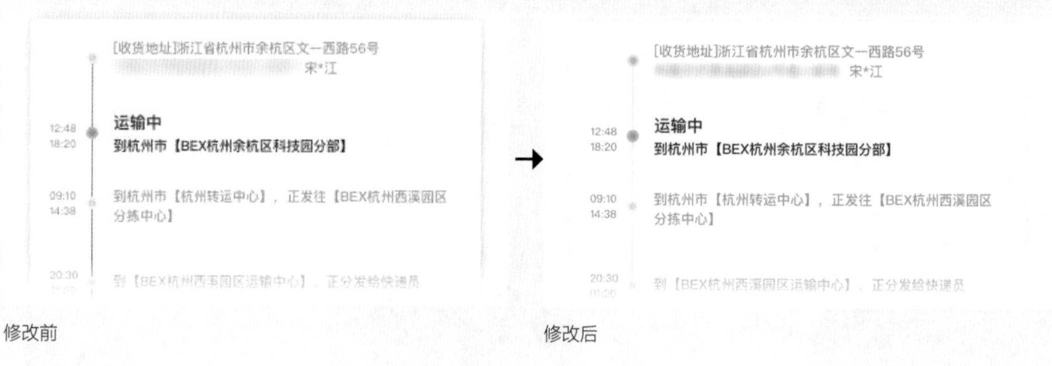

修改前　　　　修改后

作品修改如下

（1）物流信息第1个圆点采用绿色，与第2个圆点相呼应，并降低其不透明度做弱化处理，使第2个圆点突出显示以表示当前物流所在地。

（2）降低了直线的不透明度，使其颜色弱化。

作业欣赏

作品来源 像素范儿线下课程班第33期学员赵威。

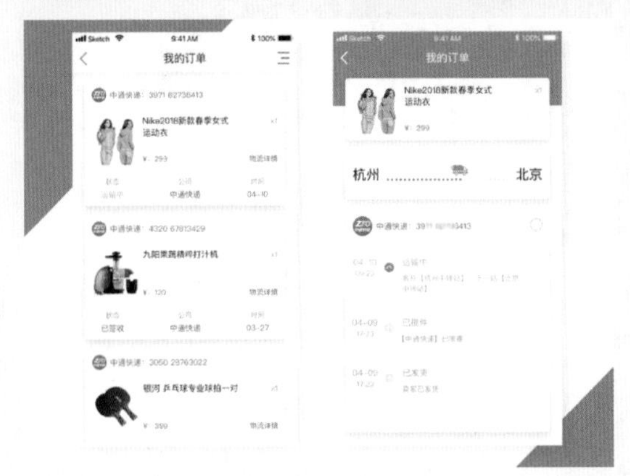

参考图

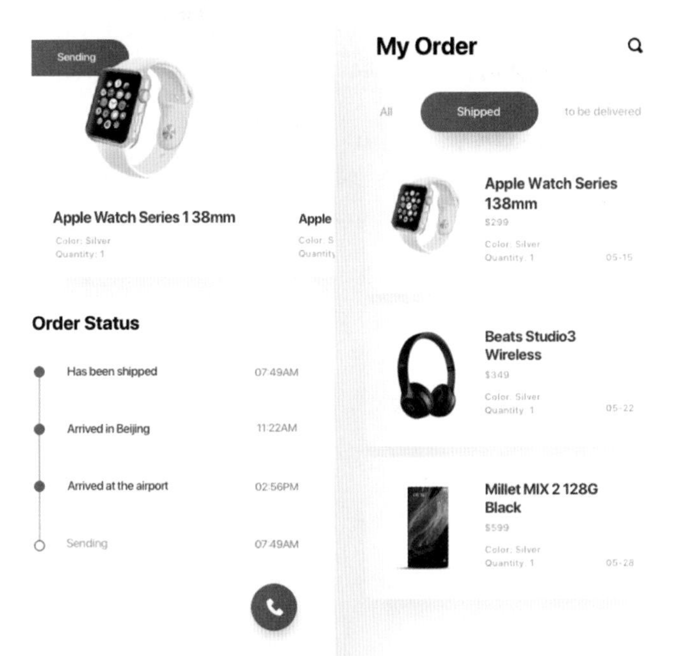

完成效果图

老师点评 界面设计整体没有什么问题，细节可以继续调整。左侧界面和右侧界面的时间建议做一些弱化。

作品来源 像素范儿线下课程班第33期学员高锦龙。

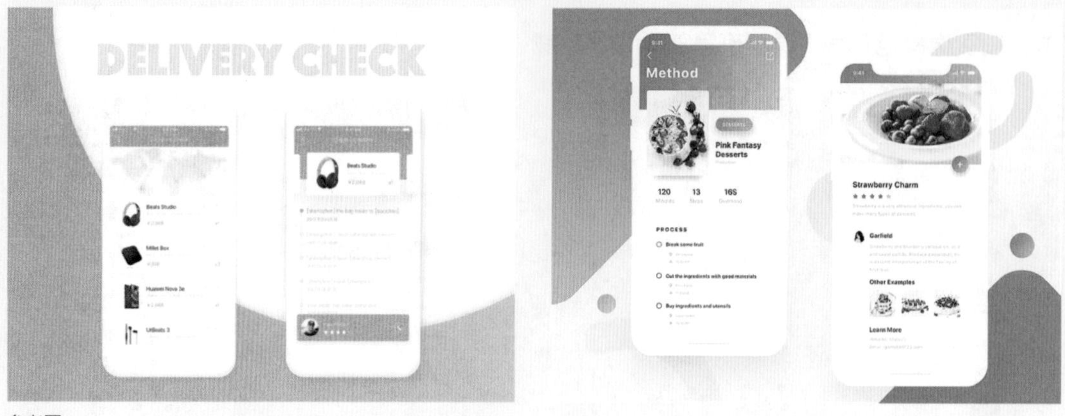

参考图

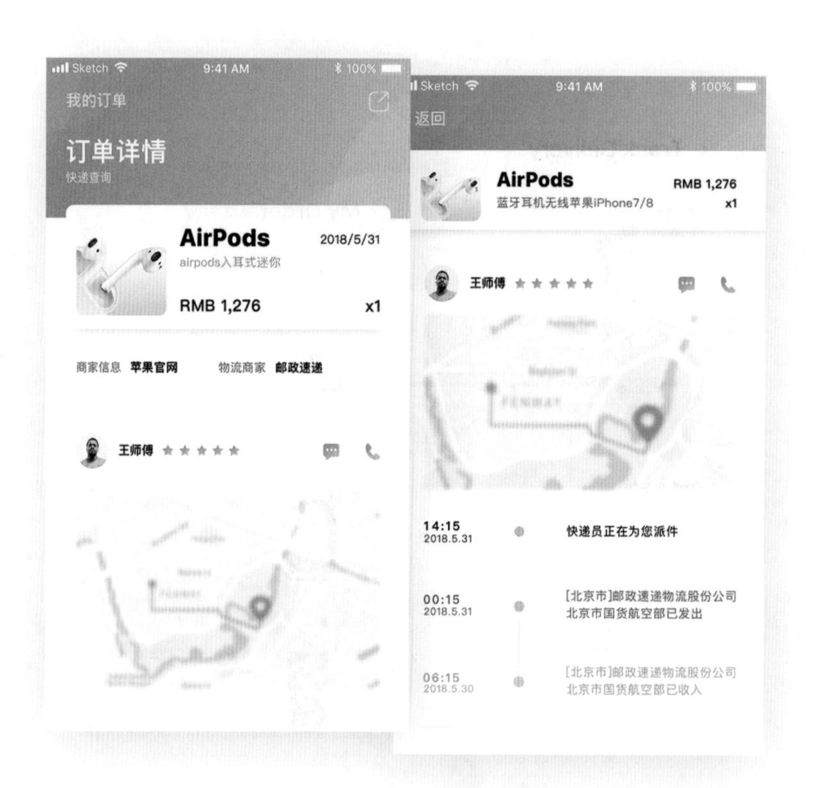

完成效果图

老师点评 左侧界面中，将“苹果官网”和“邮政速递”的粗体字改为正常体；卡片中的日期减弱。右侧界面中，“AirPods”下方的文字再减弱一些。

作业来源 像素范儿线下课程班第33期学员章如兰。

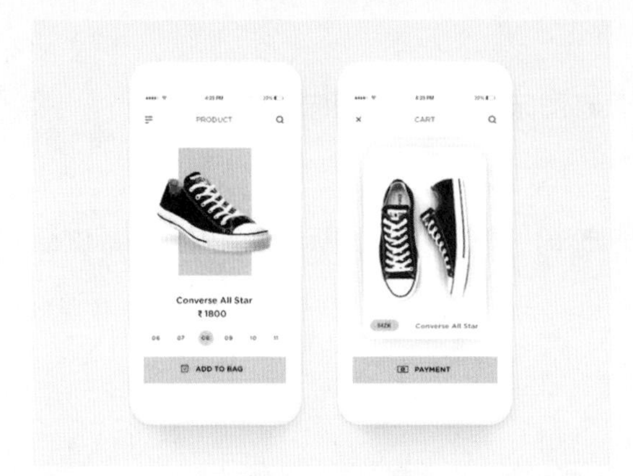

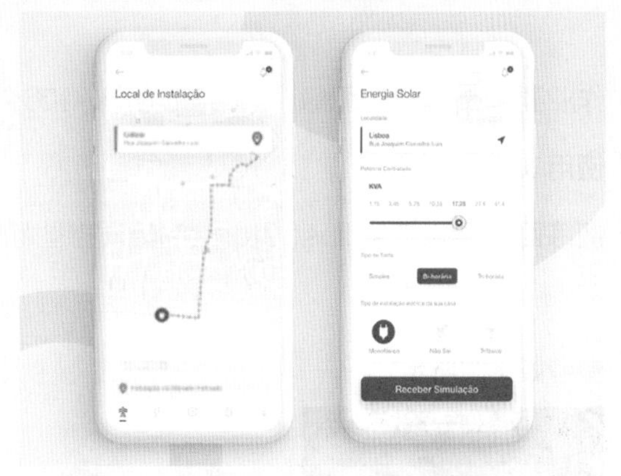

参考图

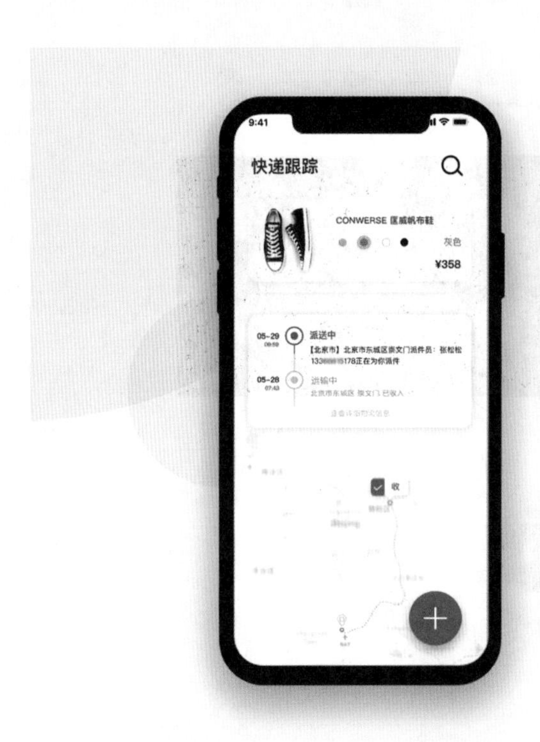

完成效果图

老师点评 左边界面，派送信息的红色圆圈缩小；下方的定位图标改为面性图标，线性图标的存在感太弱。

11 作业：制作10个图标

作业要求 制作10个图标，4个第三方图标和6个质感图标，注意套系图标的统一性。

使用软件 Illustrator。

训练目的 学习使用Illustrator绘制轻质感图标的方法；掌握第三方图标特点，并对图标进行改变。

参考如下图所示

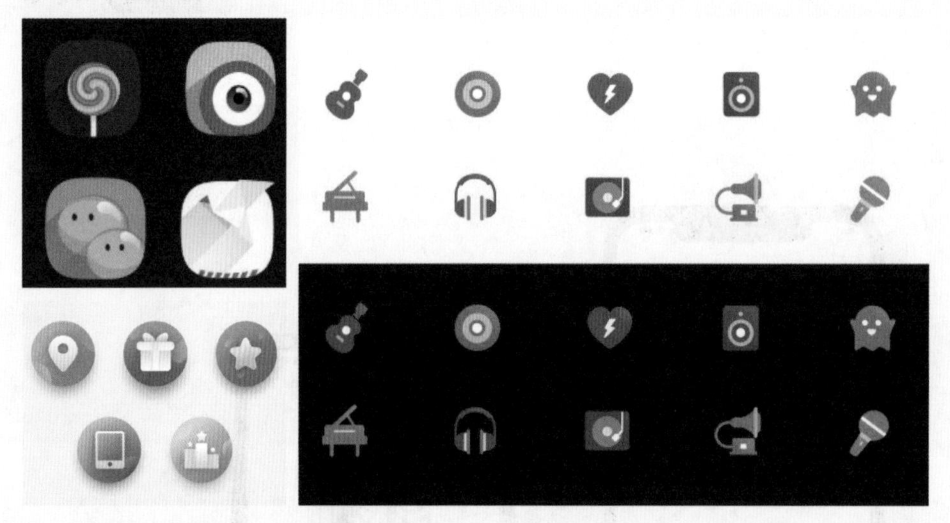

第一次完成效果如下图所示

第三方图标

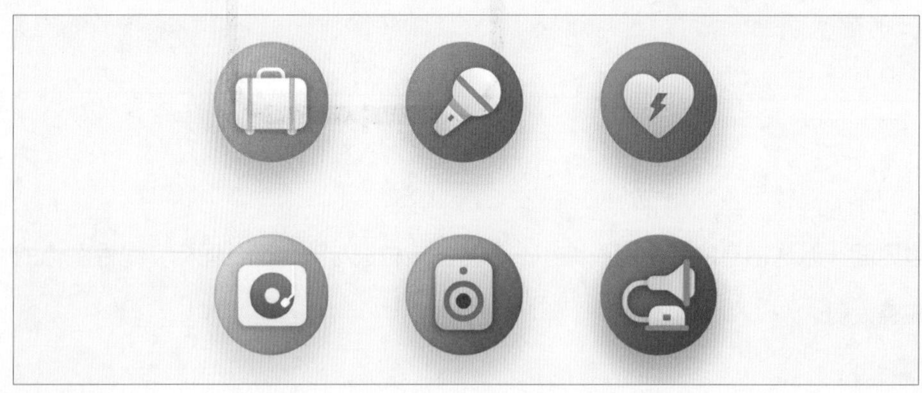

轻质感图标

老师点评 第三方图标外圈的颜色再减淡一些；6个轻质感图标加上小高光；“唱片机”图标较其他图标显得太平面，应添加一些渐变效果以增加其立体感。

修改后效果如下图所示

第三方图标

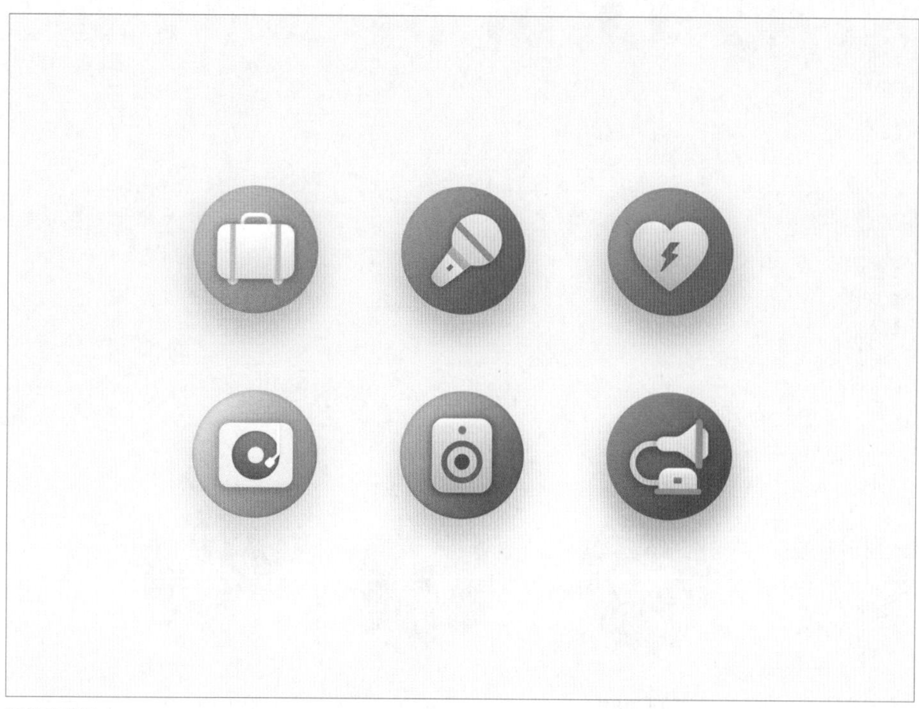

轻质感图标

作品修改如下

（1）减淡了第三方图标外圈的颜色。

（2）轻质感图标在图形内部添加了高光边缘，因为改动较小，所以与修改前的图标区别不大。

作业欣赏

作品来源 像素范儿线下课程班第33期学员赵威（第三方图标）。

参考图

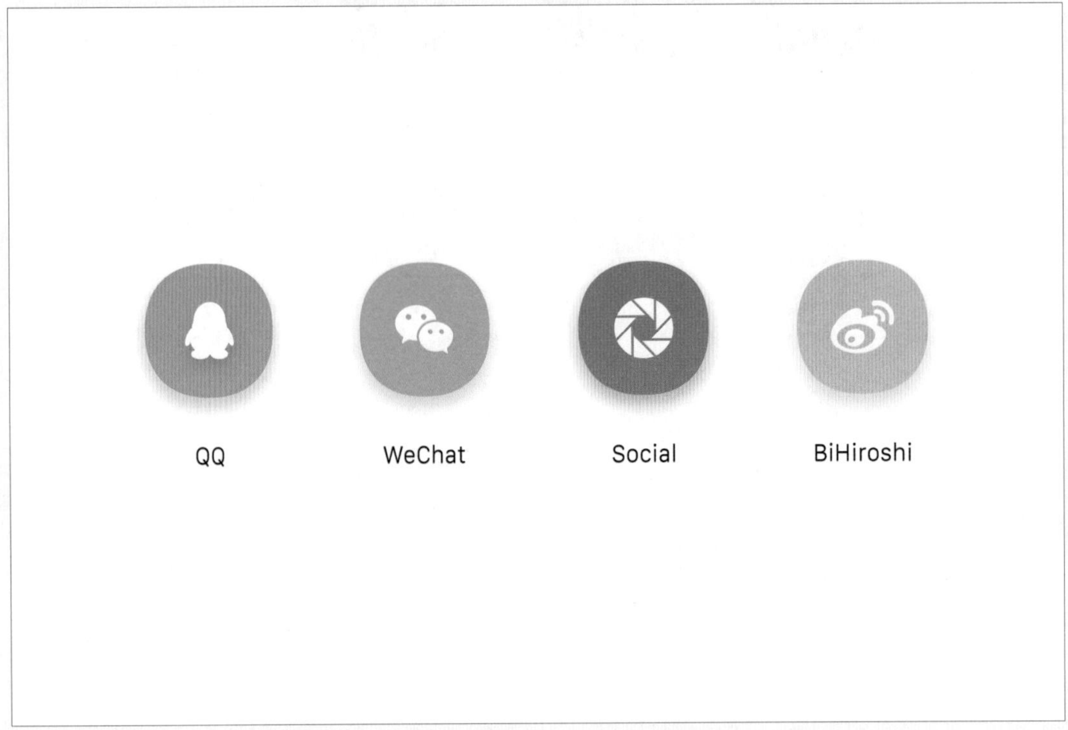

完成效果图

老师点评 图标的投影再扩大一些，略微降低不透明度。图标大小不够统一，微信图标和微博图标在视觉感受上偏小，将它们适当放大。

作品来源 像素范儿线下课程班第33期学员赵威（轻质感图标）。

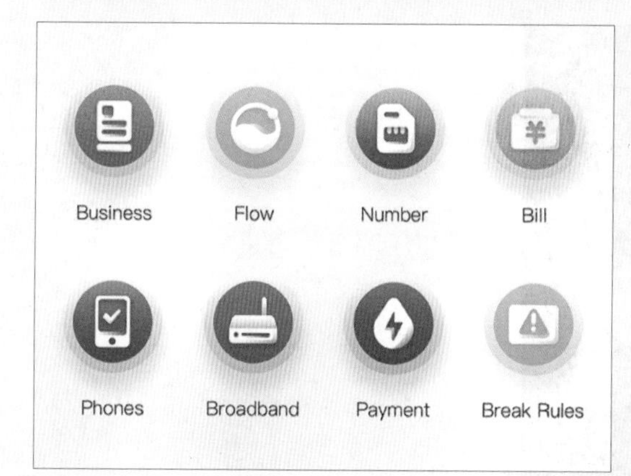

参考图

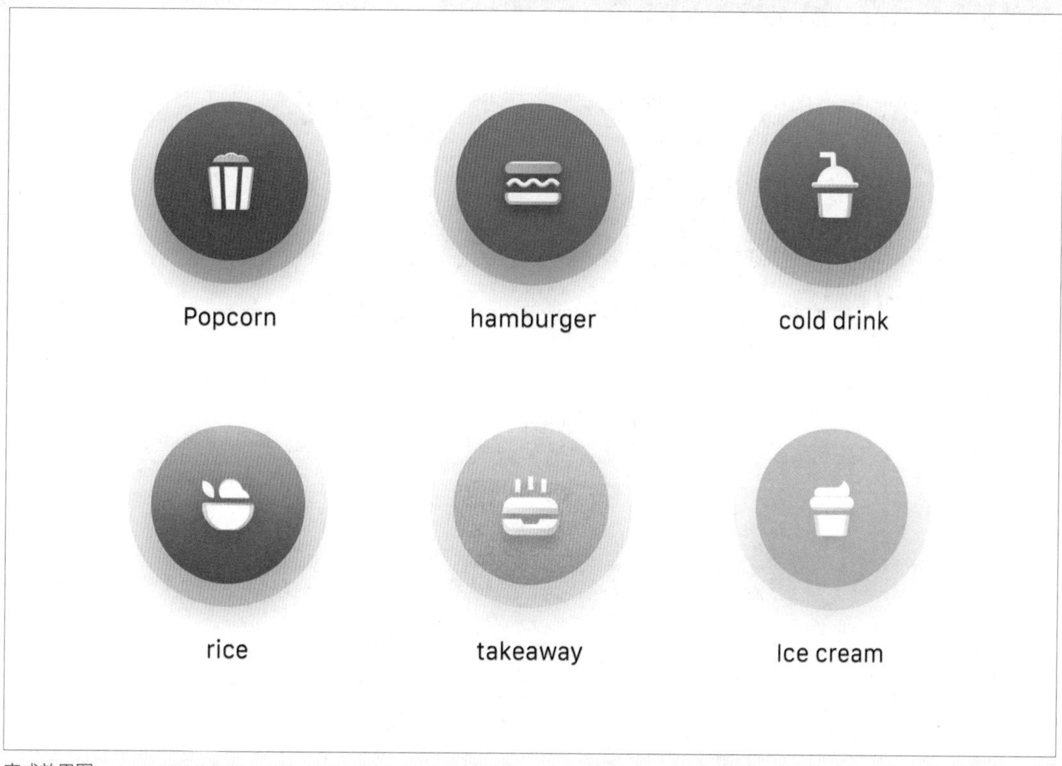

完成效果图

老师点评 图标中体现层次的透明小边不能太宽，太宽则显得复杂，并且透明小边的不透明度不统一。图标中白色的面不一样大。“rice”图标的碗状图形，上面不需要留透明小边，只需要在左右两侧留出即可。

作品来源 像素范儿线下课程班第33期学员章如兰（第三方图标）。

参考图

完成效果图

老师点评 微博图标的白色线条显得凌乱，需要重新优化。微博图标和QQ图标都有白色装饰线且面积不小，而微信图标却没有，显得不够统一。相较其他两个图标，微博图标的立体感不够。QQ图标的企鹅肚子上暗面部分需要弱化。

作品来源 像素范儿线下课程班第33期学员赵威（轻质感图标）。

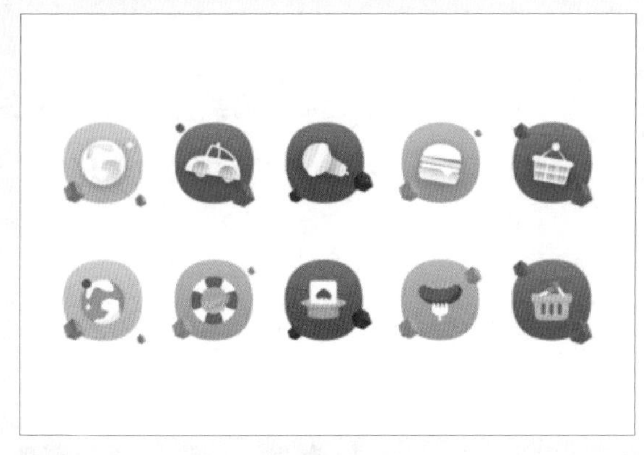

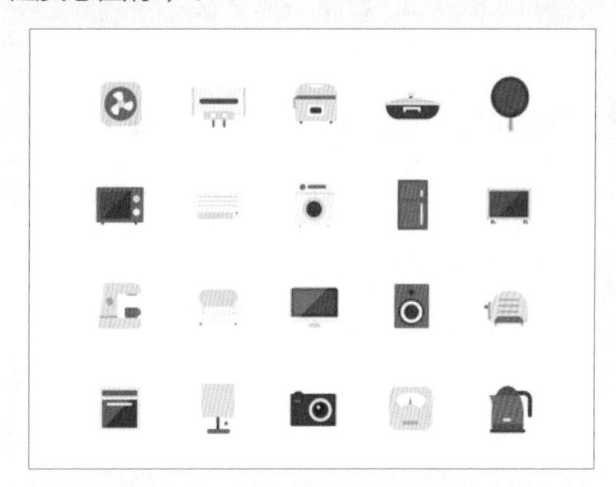

参考图

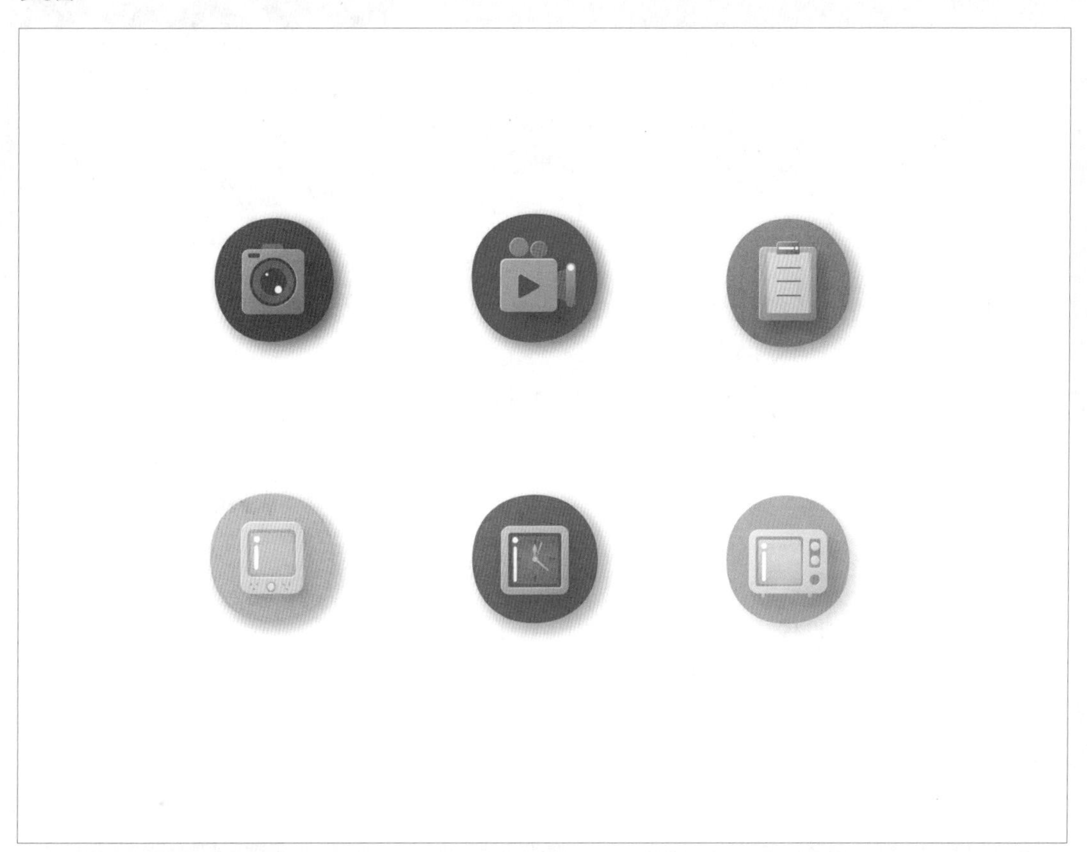

完成效果图

老师点评 图标中的白色面积不统一，尤其是左起第1行的第3个图标，并且图标内的线太细，需要适当加粗。时钟图标内的盘面适当提高不透明度，让时钟的刻度看起来更明显一些。

12 作业：制作6个装饰性图标

作业要求 从快餐类、工具类、影视英雄类、太空类、学习工具类、运动体育类，动物类和游戏人物类8个类别中挑选1个类别制作6个装饰性图标，注意套系图标的统一性。

使用软件 Illustrator。

训练目的 掌握装饰性图标的绘制方法。

参考如下图所示

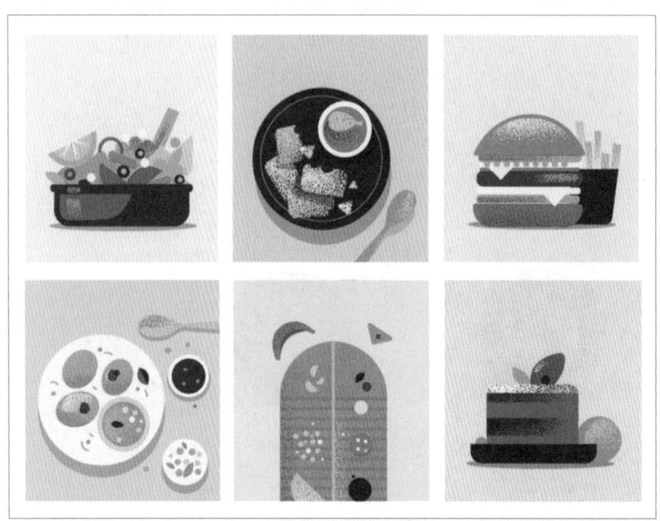

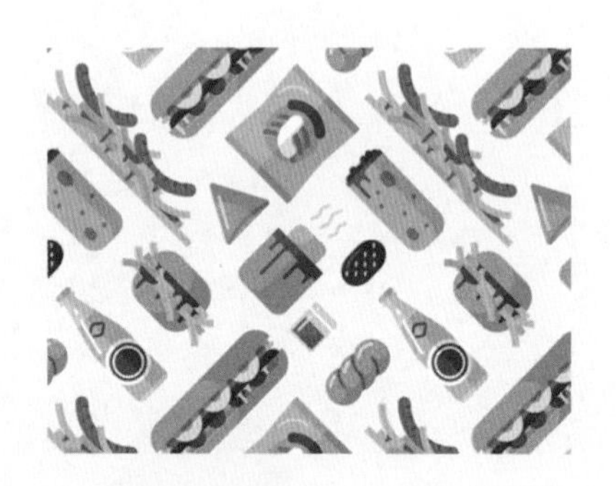

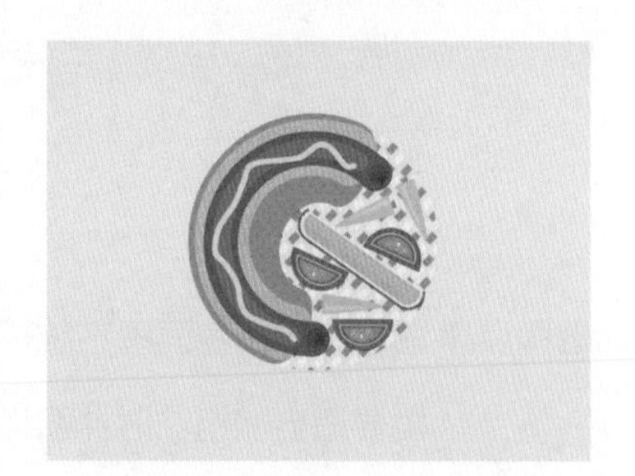

第一次完成效果如下图所示

老师点评 食物图标的阴影面积应小一些，不要太生硬；食物上的阴影减淡；薯条应添加阴影，使薯条之间能分隔开。

修改后效果如下图所示

作品修改如下

（1）原来生硬的外阴影去除了，食物内部的阴影整体做了减淡处理。

（2）单根薯条都添加了阴影，使其更有细节。

作业欣赏

作品来源 像素范儿线下课程班第33期学员高锦龙。

参考图

完成效果图

老师点评 绿色图标的卡片颜色太亮，与其他图标不统一，需要适当调整其明度。

作品来源 像素范儿线下课程班第33期学员赵威。

参考图

完成效果图

老师点评 图标的整体颜色比较闷，偏灰，可以调整得明亮一些。

作品来源 像素范儿线下课程班第33期学员章如兰。

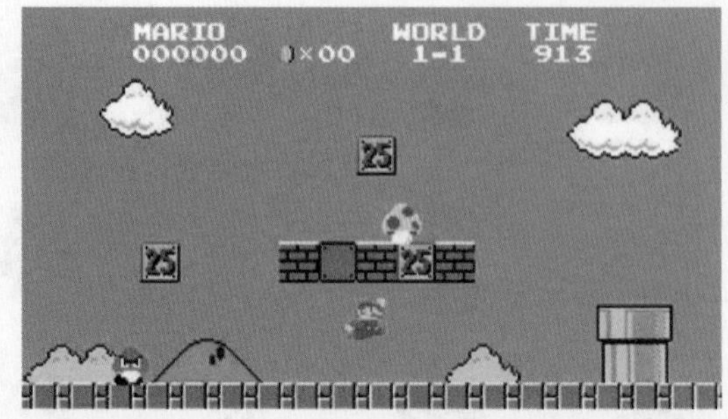

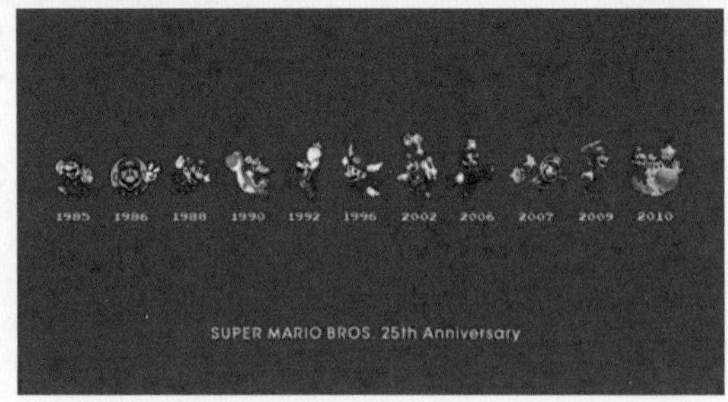

参考图

完成效果图

老师点评 图标下方的投影简单，最后一个图标的两个物体都太黑，使它们像黏在一起，不易区分。

13 作业：制作装饰性头像

作业要求 抓住自己的特点，绘制属于自己的头像。

使用软件 Illustrator。

训练目的 掌握装饰性图标的绘制方法。

参考如图1~图2所示

图1

图2

第一次完成效果如下图所示

设计思路 参考图1的头像风格，结合个人特点绘制头像。因为设计者养猫，所以参考了图2的猫咪外形，为头像添加猫咪装饰。最后为头像添加了装饰性背景。

作业欣赏

作品来源 像素范儿线下课程班第33期学员高锦龙。

完成效果图

老师点评 圆角矩形的头像要比圆形头像的空间感好，圆形头像稍微显得凌乱，把背景中的文字“高高在上”做弱化处理。

作品来源 像素范儿线下课程班第33期学员赵威。

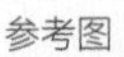
参考图

完成效果图

老师点评 很萌的头像，书包带跟胳膊看起来有些别扭，可以将弯曲的书包带改为直的。为帽子添加投影。衣服的半圆形图案删掉最外层的弧线。

作品来源 像素范儿线下课程班第33期学员章如兰。

老师点评 右图中，带墨镜头像后面的背景颜色弱化，使其能够与前面的头像拉开层次。

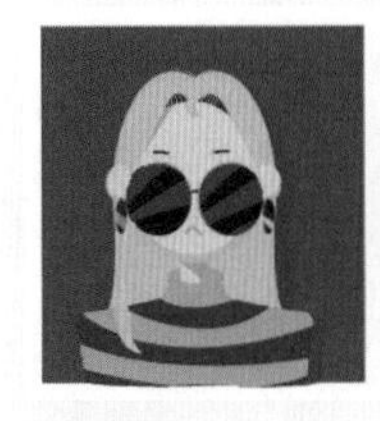
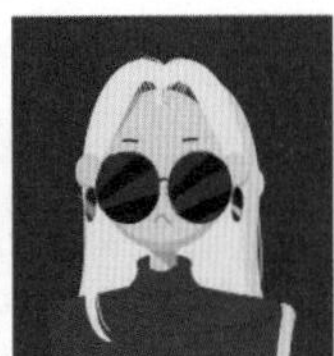

完成效果图

作品来源 像素范儿线下课程班第33期学员李婷婷。

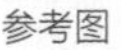

参考图

完成效果图

老师点评 额头的阴影面积可以再大一些，并降低其不透明度，这样看起来比较自然。脖子的两条细线去掉。

14 作业：制作启动页（UI100Day）

作业要求 制作一个启动页，要能够传递品牌信息，减少用户的等待时间感，能够在特别的时刻与用户产生情感共鸣。

使用软件 Sketch（或Illustrator）。

训练目的 学习界面设计，练习插图绘制。

参考如下图所示

第一次完成效果如下图所示

老师点评 启动页的颜色应整体明亮一些；人物腿上的计算机应加上标志；背景中的线条应与界面中的线条做衔接，使它们之间有所联系。

修改后作品如下图所示

作业修改如下

（1）启动页的颜色整体调亮了。

（2）人物腿上的计算机加了标志。

（3）背景中的线条与界面中的线条做了衔接。

作业欣赏

作品来源 像素范儿线下课程班第33期学员高锦龙。

参考图

完成效果图

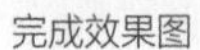

老师点评 界面的包装背景不要用模糊效果，体现层次的卡片再降低其不透明度。

作品来源 像素范儿线下课程班第33期学员赵威。

参考图

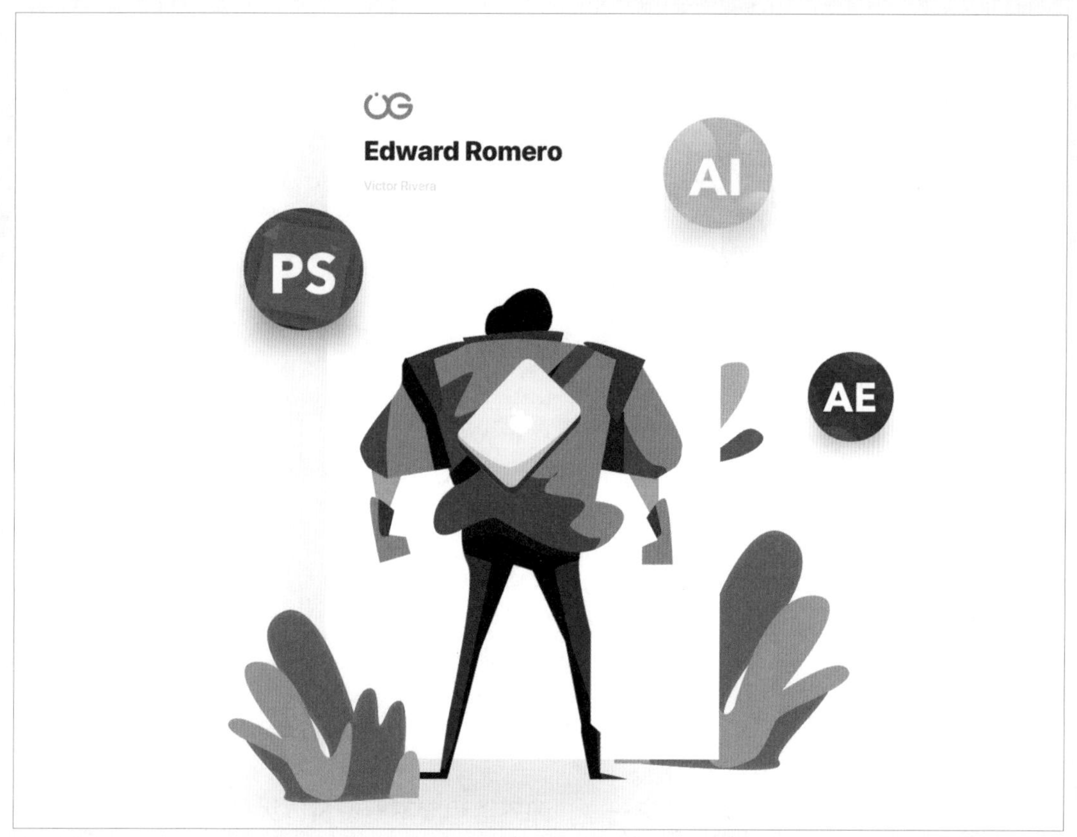

完成效果图

老师点评 衣服后面的褶皱可以使用正片叠底方式，并适当减弱。人物投影可以再重一些。“AE”圆球适当减弱。

作品来源 像素范儿线下课程班第33期学员章如兰。

参考图

完成效果图

老师点评 绿色奖牌里的文字整体提亮一些，即不透明度不要设置得太低，这样不会显得太灰；把“优阁”提亮一点儿，分清层级。后面的小纸屑降低部分不透明度，体现出空间感。

15 作业：制作视频播放器界面（UI100Day）

作业要求 寻找参考并制作视频播放器界面，应包含视频信息、播放按钮、播放进度条等内容。

使用软件 Sketch（或Illustrator）。

训练目的 学习界面设计。

参考如下图所示

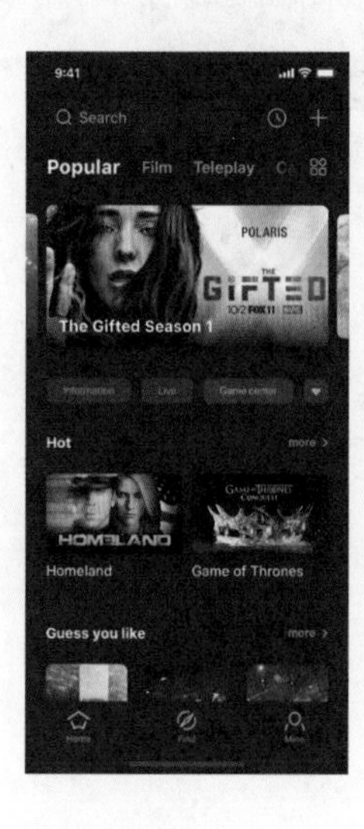

第一次完成效果如下图所示

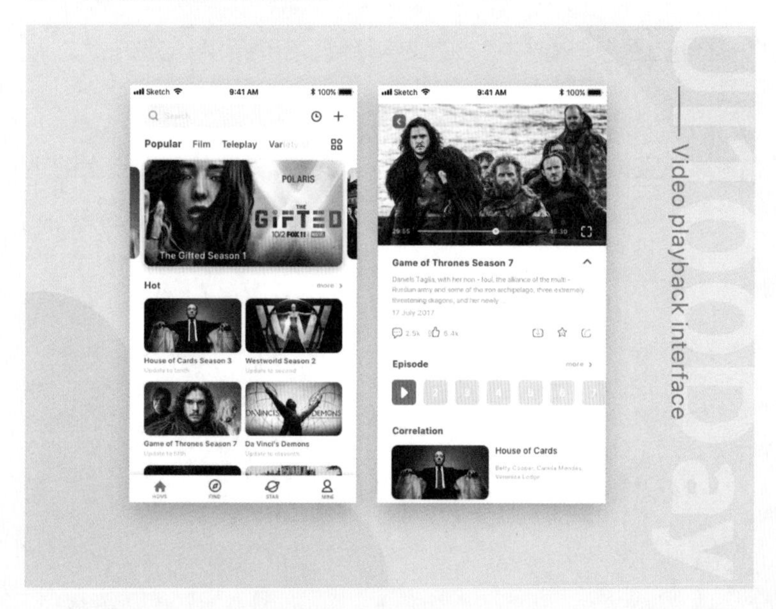

老师点评 包装背景中竖排英文文字的颜色应减淡。搜索栏下面的内容分类导航应区分选中和未选中状态，未选中的字体颜色应减淡一些。

修改后效果如下图所示

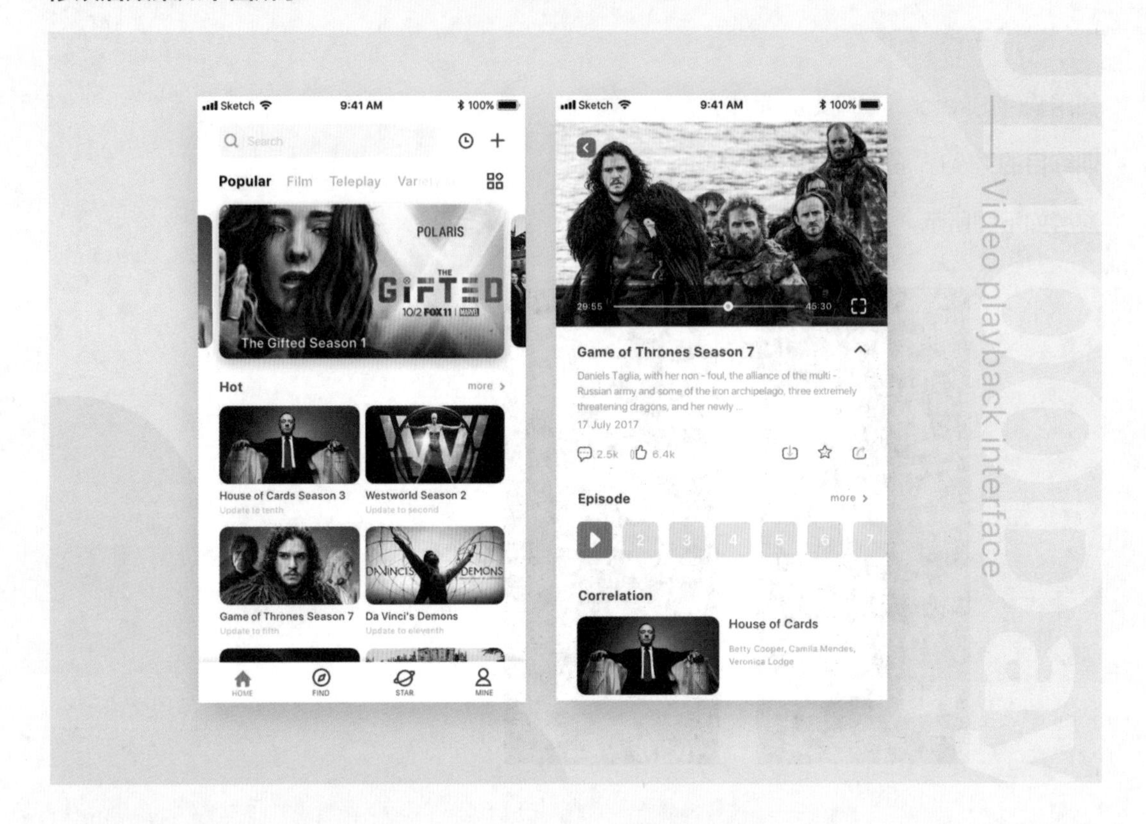

作品修改如下

（1）搜索栏下面的内容分类导航区，对未选中状态的文字降低了不透明度，与选中状态做了明显区分。

（2）降低了包装背景中深绿色竖排英文文字的不透明度，以减少其在整体视觉上的跳跃感。

作业欣赏

作品来源 像素范儿线下课程班第33期学员高锦龙。

参考图

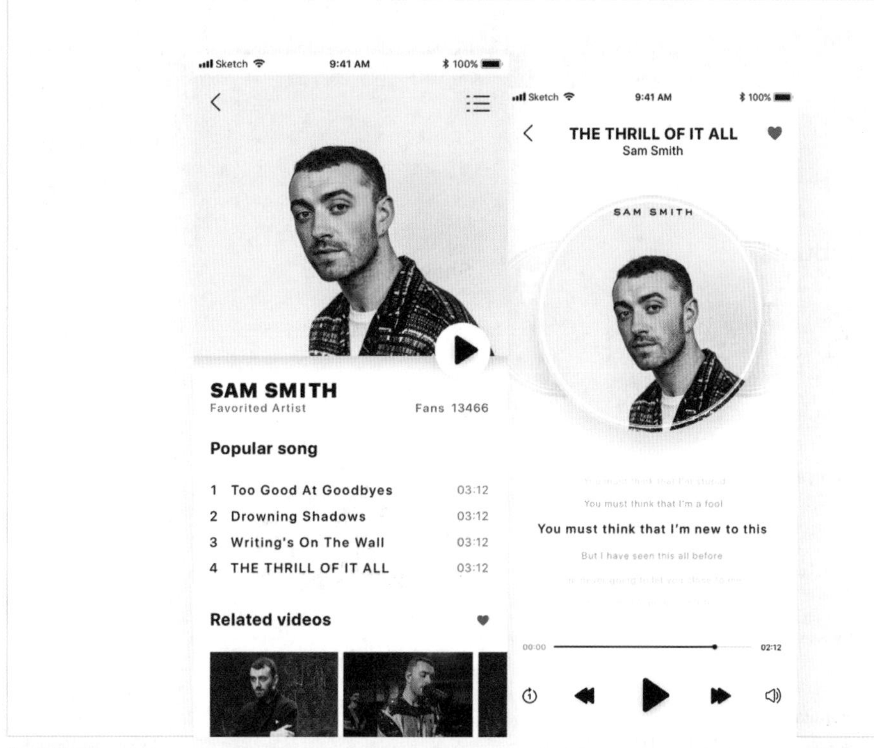

完成效果图

老师点评 左边界面，“Popular song”与下面歌曲名称的层级没有区分开，“Popular song”加大字号和字重。歌曲标题的字间距缩小。右边界面，上半部分换歌曲的设计太复杂，可以将底下叠放的两个光盘去掉或者换成没有图片的光盘。包装背景适当加深颜色，目前看起来整体有些灰。

作品来源 像素范儿线下课程班第33期学员赵威。

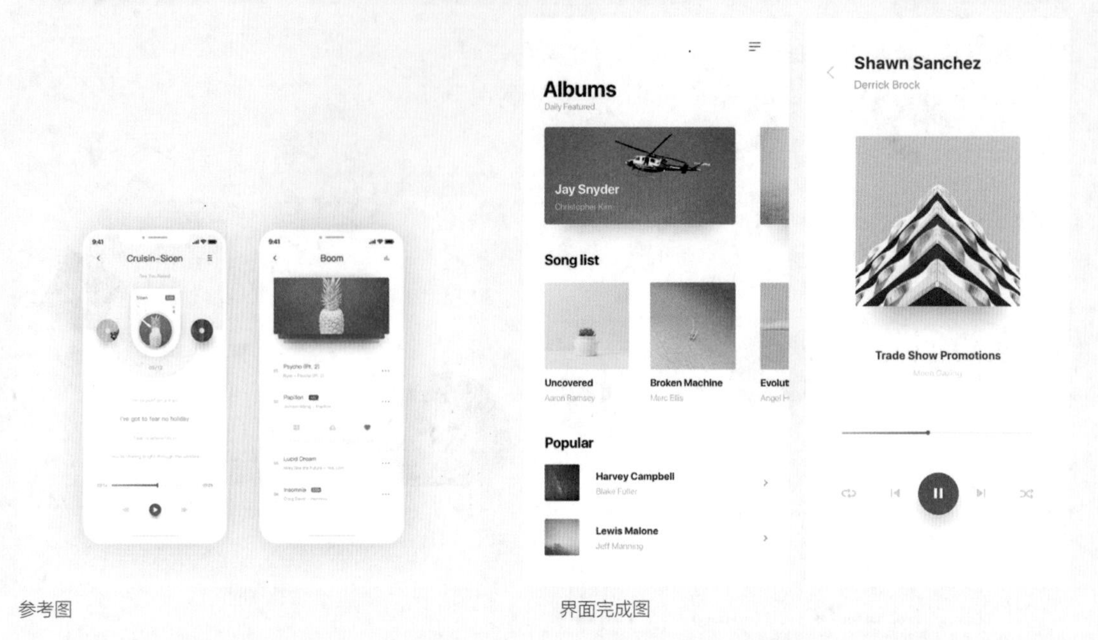

参考图　　　　界面完成图

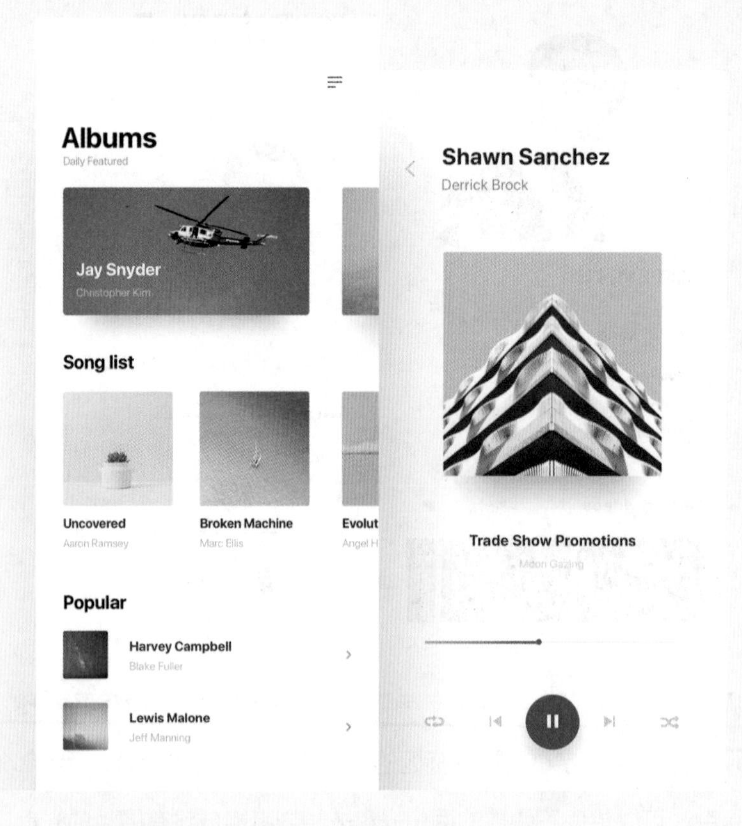

完成效果图

老师点评 界面整体没有问题，信息层级都能很好地区分开。

作品来源 像素范儿线下课程班第33期学员章如兰。

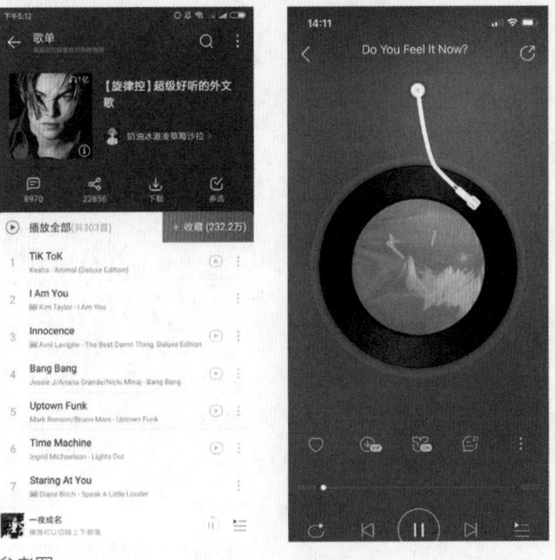

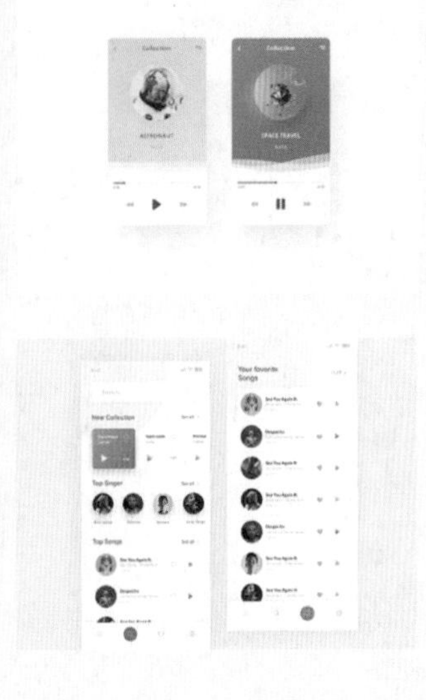

参考图

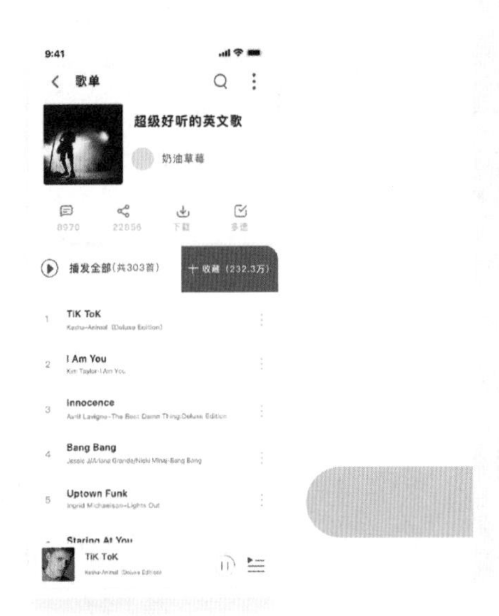

完成效果图

老师点评 左边界面的图片有些乱，建议换一张。图标粗细和大小不统一，而且线性图标和面性图标混在了一起，将播放按钮左右两边的图标也改为面性图标。界面的整体色调为蓝色，所以进度条使用红色比较突兀，将进度条改为蓝色，保留红色圆点。

8

课程8 字体设计

对于字体设计，本部分内容主要围绕以下3个方面进行讲解：中西文字体的分类、字体设计概论、相关网站推荐。

1 中西文字体的分类

西文字体的分类

西文字体中最典型的两种字体形式是有衬线体和无衬线体。

有衬线体

在较早期的刻字模板印刷中，人们为了增加文字的辨识度，不会轻易因为磨损而难以辨识，于是在笔画末端刻一些小装饰，这些小装饰就是衬线。因此，添加衬线的主要目的并不是为了好看。在传统的正文印刷中，相比无衬线体，衬线体具有更好的可读性，尤其是在大段落的文章中，衬线增加了阅读时对字母的视觉参照。

常见的有衬线体分类

分类	字体
旧式衬线体（Old style）	Adobe Jenson、Janson、Garamond、Bembo、Goudy Old Style 、 Palatino
过渡衬线体（Transitional），又称巴洛克体	Times Roman、Baskerville
现代衬线体（Modern）	Didot、Bodoni 、Century、Computer Modern
粗衬线（Slab Serif），又称埃及体	Rockwell 、Courier、Clarendon

最早的有衬线体是Centaur。“Centaur”在希腊语里的意思是“半人半兽”。这个字体是历史上最悠久的字体之一，具有一种古老感。因此，《指环王》《权利游戏》等具有古老、复古背景的影视作品特别喜欢使用这种字体。

Centaur

字体Garamond（加拉蒙）是老式罗马字的代表性字体之一，也是一种很古老的字体。它具有诗歌般传统、柔软、纤细的特点，没有强烈个性，十分易于阅读，这也是其流行的原因。许多公司以这种字体为原型做自己的品牌形象设计。

字体Caslon（卡斯隆）是英国历史上第一款原创设计的字样，是国外文学界比较喜欢使用的字体。Caslon字样优雅、清晰，适于阅读，故其在印刷时期广为流行。例如，美国的《独立宣言》曾经就使用过Caslon字体印刷。

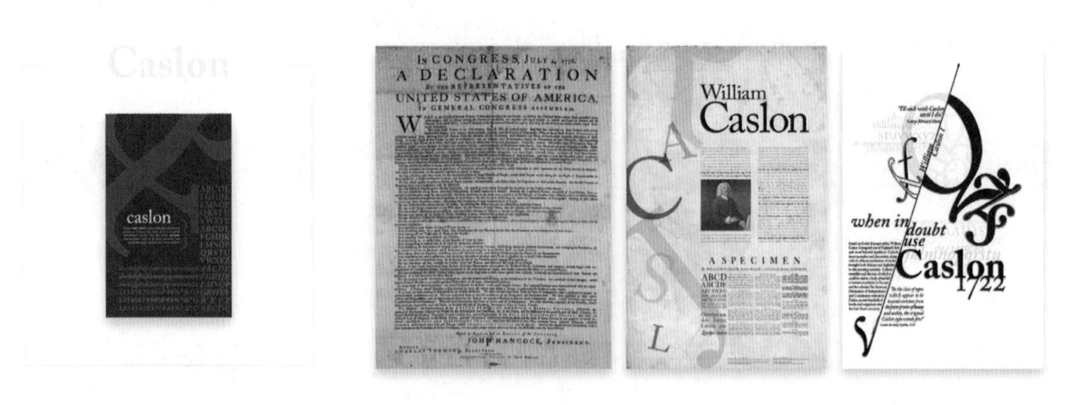

字体Didot（迪多）既保留了传统古罗马字体的经典衬线，又具有现代设计感，且文雅、有调性。这款字体的笔画偏瘦，适合用在标题包装上，不适合大段文字使用。因此，有些时尚界产品或高档印刷品会用到这种字体。例如，时尚杂志VOGUE、BAZAAR等，它们的封面标题就用过这种字体。

由于Didot字体好看，人们想将其用于大段文字，于是就在它的基础上设计了Bodoni字体。Bodoni的衬线更粗，笔画的对比度稍弱，X高度更矮，字间距更紧密，字母m、n的上拱弧度方向不同。这种字体看上去既优雅又结实强壮，比较适用于大段文字。

《泰晤士报》（THE TIMES）的专用字体Times是一些流传比较广的主流媒体的印刷体。这种字体非常稳，识别度高，经常被用在海报、报纸、宣传品上。例如，可口可乐的广告也用过这种字体。Times在字体设计上属于过渡型衬线体，对后来的字型产生了深远的影响。

有衬线体除了用于印刷品中，也常常会被用在UI设计中。一些App就是使用有衬线体的，例如Medium。这个App以文章为主导，它的版式设计精美，在设计界很有影响力。

Medium的创始人曾是精通排版、印刷的设计师，因此从一开始就特别注重App的版式设计。例如，App内容的层级由主到次划分得非常清楚，以及不同的区域该选用什么字体、什么字号都非常考究。

小知识：学会总结

学设计很重要的一点是多看、多总结。经常写总结笔记是一个很好的方法，它可以帮助设计师把看到的东西消化吸收，变成自己的学识。俗话说：机会都是留给有准备的人。例如，一些大公司面试经常会问“说说你喜欢的App”，可能很多人是没有准备的。如果这时能说出像Medium这样的App，并且能说出它好在哪里，那么就能甩掉好大一波没准备的人。面试官会从中看到面试者的学识、自学能力、总结能力。

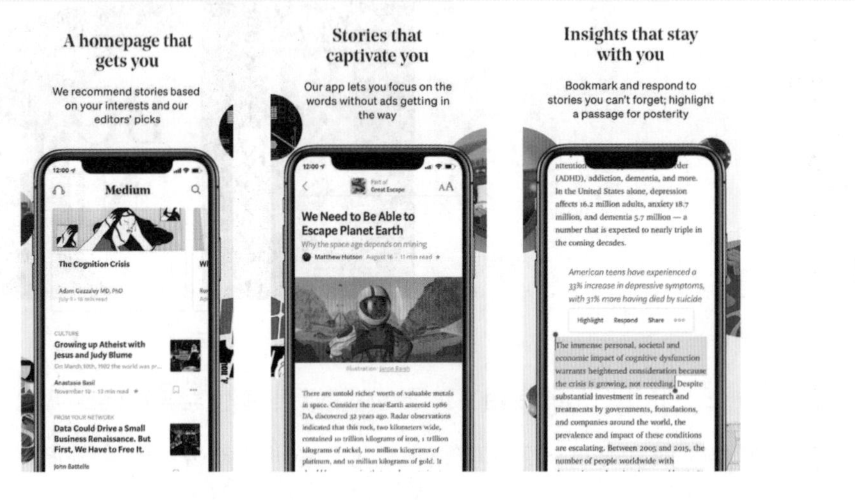

Polyvore是少有的使用衬线体的电商类App。

Artsy是国内一款使用有衬线体的App，是一个展示艺术设计的App。

无衬线体

无衬线体专指西文中没有衬线的字体，与汉字字体中的黑体相对应。相比严肃正经的衬线体，无衬线体给人一种休闲轻松的感觉。随着现代生活和流行趋势的变化，设计师越来越喜欢用无衬线体。

Futura是LV、Omega的商标用字体，也是现在很多杂志的首选字体。“Futura”在拉丁语中有“未来”的意思，具有几何特征，是现在的主流大热字体，在突出时尚、设计感的时候可以使用。

Optima是一种含有一点衬线的无衬线体，具有古典气息，笔画两端比较粗，中间比较细，气质优雅。这款字体很有名，2013年雅虎使用Optima作为全新标识的设计基准就证明了这款字体的热度。

雅虎是一家追求极致的公司，其使用的字体Optima是一种利用黄金分割做出的字体，非常规范。

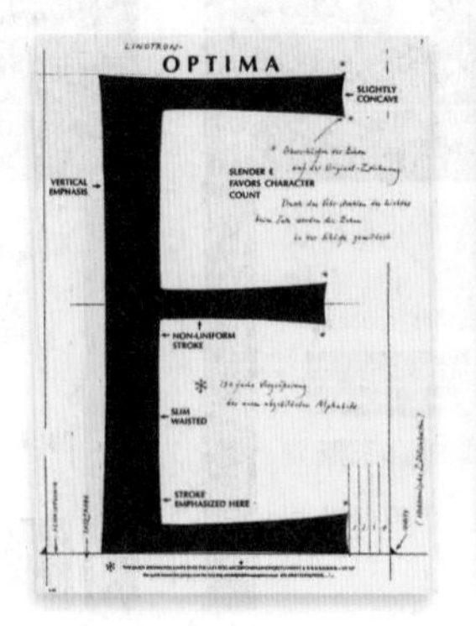

Helvetica是iPhone9之前的默认字体，苹果的San Francisco字体以及微软常用的Arial字体都是根据这款字体设计的。这种字体在国外流传非常广，各种广告牌、提示性标识等经常会用到这种字体。甚至有个导演专门拍了一个纪录片，就叫《传奇字体》（Helvetica）。

Helvetica的成功归功于与整个瑞士平面设计风格的融合。它们共同形成了一整套完整的理念，崇尚绝对的理性、客观、系统化。

为什么苹果公司要从iPhone iOS9开始更换默认字体Helvetica呢？因为这种字体也存在以下缺点。

缺乏韵律。Helvetica的设计理念是一致、去个性，字母的整体造型都偏圆，因此缺乏阅读韵律，并且没有针对小字进行阅读优化，在优秀字体及细分领域都丰富的今天，Helvetica的优势减弱。

中性也是一把双刃剑。冷静、客观的同时，也抹杀了情感，忽略了形式可能为用户带来的愉悦。

滥用。Flat Design的误用、滥用造成人们的审美疲劳，所以苹果公司逐渐就不再使用它了。

I
think
you
are
more
perfect
than
Helvetica

Neo Sans是一种比较现代化的字体。Dribbble上的许多设计师经常用这种字体，因为它字重最多，有6种字重，从轻到超，并且配有斜体字。一个字体的字重很多，说明在这种字体设计上的投入特别多。一种字重可能消耗资金几万元，甚至几十万元，还不包括细体、斜体。Neo Sans应用比较广，也是设计师比较喜爱使用的一种字体。它的前瞻性使其成为品牌项目以及编辑或出版设计的绝佳选择。

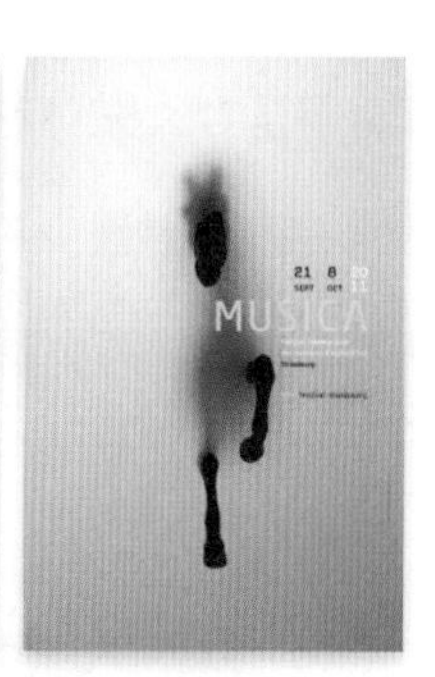

Open Sans是由Google委托Steve Matteson设计的无衬线字体，以“诚实的重要性、开放的表现形式和中立但具亲和力的外观”及“针对打印、互联网、行动设备的可读性所最优化”为理念进行设计的。

Droid Sans主要用于一些Android手机上的用户界面字体，Open Sans则用于部分Google的网页及其印刷和网络广告。

中文字体的分类

中文字体也包括有衬线体和无衬线体，但是中文字体与英文字体是完全不一样的。在中文字体中，一般将有衬线体称为“白体字”，将无衬线体称为“黑体字”。有衬线体的代表字体有宋体、仿宋体、楷体等。

宋体

宋体是最常用到的字体，基本笔画包括点、横、竖、撇、捺、勾、挑、折等，其结构饱满、端庄典雅、整齐美观。宋体字既适用于印刷刻版，又适合人们基本的阅读需要，因此一直沿用至今。宋体在财经类杂志的刊头字体设计中运用得最频繁，在教育类杂志的刊头字体设计中运用得最少。在网页设计中，小分辨率时代常使用12像素的宋体。随着分辨率和屏幕分辨率越来越高，黑体逐渐代替宋体流行起来。

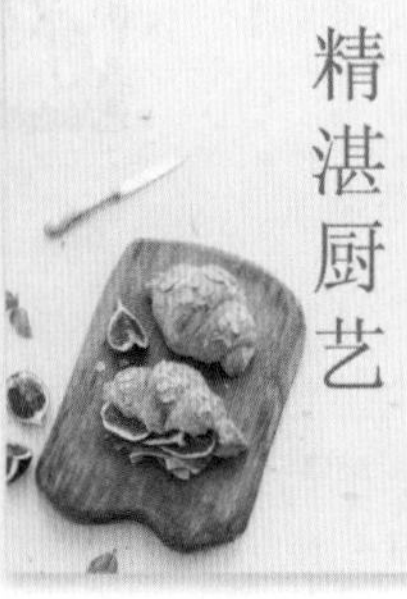

楷体

楷体是书法字体中的标准字体，王羲之体等书法字体都是从楷体演化而成。楷体与手写体相似，流畅和谐、富有韵味。通常用于新闻类杂志的刊头字体、图书中的说明性文字等。

楷体的笔画有书法字的特点，运用在互联网中，不仅能够体现特有的文化特点，也能起到弘扬中华文化的作用。

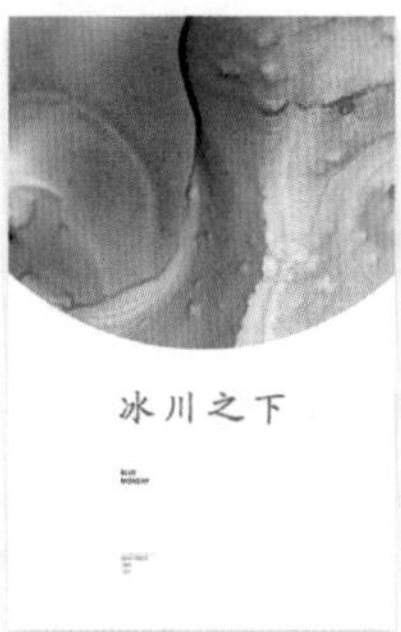

2 GUI的起源

说到字体不得不说GUI（Graphical User Interface）。GUI指的是图形化界面设计。GUI成熟的标志是Macintosh的发布，它为大众带来了真正意义上的自定义字体功能。

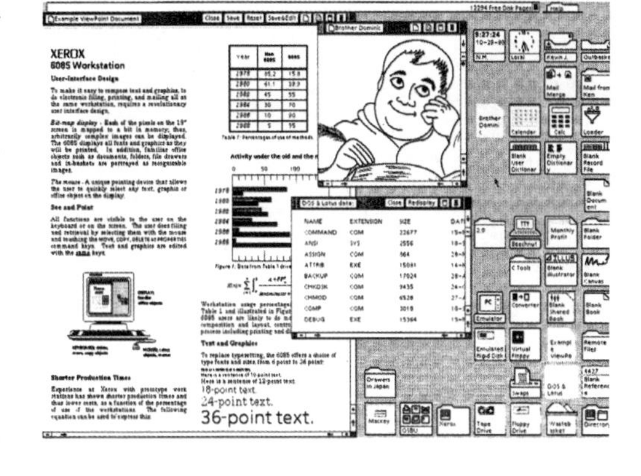

早期的GUI虽然已经是图形化的界面，但是其中绝大多数的界面元素还是以纯文本的形式存在，它们以一种奇妙的方式被整合到界面当中。循着界面的发展历程看过来，不难发现，文本和排版几乎是贯穿始终的主线，GUI是一个不容忽视的核心类别。

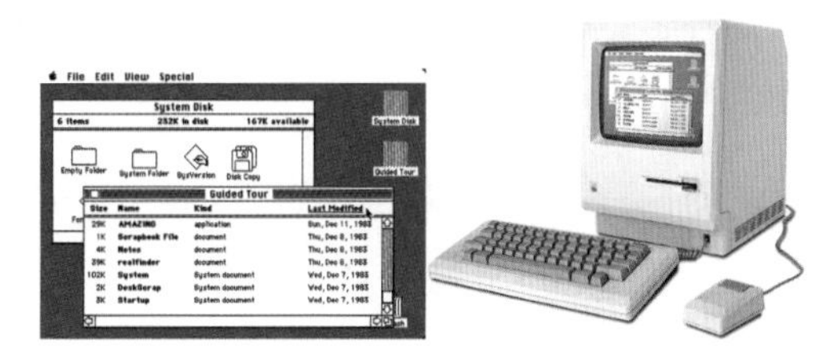

文本即界面

界面中的每一个文字、每一个字符都很重要。好的文本是好的设计。文本是最根本的界面，需要设计师来塑造和打磨这些信息。影响界面设计的文本属性还有很多，比如平衡性、定位和层次结构，但好文案和排版的影响至少占据整体影响的95%。

Macintosh的推出意味着大众第一次可以使用定制字体了。第一代Mac预装了多款经典字体，在接下来的几年中，越来越多的字体厂商除了发布传统字体外，还会推出相应的数字版本。

在用户界面中，每一个单词和字母都至关重要。好的字体等于好的设计。字体是界面设计的基石，而设计师则是这些“信息基石”的修造者。

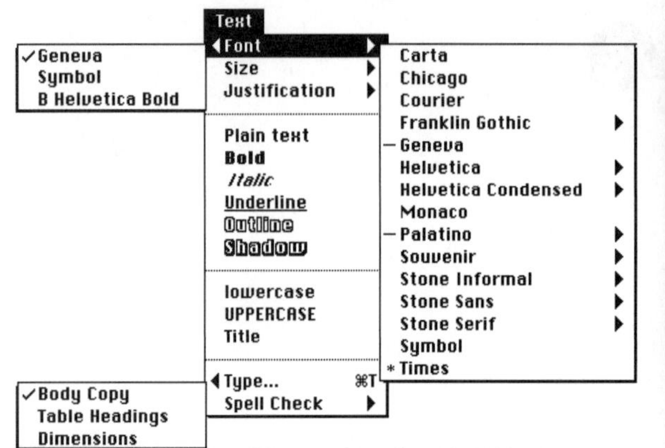

3 UI字体需要注意的问题

低调

一款完美的UI字体不易让人意识到它的存在，绝对不会喧宾夺主。字体应该是方便用户使用的，而不应给用户增加认知上的负担。所以一定要使用默认的规范字体，尽量不要用少女体、娃娃体之类的奇怪字体。

灵活度

在为各种不同的媒介设计用户体验时，无法掌握的是用户的能力、应用场景、所用的浏览器、屏幕大小、连接速度，甚至使用的输入方式。所以UI字体应该具有一定的灵活度，能够适应不同的媒介。

宽度比

比例是指一个字符高和宽的比值。宽度的比值越大，字体辨识度越好，小屏阅读体验也越好，所以要尽量用宽度比值大一些的字体。但许多设计师在Dribbble上发作品时，喜欢使用瘦长的字体，因为比较有设计感。

字间距

字母周围的空间和字母的内部空间同样重要。如果字母相距太近，读起来会很费劲。一款好的UI字体应该要给字母之间留有充分的呼吸空间，建立起稳定的节奏。

层次感

层次感可划分为h1到h6共6个级别，它们影响着行或段落的视觉流。设计师做设计时应对层次做好区分，如字母间距小于字间距，字间距小于行间距，以此类推对信息层级进行区分，不要太密，也不要太松散。

行间距应设置为字体大小的120%到145%。下面左图的行间距未在规定范围内，整体显得过于紧密。而右图的行间距在这一范围内，文字整体显得更加舒适。

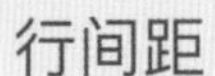

重要的事情说三遍：行间距应该设置为字体大小的120%到145%之间。行间距应该设置为字体大小的120%到145%之间。

应该设置为字体大小的120%到145%之间。

行间距

重要的事情说三遍：行间距应该设置为字体大小的120%到145%之间。行间距应该设置为字体大小的120%到145%之间。

应该设置为字体大小的120%到145%之间。

一般情况下，每行的字符数量也要控制在一定范围内。超过这个范围，文字段落就会显得太宽，而且看上去不舒服。

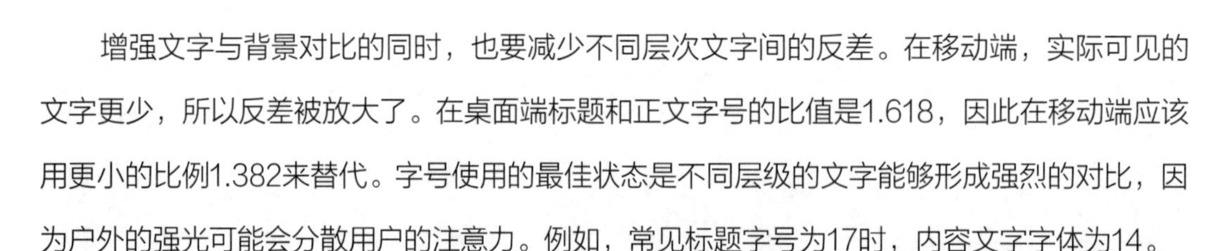

增强文字与背景对比的同时，也要减少不同层次文字间的反差。在移动端，实际可见的文字更少，所以反差被放大了。在桌面端标题和正文字号的比值是1.618，因此在移动端应该用更小的比例1.382来替代。字号使用的最佳状态是不同层级的文字能够形成强烈的对比，因为户外的强光可能会分散用户的注意力。例如，常见标题字号为17时，内容文字字体为14。

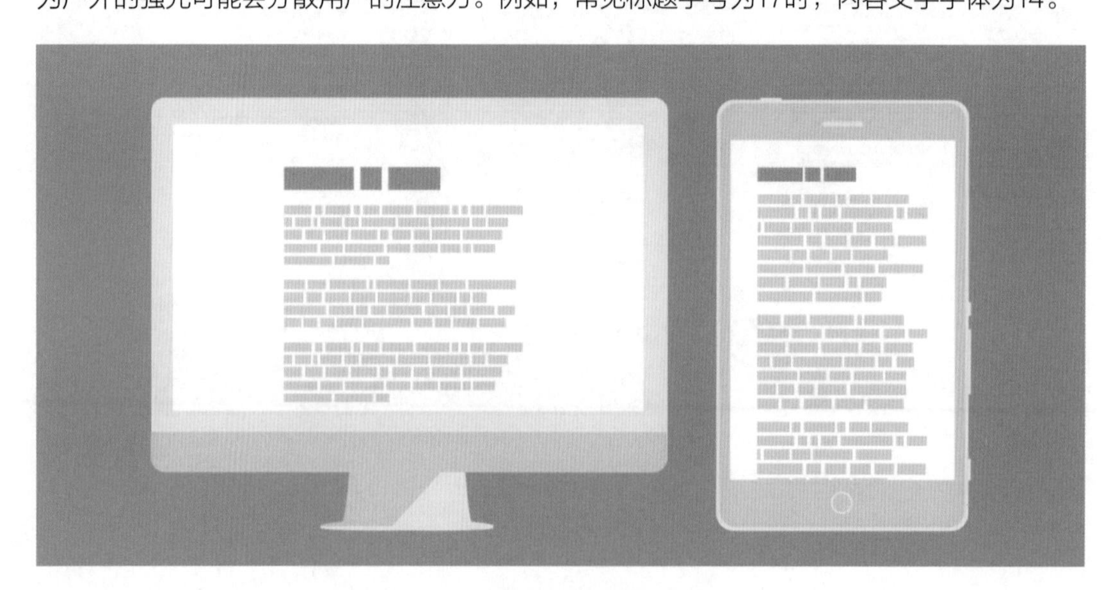

辨识度

UI字体要注意它的识别度，一定要清晰、可辨认。苹果后来不再使用Helevetia字体就是因为这种字体存在“三道杠”的问题。第一个“I”的首字母大写和后面两个小写“L”一模一样，不容易区分。为了做出区分，SF UI display做了下图中的优化。

Illiterate　　Illiterate

Helvetica　　SF UI display

容易区分的字符

看起来相似的字符，例如大写的 I、小写的 L 和数字 1，将更加容易区分。

动态间距调整

字母与单词的间距可根据字号动态调整，让阅读变得更加轻松。

iOS 9之前使用的字体　英文字体：Helvetica　中文字体：Heiti SC（设计师用华文黑体）

San Francisco

iOS 9之后，苹果默认字体就换成了SF UI display和苹方。当初更换默认字体时，很多人都很不认同。后来大家发现更换后的字体看起来更清晰，数字的呈现也变得极简。

iOS 8　　iOS 9　　iOS 8　　iOS 9

苹果在用户体验方面做得比较出色。对于数字的可读性，以前苹果对“2”和“7”识别度不高，因此苹果针对这种情况对文字转折做了优化。

123456789　　Helvetica

123456789　　SF UI display

针对可读性和可扩展性，SF做了两种字体，Display和Test。在设计稿里面看不出两者的区别，但在开发层面，字体20号以下会调用Test，因为20号以下的字体比较小，字间距设置得也比较小，所以用Test比较合适。但是到了20号以上，继续保持原有的字间距会显得比较紧密，所以选择Display比较合适。

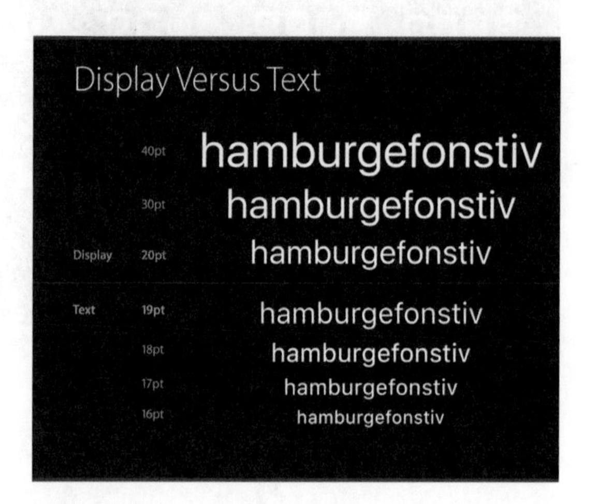

San Francisco拥有9种字重（San Francisco分为Display和Text两种字体，Display 有9种字重，Text 有6种字重，这两种字体的区别是字间距不同），即使在西文中也算得上毫不吝啬。多字重为设计师提供了更多的选择，在信息层级繁多的情况下也可以保证不同字号的文字有着类似的视觉感受。对于多大的字体配什么样的字重等字体搭配问题，它有着自身的规范。

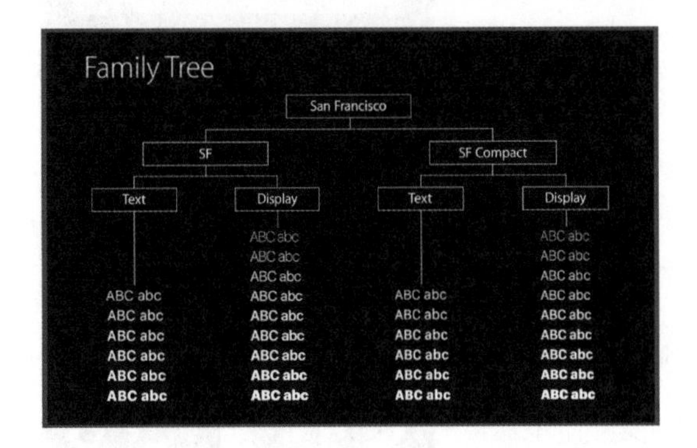

San Francisco 12~18pt Regular
San Francisco 18~24pt Light
San Francisco 24~32pt Thin
San Francisco 大于32pt Ultralight

像素px（Pixel），像素px是相对于显示器屏幕分辨率而言的。em是相对长度单位，是开发的字体单位，它对设计师来说非常陌生。pt为绝对单位，全称为point，pt可以换算成em。

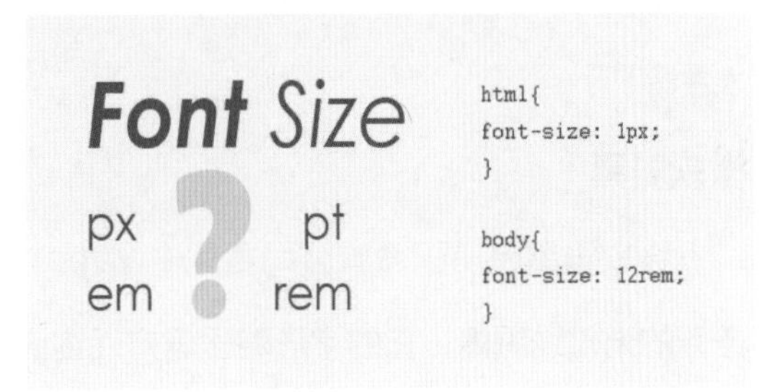

苹方

下图体现了苹方和华文黑改版后的不同点。

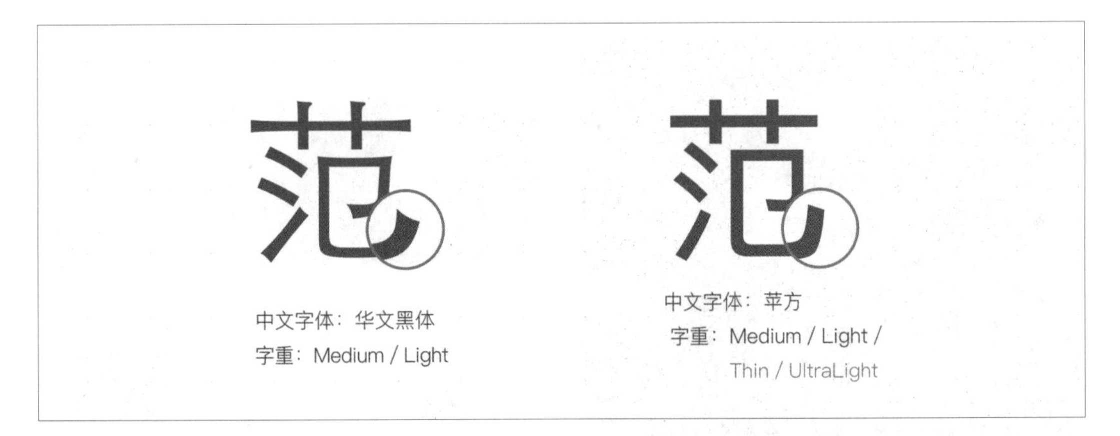

4 界面字体

华文细黑

华文细黑是由徐学成等人设计的黑一体数码化而成，喇叭口是为了铅印时避免由于墨水扩展不均匀导致笔画末端模糊而设计的。它是macOS X9以及之前版本操作系统的中文默认字体。

兰亭黑

方正兰亭黑衍生于齐立老师为微软设计的微软雅黑。除苹果默认字体之外，这款字体是苹果规定可以使用的字体。很多应用都使用兰亭黑，例如，小米根据兰亭黑做了一款小米兰亭。

微软雅黑

微软雅黑是美国微软公司委托中国北大方正电子有限公司设计的字体。这款字体是一种全新的无衬线黑体，它的字形略呈扁方而饱满，笔画简洁而舒展，易于阅读。

微软雅黑面对的是像素密度只有96ppi（Windows操作系统默认的缩放比例）的电子显示设备。在这种情况下，使用大字面、大中宫的设计能够尽可能多地占据像素，同时更好地安排字的间架结构。

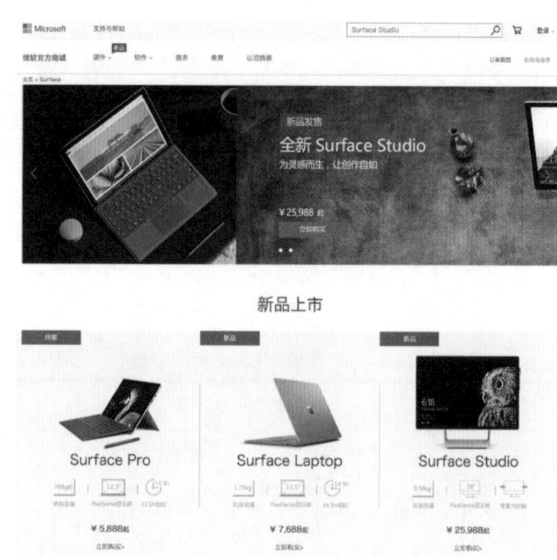

苹方

苹方字体包含3种，除了我们熟悉的简体、繁体以外，还有适合我国香港的中文字体。

PingFang SC，（SimplifiedChinese）

PingFang TC，（TraditionalChinese）

PingFang HK，（HongKongChinese）

华文黑体

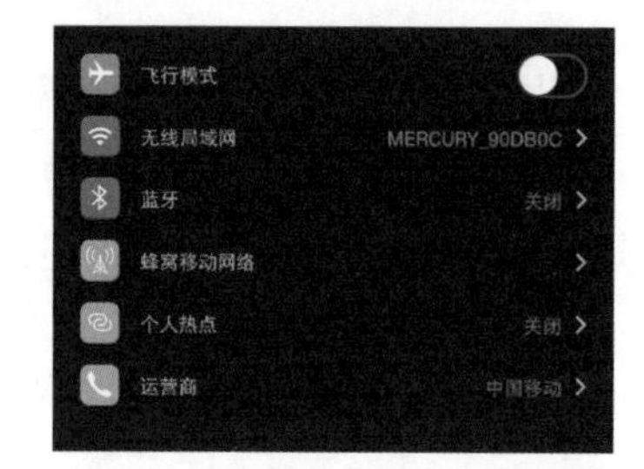

华文黑体与华文细黑一样，是macOS X9以及之前版本的操作系统中文默认字体，同时还是iOS 8之前的中文默认字体。值得一提的是，iOS 8之前的iOS Developer编程时使用的默认中文字体是华文黑体（Heiti SC），而iOS Designer在Photoshop设计时使用的是黑体-简或 Heiti SC。

Droid

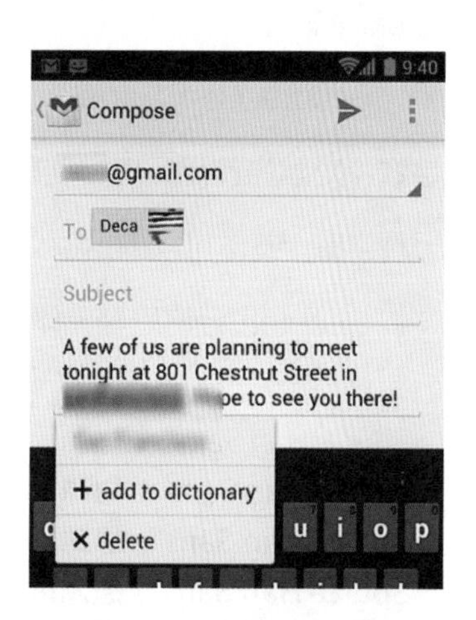

Droid是Android4.4之前的默认字体，中文部分由华康完成，使用了拼接技术来缩小文件的体积。Driod Sans包括Droid Sans Mono、Droid Sans Arabic、Droid Sans Fallback、Droid Sans Hebrew、Droid Sans Japanese和Droid Sans Thai六大子集。

Droid Sans继承了华康的黑体风格，字面宽大程度合理、笔画简洁、无喇叭口、弧线流畅、直截了当，让人感觉柔软舒适又不乏弹性与刚性。但中文部分没有粗体，这是一大限制。

Roboto

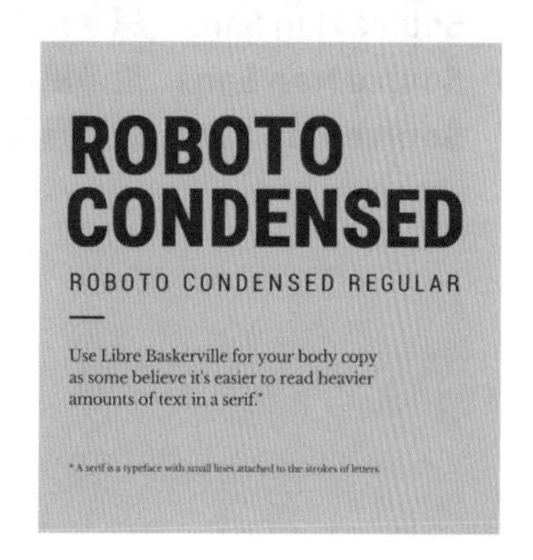

Android的设计语言使用传统的字体设计手段，如大小、空间和节奏等。合理运用这些设计手段，对于帮助用户快速地理解屏幕上的信息是很有利的。为了支持这种字体的运用，Android 4.0系统引进了一款名为“Roboto”的新的字体系列，它是专门为UI和高清屏幕的需求而创造的。目前的Text View组件支持默认的普通、粗体、斜体和粗斜体4种字体风格。

Noto

Noto字体家族是Google一个野心勃勃的大项目。它想要支持世界上所有的语言，使其达到视觉上的协调一致，这在Noto的命名已经体现了。当计算机显示字体的时候，如果某种语言不被系统支持，就显示为一些小方块，专业人士称其为“Tofu”（豆腐）。Noto就是 “No Tofu”的意思。

Android（版本4.4及以上）、Gmail的Web界面、Google环聊和Chrome OS中使用了该字体。

思源黑体

Source Han Sans，思源黑体，是Adobe跟Google合作开发的一套集设计素质、完整字数（对国内使用环境特别重要）和泛用性于一身的竞争力十分强的一款字体。思源黑体有七种字重，基本可以满足中文在电子阅读、网络环境中使用的字体字重。

Google已经将思源黑体的Google版作为Android 5.0以后的系统字体。

Source Han Sans	思源黑体 ExtraLight
Source Han Sans	思源黑体 Light
Source Han Sans	思源黑体 Normal
Source Han Sans	思源黑体 Regular
Source Han Sans	思源黑体 Medium
Source Han Sans	思源黑体 Bold
Source Han Sans	思源黑体 Heavy

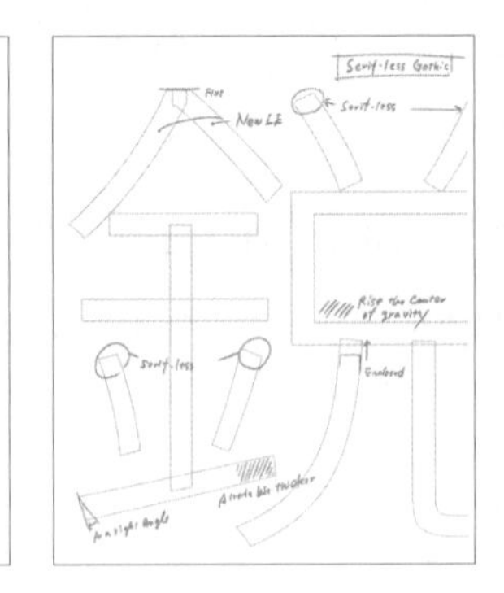

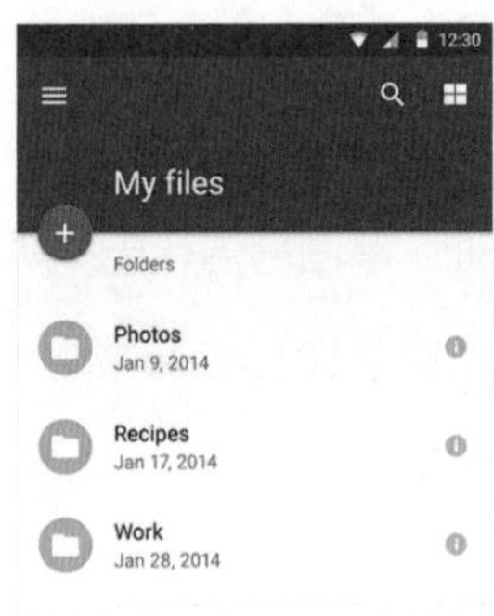

Segoe

微软在Windows Vista和Office 2版本中放弃Windows XP版本中的Tahoma字体，转而启用新的Segoe UI字体，意在提高字体的可读性，使之更加人性化。

Segoe UI是Segoe商标下系列(至少有27种)字体中的一种，这个系列的其他字体包括品牌印刷字体的拓展，在微软内部、广告代理商中广为使用。

小米兰亭

小米公司一直在使用方正兰亭黑字体作为其MIUI系统的原生字体。为了更好地满足移动互联网的展示和阅读特性，提升用户体验，小米公司的团队历时18个月，最终完成了可以在MIUI8系统中完美呈现的“小米兰亭”字体。

小米兰亭的字重选择很微妙。Thin很好地弥补了兰亭纤黑不够细而兰亭超细黑太细的问题。兰亭细黑不够细，可以算是Semilight，而方正给它的英文名似乎是Light。微软雅黑Light字体改自兰亭纤黑字体。

小米兰亭字体是基于方正兰亭黑字体创作的，下图是这两款字体的对比。

方正兰亭超细黑
方正兰亭纤黑
方正兰亭细黑
方正兰亭黑
方正兰亭准黑
方正兰亭中黑
方正兰亭中粗黑
方正兰亭粗黑
方正兰亭大黑
方正兰亭特黑

小米兰亭 Thin
小米兰亭 Light
小米兰亭 Regular
小米兰亭 Bold

思源简中 Demilight 闻
Hiragino sans GB W3 闻
微软雅黑 Regular 闻
小米兰亭 闻

汉仪旗黑

2015年3月，网易新闻客户端iOS版更新到5.0版本，设置中增加了非华康系的字体汉仪旗黑。该字体内置于应用中，无需下载。切换到该字体后，文字给人的观感清晰且圆润，与iOS默认的中文字体形成鲜明对比。

小知识

在App上线之前会做上线打包，每一个迭代版本都需要重新打一次安装包。每次打包都有大小要求，超过这个大小，无论如何也要把安装包大小降下来。把容量降下来是因为一个50MB大小的App肯定比60MB的下载量大。当用户急需下载一个App的时候，它的大小会影响用户对下载行为的决定。网易新闻会内置一些字体，其他的字体则需要另外下载，这就不会影响到它的安装包。

明兰

明兰是最早发布在论坛的一款字体，这款字体在一些不同的笔画上会做不一样的变化。下面是由一位日本设计师做的海报。

5 艺术字体推荐

白舟大髭书体

白舟大髭书体是日系书法字体的一种，其线条流畅潇洒，兼具实用性和艺术性，可以满足用户的不同需求。

方正清刻本悦宋

方正清刻本悦宋字体在撇的笔画上有个小收尾，而且和有衬线的英文字体搭配很好，显得特别优雅，给人干净的感觉。这款字体，很好看。

汉仪小麦体

汉仪小麦体是一款具有艺术效果的字体。该字体笔画新颖独特，字形飘逸、大方得体，整体效果好，且字库完整，可以广泛应用于宣传海报、横幅标语等的设计，很多插画师也喜欢使用此款字体，比如漫画《吾皇万岁》。

方正清刻本悦宋　　汉仪小麦体

文悦古典明朝体

文悦古典明朝体取材自明代及清代早期雕版善本中的一类字体，是介于宋朝体与明朝体之间的过渡形态。其笔画的书法特征浓郁，字形具有韵律感，非常适合用于富有古风特色的设计作品中。文悦古典明朝体与康熙字典体属于同类风格的字体，前者的字数更完备，不会出现缺字情况，可代替康熙字典体进行使用。

文悦新青年体

文悦新青年体是一款具有复古风格的字体，它结合了1915年的《新青年》杂志书名字体的设计风格。同时还融入了现代元素，新旧结合。文悦青年体字形方方正正，却不失个性，可以带给用户极强的视觉感，适用性很强，常用于Banner和海报等设计。

造字工房劲黑

造字工房劲黑是一款具有彪悍风格的字体，给人的感觉非常粗犷。该字体笔画粗厚，字体呈方块状，比较适合用于广告、宣传海报文字等。

文悦古典明朝体

文悦新青年体

造字工房劲黑

6 栅格化设计

什么叫栅格

栅格就是网格，通过网格对页面进行有规律的布局，从而让内容分类更合理。网页端一般使用12个栅格，移动端一般使用6个栅格。

网格的基本概念：“列”

网格中列越多，灵活性越大，但也并不是列越多越好

pc端一般12列

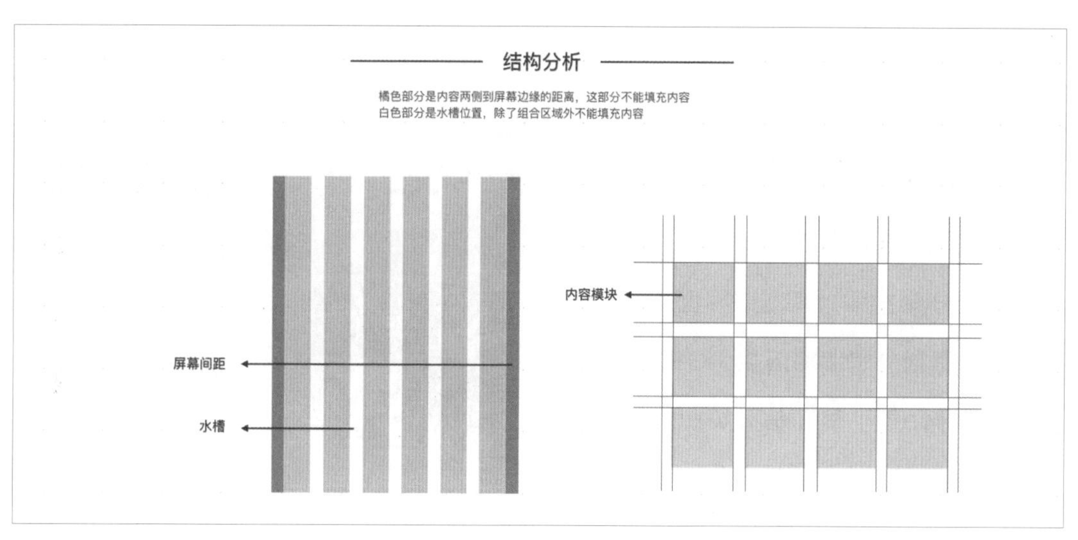

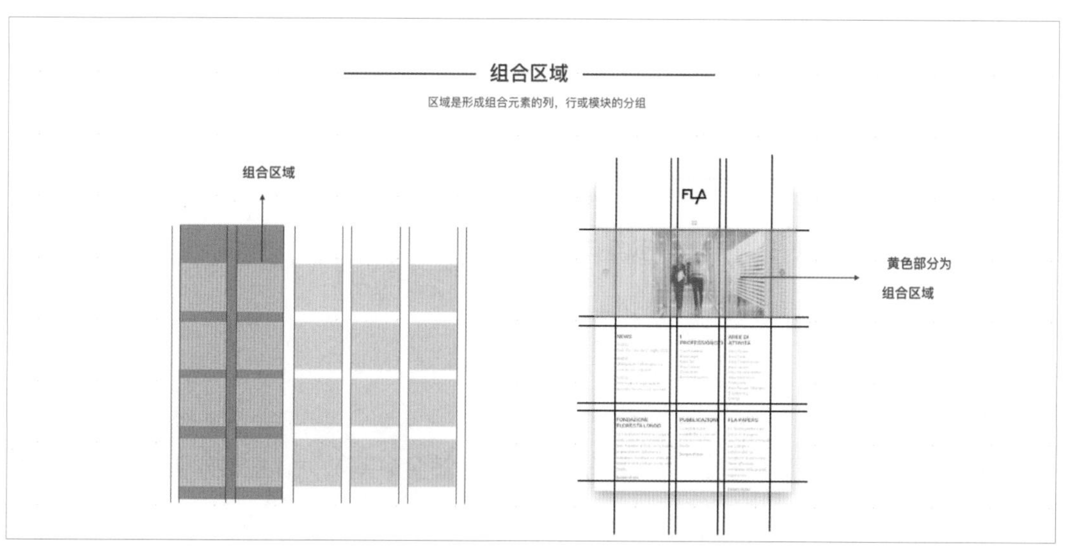

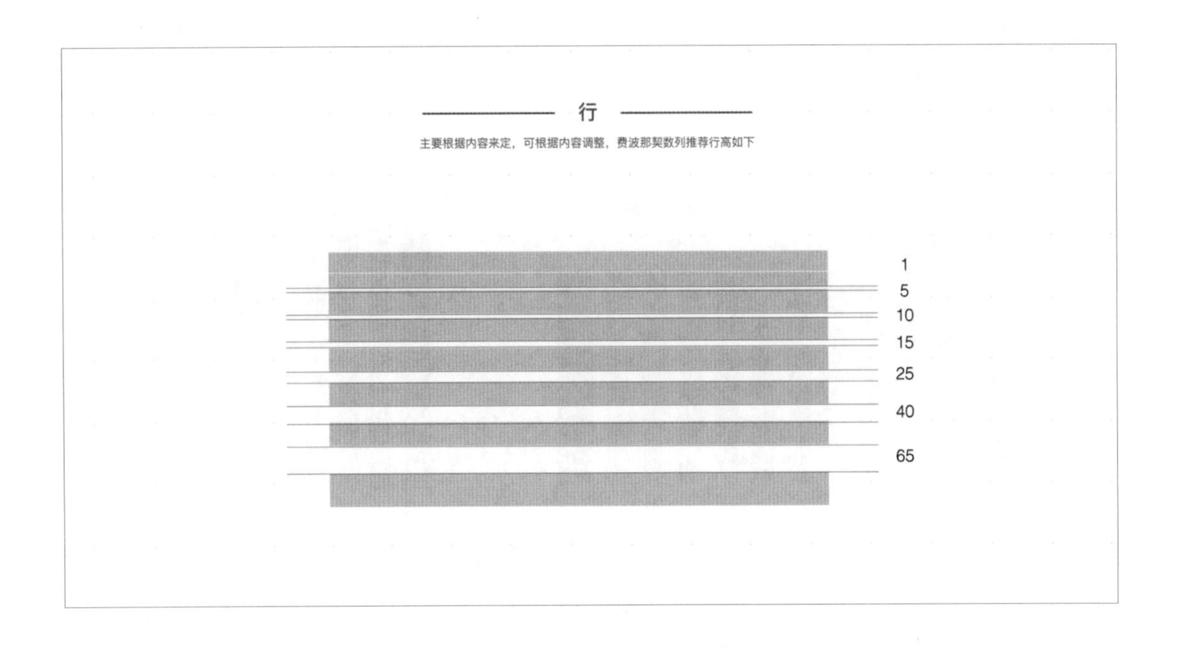

如何做自己App的栅格系统

设定最小设计单位

设定好最小设计单位，界面中所有间距一定要是最小单位的倍数。淘宝、天猫、蘑菇街等App最小单位是3。Aribnb、亚马逊、Pinterest的最小单位基本是5或6。

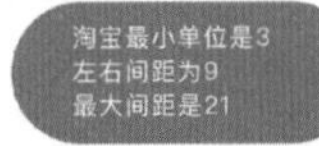

定边距和水槽大小

假如最小单位是5，那么所有间距一定要是5的倍数。间距预设定为10，在总屏375（一倍图尺寸）的情况下计算出水槽（列与列之间的空间）的大小。设计时必须保证每个设计元素都在框架内完成。

(375总屏宽　-左右边距-水槽*5）÷6（内容）= 51

得出结论
最小单位 5 左右边距 10 水槽　10 内容　51

定横向间距

横向间距会用到费波那契数列，费氏数列也就是黄金分割数列。在数学上，费波那契数列是以递归的方式来定义的，从0和1开始，之后的系数就是由前两个数相加得出的。

0，1，（0+1）**1，**（1+1）**2，**（1+2）**3，**（2+3）**5，**（3+5）**8，**（5+8）**13，**（8+13）**21……**

用费波那契数列×最小单位值

0*5=0　1*5=5　2*5=10　3*5=15　8*5=40　13*5=65

根据具体情况选择合适的数值作为横向间距

7 英文字体设计

英文的字体设计一共由以下几个部分组成。

Archerxq

基线——字体所在的一条不可见的线

Archerxq

X字母高度——小写字母主体的高度

Archerxq

大写高度——大写字母的高度，通常比上伸部分短

上伸部分（ascender）——字母在x字母高度之上高出的部分

Archerxq

Archerxq

下伸部分（descender）——字母在基线以下的部分

8 中文字体设计

结构

汉字的结构有左右结构、左中右结构、上下结构、上中下结构、半包围结构、全包围结构、品字形结构等。

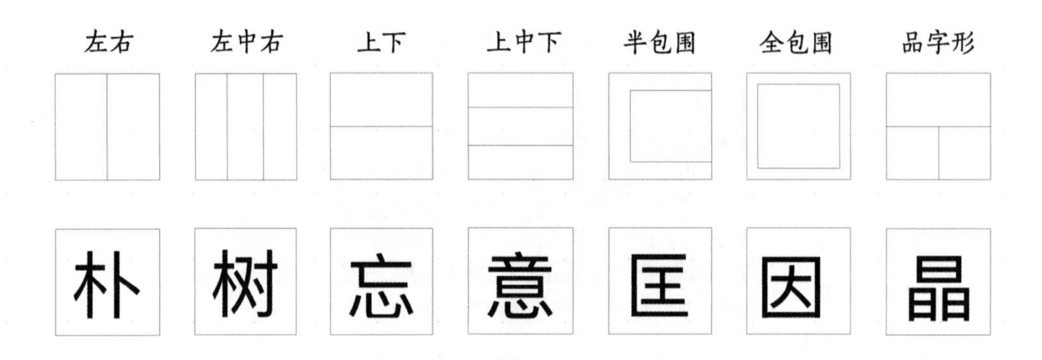

重心

物理中心指的是田字格中间的部分，视觉中心则位于物理中心偏上的位置。人们会无意识注意文字的视觉中心（即重心），因此在实际书写过程中，文字（例如下图“十”这个字）经常会被写得靠上。

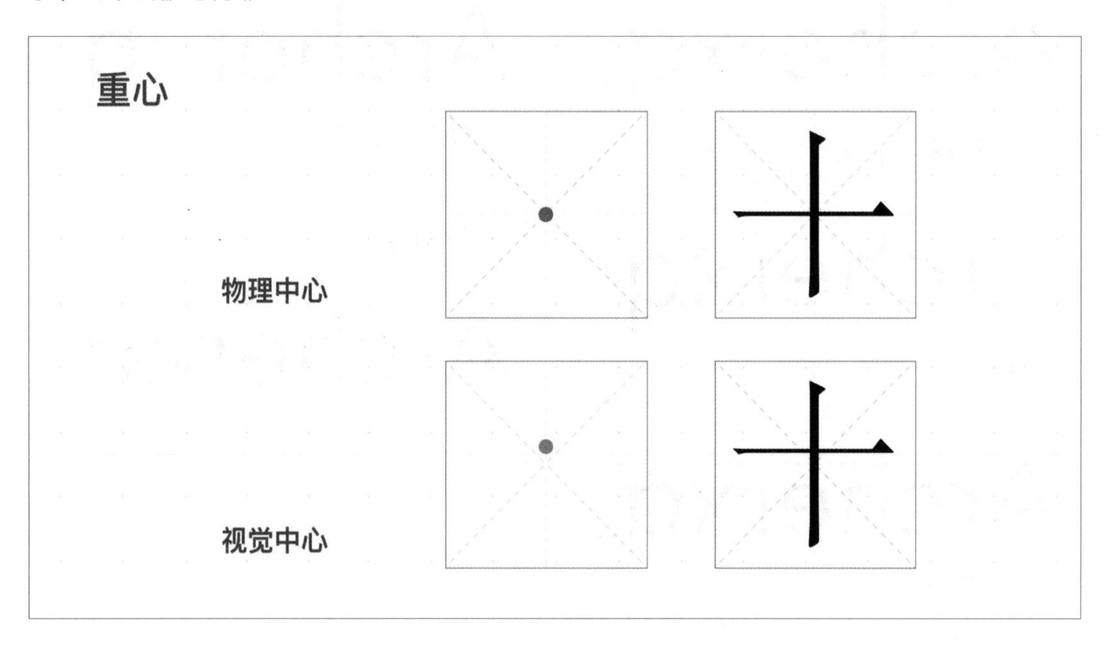

字体分为字身、骨骼、中心点、中心线。在对文字进行设计时，先画出骨骼线，再围绕骨骼线做设计。在学习字体设计的初期，为了更好地练习字体笔画转折和研究文字分量，可以先把文字（例如下图的宋体“伸”字）打印出来，用铅笔画出文字的骨骼线，再进行填色。

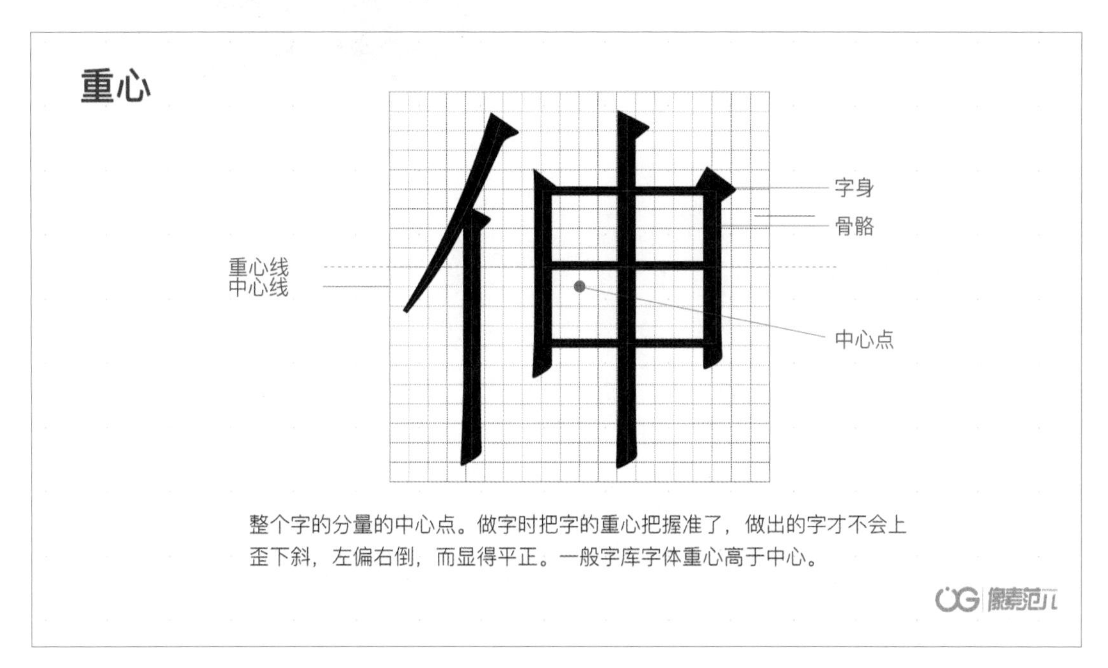

如何找到字体的重心

简单的方法就是看哪个部分的笔画多，字体重心就在哪个部位。

重心会影响对于字体的识别，或者说会影响字体带给人的感受。如下图中的“皇”字，字体重心高会让人觉得高傲，字体重心低会让人觉得下沉，最后一张是正常的。

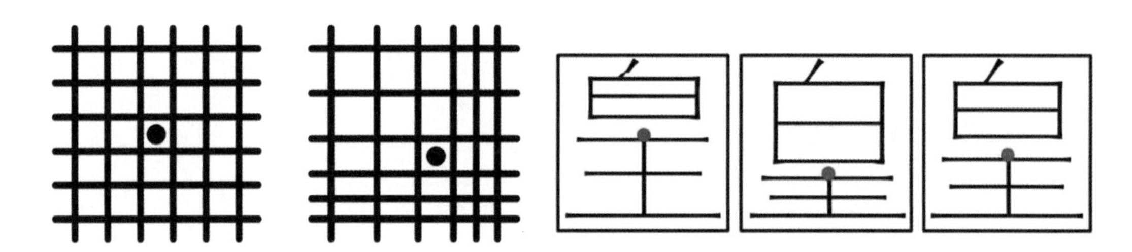

重心低的字体设计

例如，“碰瓷”做得胖矮，重心比较低。同样“曾经沧海难为水，除却巫山不是云”这句话重心也偏低，字形显得比较稳。

曾经沧海难为水

CENG JING CANG HAI NAN WEI SHUI

除却巫山不是云

CHU QUE WU SHAN BU SHI YUN

重心高的字体设计

看到这种字体就会想到淘宝、女妆、化妆品、衣服等。一些女性物品上的文字会运用比较瘦长的字体，用于表现女性的柔美。例如，下图的“复归素净”“等待花开”“春蚕到死丝方尽，蜡炬成灰泪始干”。

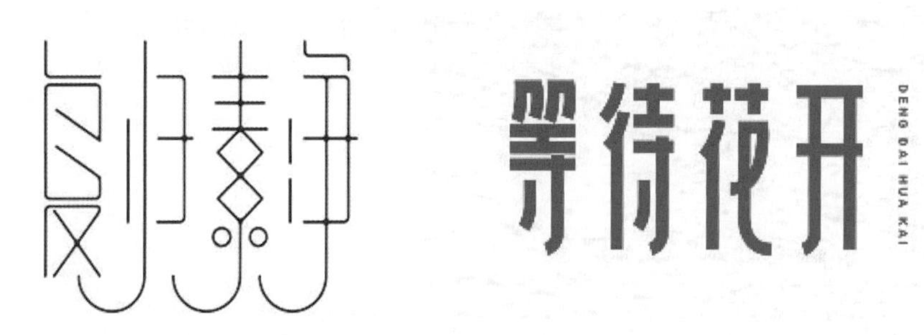

春蚕到死丝方尽，蜡炬成灰泪始干

重心全部统一的字体设计

思源黑体（安卓原生字体）

湖光山色

小米兰亭

湖光山色

字重

字重指的是字的粗细。

超细黑 你有freestyle吗?
细黑 你有freestyle吗?
黑体 你有freestyle吗?
粗黑 你有freestyle吗?
大黑 你有freestyle吗?
特黑 你有freestyle吗?

中宫

下面几个格中间空白的地方叫中宫，在表现一些设计时，常常对中宫的大小有要求。中宫收紧就是把所有笔画有序地靠拢，凝聚在字的中心（中宫）。

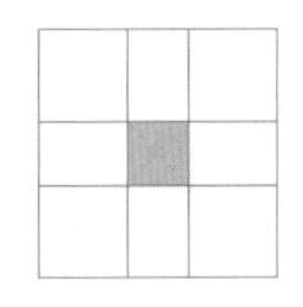

黄金格

九宫格

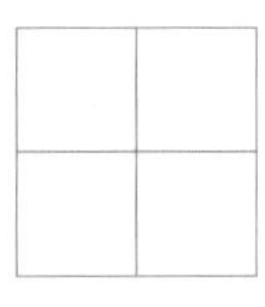

田字格

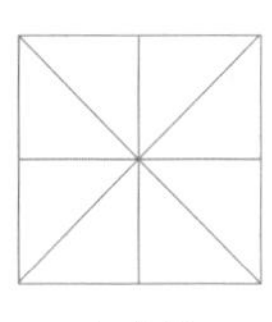

米字格

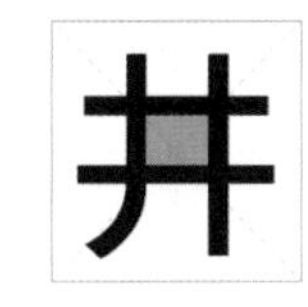

中宫收紧

字怀

字怀是指字体内的空间。字体越粗大，字怀越小；字体越纤细，字怀越大。右图的粉色部分就是字怀的面积。

字怀会受字重影响。字重大小影响笔画粗细，因此也就影响了字怀留白的多寡。中宫则不受字重影响，字重大小无论如何变化，字的结构松紧是不变的。

字体空间
字体空间
字体空间

9 为什么总说中文排版比英文排版更难

心理活动

当看到中文字的时候，人们会不自觉地读它的意思：①这是什么？图形还是文字？文字所描述的基本内容是什么？文字所描述的具体引申内容是什么？②这是一个什么图形（或符号）？这个图形（或符号）具体代表什么含义？③与图形（或符号）在一起的文字是什么？文字所描述的具体内容是什么？图形（或符号）与文字结合之后，对其描述的具体内容有何种层面的解释？

有一段时间，Dribbble上很多外国设计师用中文做设计，他们把不同的语言当作符号来看，并逐渐将其图形化，让人觉得很高端。

排版优势

中文不容易排好看主要是因为中文较方正，一个字一个意思，很多方方正正的字放在一起很难排出韵律感。英文容易排成“段”，所以更加灵活自由。

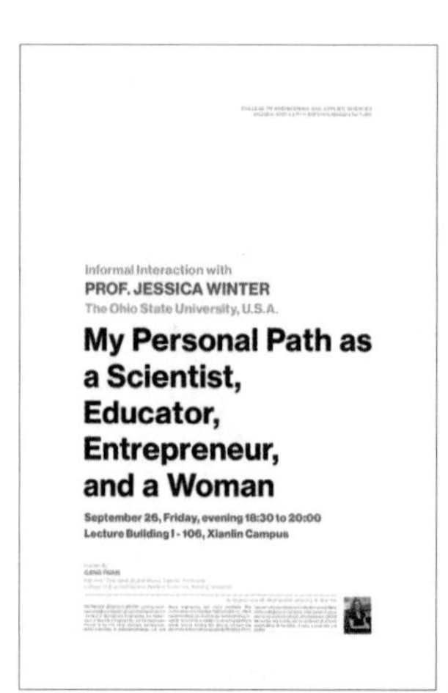

字体数量

日文较中文字号大，排列整齐，字间距较大。

在中文字库仅有421款时，日文字库已多达2973款。日文字库相当于中文字库的6倍。

开发一套中文字库的过程比较繁琐，这也是中文字库较少的原因。首先字体设计师需要手写字体，然后使用字体软件设计。软件会打乱笔画组成新的字体，然后组成不同的结构，最后组成字体。做一款字体一般要3～4年的时间。

■ 30~50字的设计	设计方案与字体特征
■ 500字的设计	大部分部件和结构
■ 2000字的设计	所有部件和结构
■ 简体7155字的设计	国际简体6763字+392生僻字
■ 西文和中文符号设计	约600字符
■ 国际繁体2178字	

想要学好字体设计，先要做临摹。手写骨骼线，然后绘制骨骼，最后画字体。

临摹宋体字，

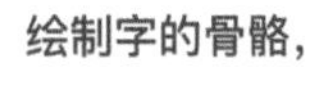

有如书写。

例如，根据一个“字”的骨骼线可以引申出很多字体设计，如下图所示。

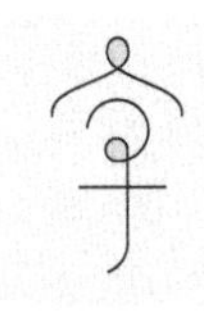

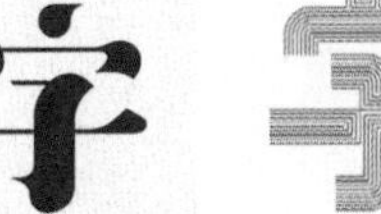

10 中文字体在设计中的应用原则

亲密性

在一个页面上，位置接近就意味着存在关联。因此相关的内容应当靠近，归组在一起。

多个项目之间存在很近的亲密性，它们将成为一个视觉单元。

亲密性的根本目的是实现组织性。

不同层级元素之间的留白应该不同。

彼此无关的元素，一定要拉开距离，避免建立亲密性。

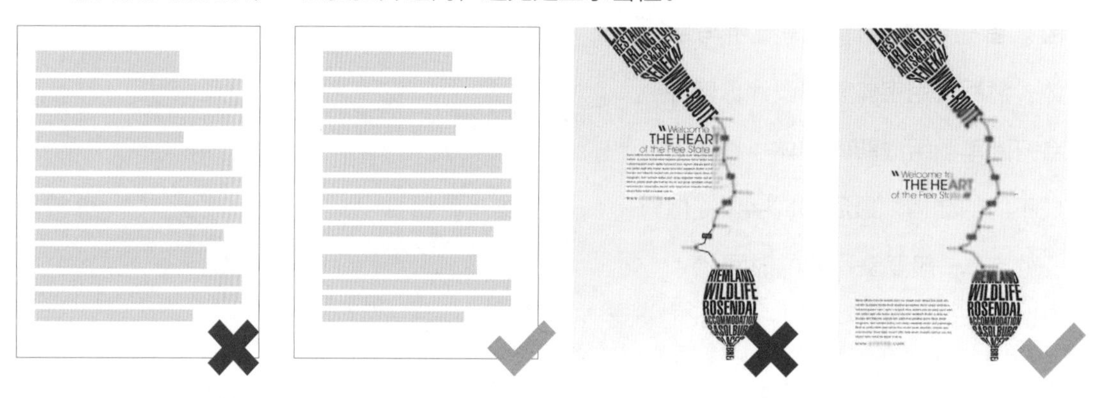

对齐

每个元素都应当与页面上的另一个元素有某种视觉联系，建立起一种清晰、精巧而且清爽的外观。对齐方式一般包括左对齐、居中对齐和右对齐。通常，默认的对齐方式为左对齐。

在设计中，对齐方式可能只是用一种，也可视情况组合、搭配使用。

对齐的目的是使页面统一而且有条理。

同一个页面上，避免使用多种文本对齐方式。

尽量避免居中对齐，除非在比较正式、稳重的情景下。

重复

让视觉要素在整个作品中重复，能够实现整体风格的统一，包括颜色方案、字体字号、文本行距、图片风格的统一等。

在设计中不要使用太多的字体，如果重复的内容太多，可以再细化一些标题或是加一些符号。比如下图，就是一个利用重复原则的例子。

重复可以使视觉效果保持一致。

重复的目的是统一并增强视觉效果，往往会易于阅读。

重复原则中应当避免太多的重复，否则会让人心生厌恶。

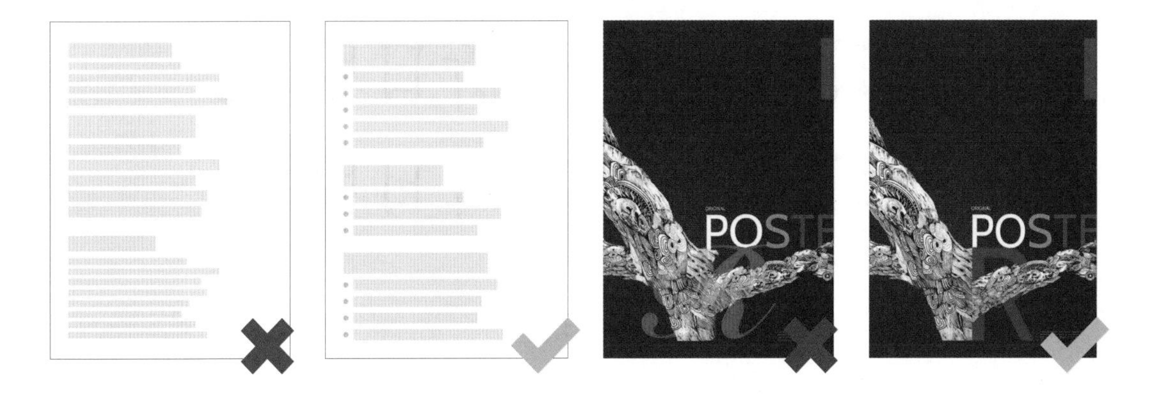

对比

对比也是为页面增强视觉效果的一种有效的途径。强烈的对比会给人带来视觉甚至心灵上的冲击，从而形成用户记忆，有利于该设计的传播及转化。调整文字的字重和大小可以增强对比，使得界面信息带给用户非常清晰的感觉。

对比可以增强页面的可读性，同时有助于组织信息结构。

增强对比可以通过调整字体、颜色、形状、大小、线宽、空间等方式实现。

对比一定要明显、强烈，让页面截然不同。

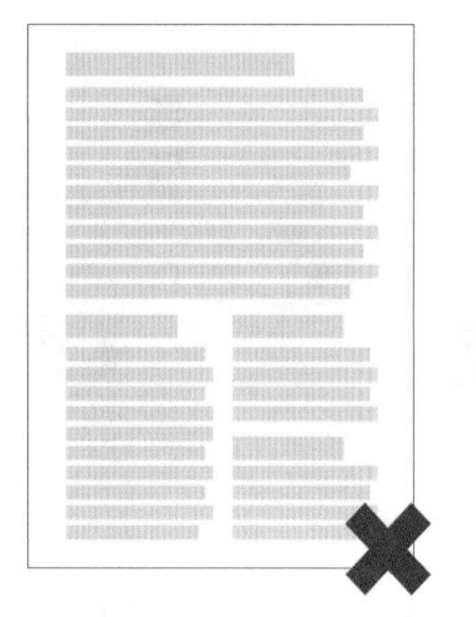
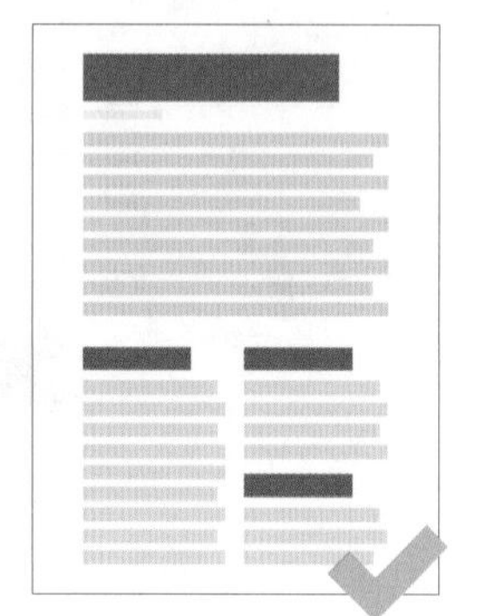

字距

在设计Banner时，会涉及一些有关文字的问题。例如，Banner里不能有太多的文案，文字的字数可能只有5～6个字。默认输入文字后，字间距是一致的，但有些文字的字宽较宽，有些则较窄，这就造成字间距在视觉上不统一。比如下图的“日”，会让人觉得和“新”“明”的间距宽一点，此时就需要单独调整字间距，使它们在视觉上字间距能够统一。

1000 1000 1000 1000　　1000 750 950 1000

新日明语　　新日明语

新日明语　　新日明语

11 常用的字库推荐

这些字库下载需要收费。

方正字库

方正字库是国内成立较早的专业字库公司。方正字库做的第一款明星手写体是方正静蕾体。

汉仪字库

汉仪字库和方正字库实力相当，汉仪字库之前有一款非常有名的字体，叫汉仪尚巍手书，这是一款手写书法体。尚巍是一位字体设计师，在字体设计领域里非常有名，很多字库公司都想购买汉仪尚巍手书字体的版权。

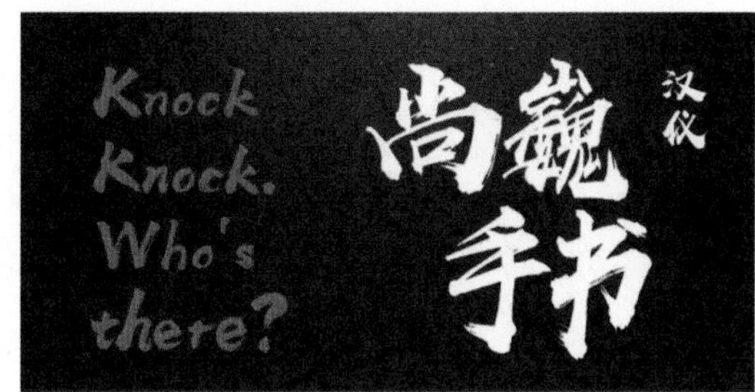

造字工房

造字工房是一个年轻有活力的字库公司，致力于设计个性化的创意字体。设计师可以直接用该字库的字体做一些运营设计，当然下载是有版权的，商用需付费。在上海迪士尼乐园，有很多设计都使用了造字工房的字体。

华康

华康少女体、华康金文体、华康墨字体、华康唐风隶都是设计师比较喜欢使用的字体，这些字体都出自华康字型公司。

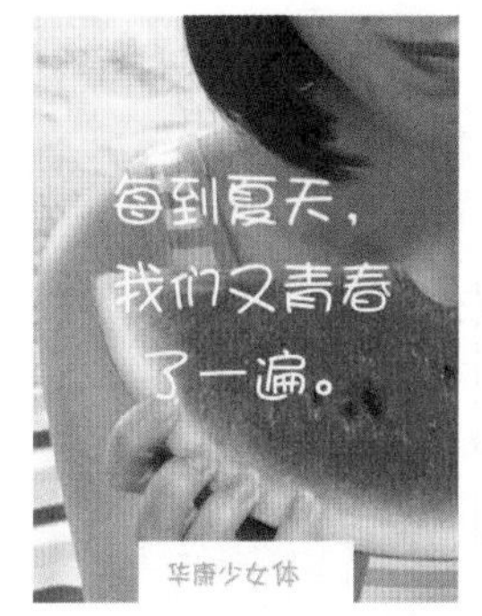

华文

华文给Adobe和谷歌做过思源黑体，也给苹果、亚马逊等国外各大厂商做过知名的字体。

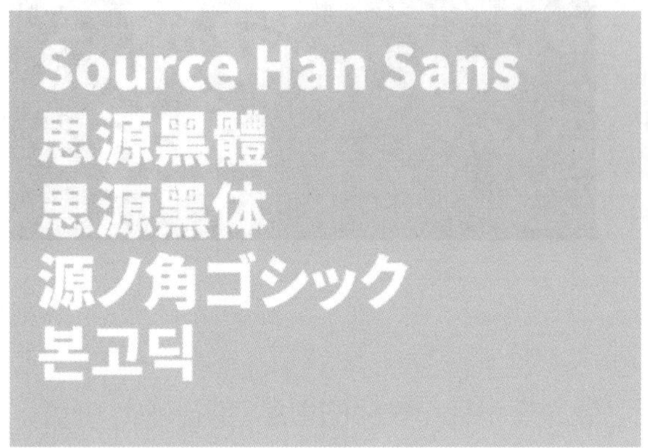

新蒂

新蒂这款字库开始由一对夫妇设计制作，字体全部手写，发布到网上后得到的反馈非常好。后来被汉仪字库买断了版权，但是保留“新蒂”这个名称。

文悦字库

文悦字库的字体非常有特点，非常适合用在运营设计上，特别是文悦新青年体。这款字体被各大厂商青睐。

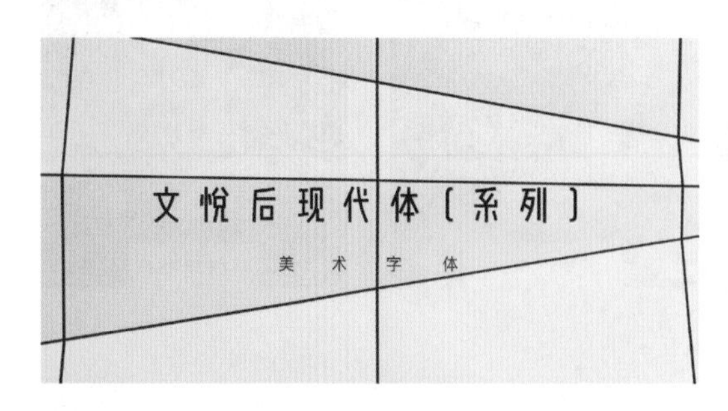

文鼎

文鼎是一家比较老的字库公司，规模一直较小。文鼎字体在苹果平台和pc平台兼容性很好，对繁体字和简体字兼容性很好。

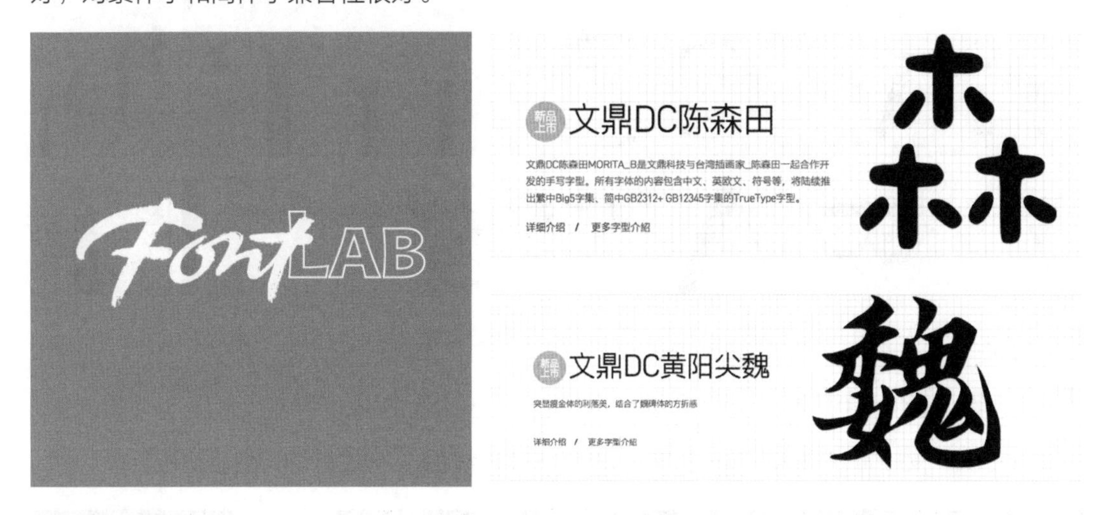

锐字工房

锐字工房是一家年轻的字库公司，主要从事汉字字体创意设计，该字库公司设计的字体被多家公司使用。

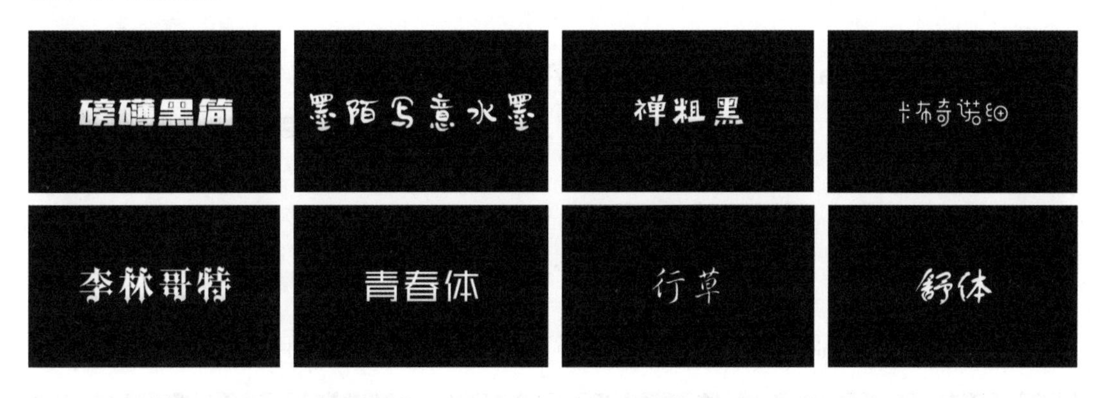

12 字体相关的网站推荐

Bigertech

Bigertech网站主要介绍英文字体是如何制作的。

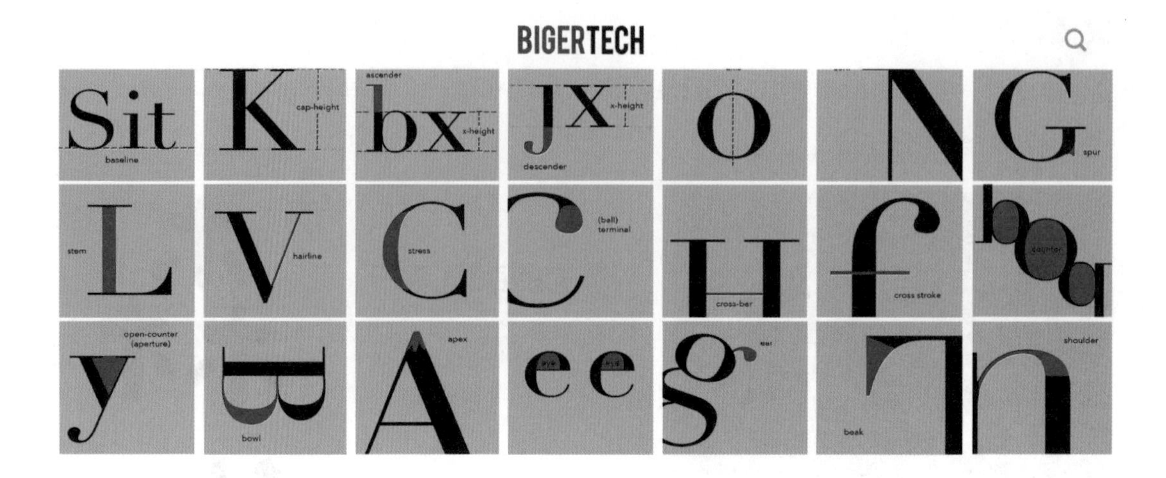

Type is Beautiful

Type is Beautiful网站里有一些字体设计活动以及有关字体设计的知识和论坛。

Type is Beautiful

简体中文 | 繁體中文

重磅展览：Wolfgang Weingart 的文字设计中国巡展揭幕

By Rex Chen | 2017/09/10

播客：字谈字畅 订阅

字体传奇

字体传奇网跟站酷网比较像，设计师可以在该网站上发布自己的作品，并进行讨论。

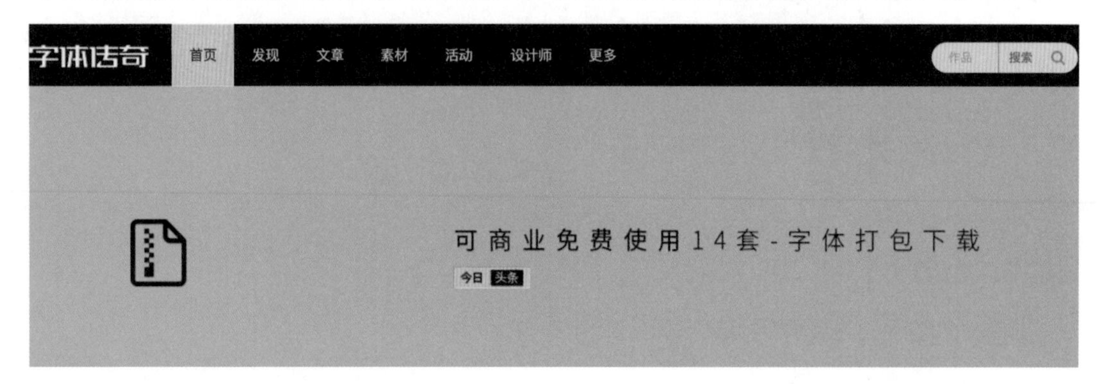

艺术字体在线生成器

如果不知道文案使用什么字体效果更好，可以使用艺术字体在线生成器在线生成字体来查看效果。

Google Fonts

Google Fonts网站可以下载一些英文字体并且支持筛选，比如有衬线、无衬线、简单、手写等。

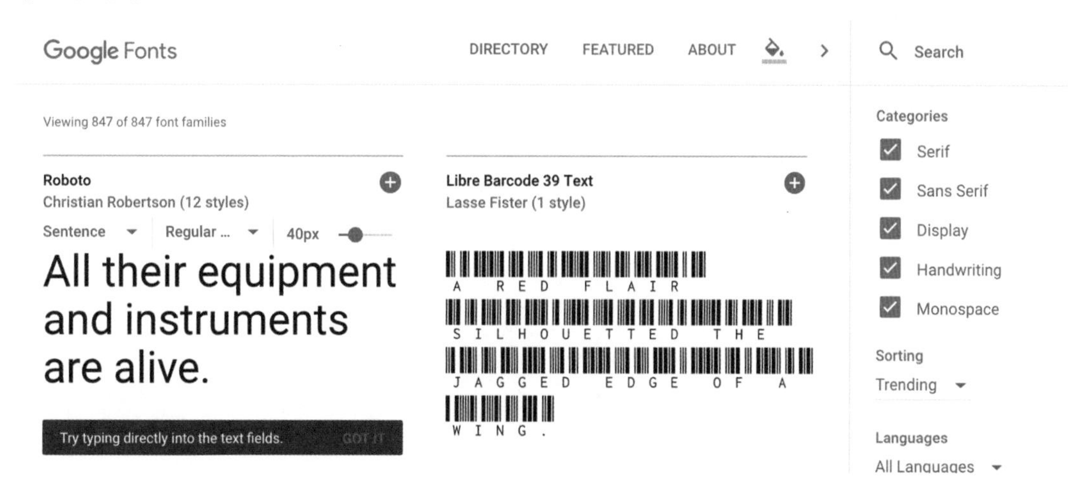

求字网

求字网可以识别图片里使用的字体。当看到好看却不知道名字的字体可以在求字网上传图片寻找字体。

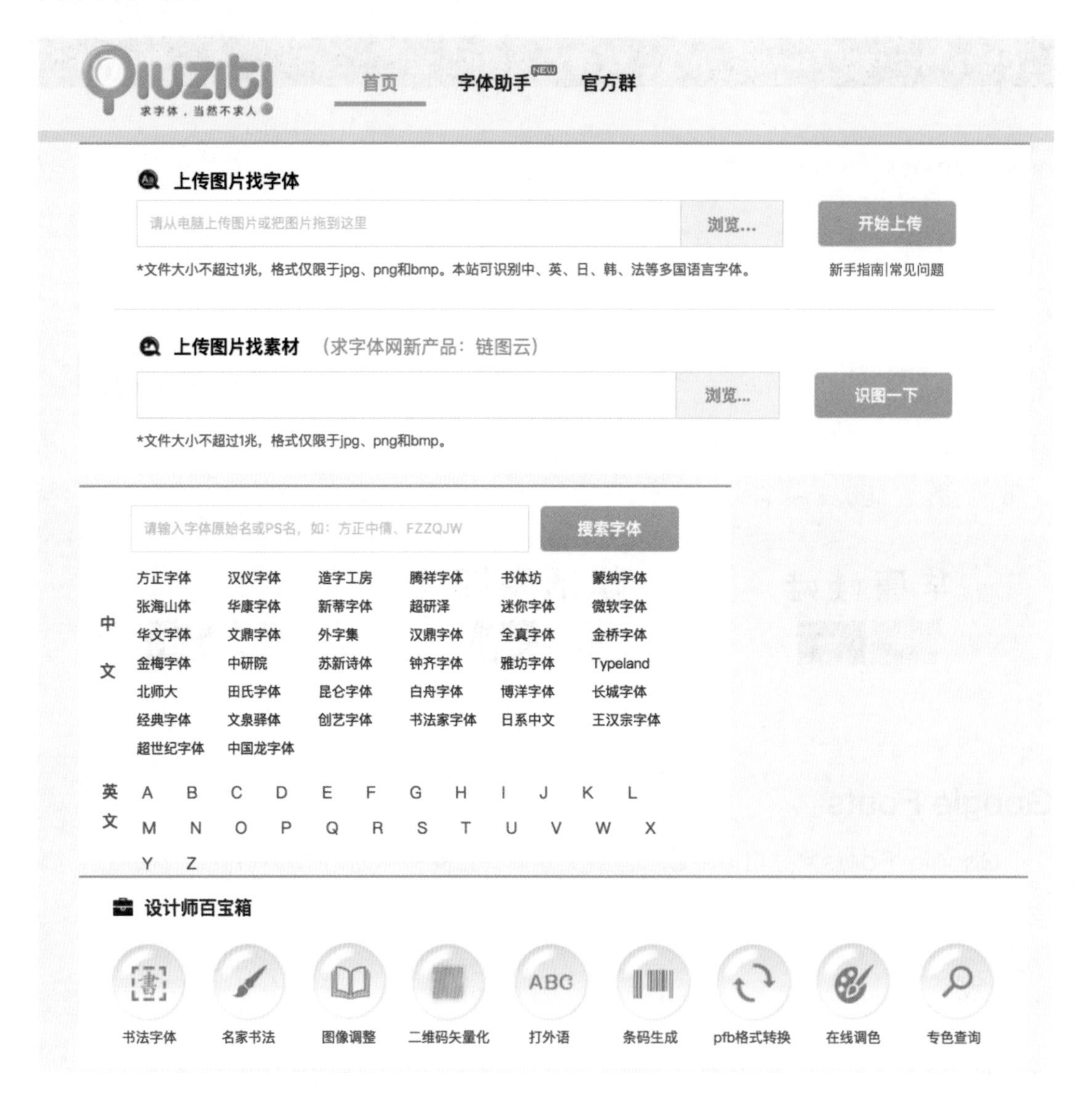

字由

用户需要在字由官网上下载客户端，安装后才能使用。它的字体在线生成并可以直接使用，不需要下载字体，但关闭字由软件后，字体会缺失。字由网站和汉仪字库是合作关系，因此字由网站中有很多汉仪字体。

WhatFont

WhatFont是一个字体插件。单击插件，再选择网页中的任意字体，就可以知道它使用了哪种字体、字号、字重和颜色。

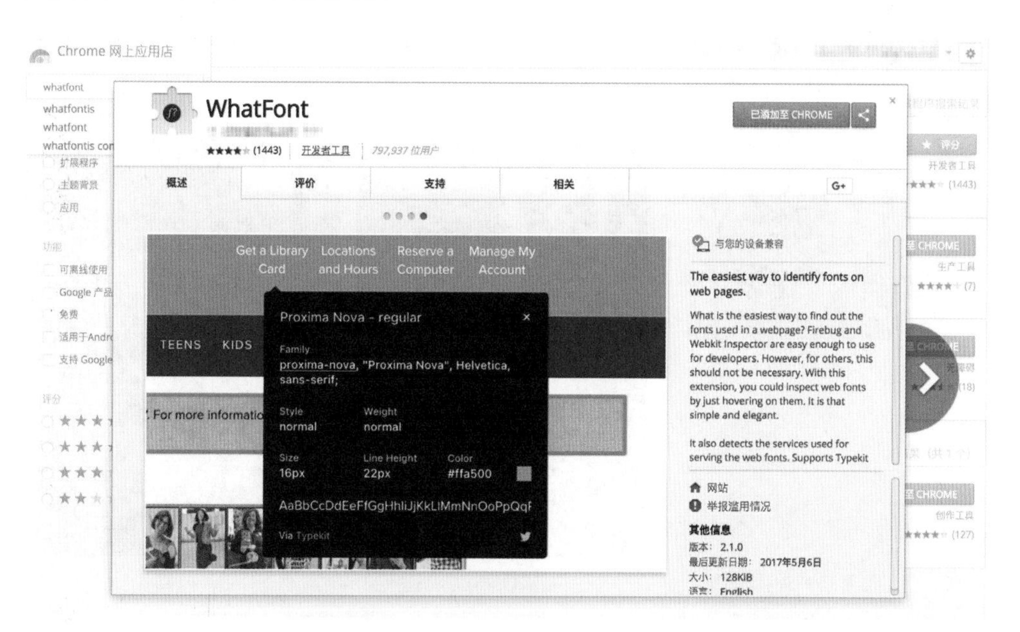

小知识：文字排版

在选择字体时，一定要注意字体的统一性、整体度和可识别度。

例如，右图“不被瞭解的怪人”，中间是空的，而不是紧凑的排版。这是因为空的地方正好放两个辅助的副标题。又例如，“上善水若”不写成“上善若水”是因为这样可以让文字有一个连接的关系，“若”的字形不适合做连接，所以就选择了“水”。

下图中“吃货最大”正好弥补了插图右上角的空缺。文字排版时应当注意文字之间一定不要太松散。

在排版中，文字的摆放是有原因的。如下左图，右下角已经放满了文字，并且主体物也在下面，所以在画面左上角放一个大而稳重的字体，以此使整个构图达到平衡。下面右图的字体做成扇形是为了达到整体的统一。

13 作业：字体测量

作业要求 在健身类、阅读类、金融类、教育类、电商类App中任选一类，并选择这个领域中做得较好的App做字体测量。每一个界面或两个界面放在尺寸为1920px×1080px的页面中。注意指引线要整齐，不能乱放；标注出字体、字重、字号和颜色，iPhone手机界面一般使用苹方字体。

操作方法 （1）用iPhone6、iPhone7、iPhone8截1倍图的尺寸，便于测量。

（2）把截图放在Sketch中，文字缩放到与界面中的文字重叠，从而得出字号。

（3）文字颜色用吸管吸取，得出颜色数值。

使用软件 Sketch（或Illustrator）。

训练目的 学习界面设计中字体的应用，以及线上App应用字体的规范。

参考如下图所示

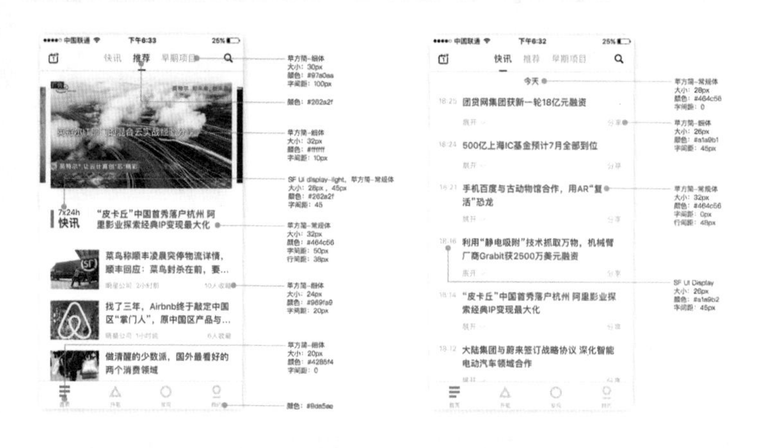

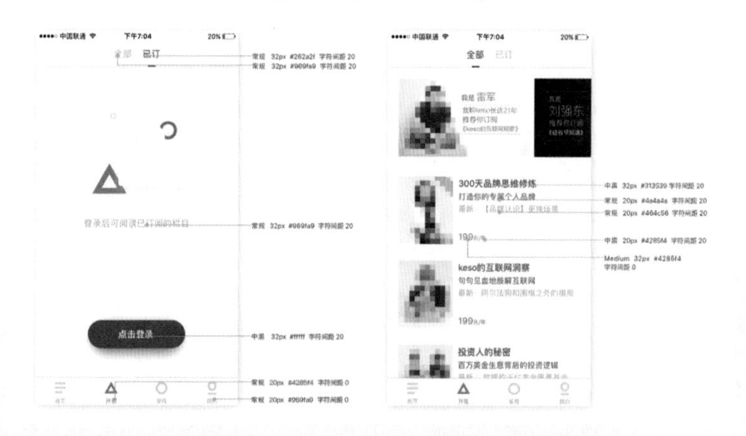

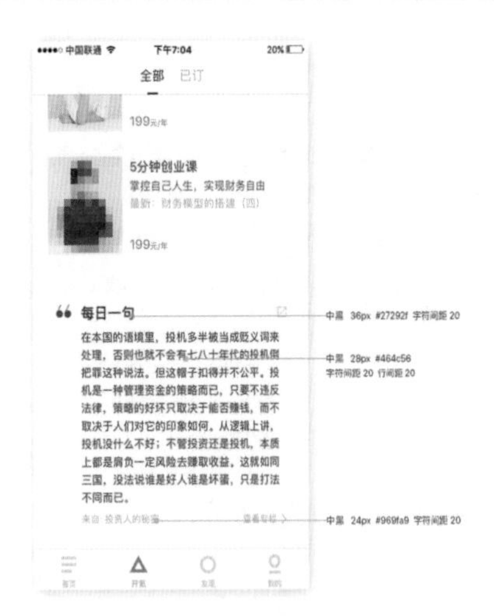

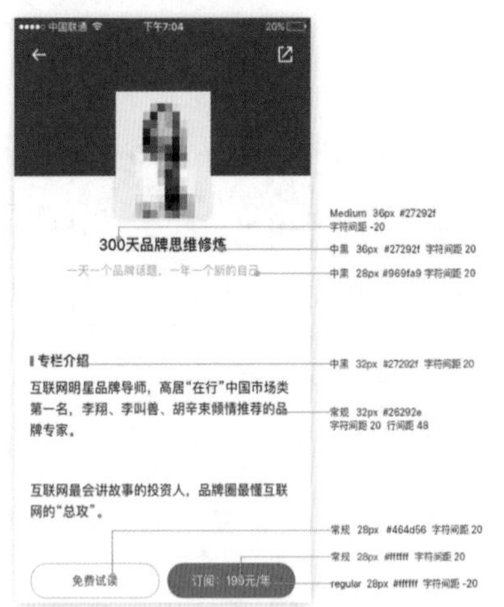

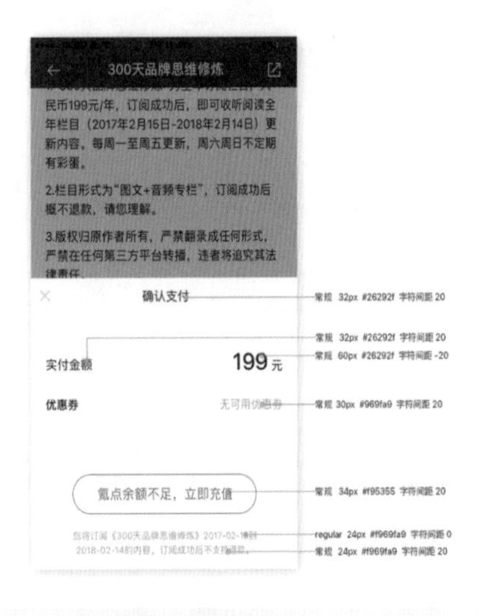

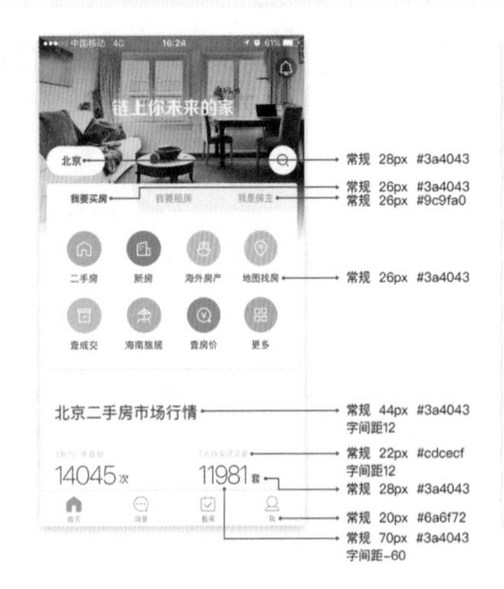
链上你未来的家
常规 28px #3a4043
常规 26px #3a4043
常规 26px #9c9fa0
常规 26px #3a4043
北京二手房市场行情
常规 44px #3a4043
字间距12
常规 22px #cdcecf
字间距12
常规 28px #3a4043
常规 20px #6a6f72
常规 70px #3a4043
字间距-60
14045次
11981套

选择城市
常规 36px #3a4043
当前定位的城市
常规 32px #aaaaaa
北京
常规 32px #000000
所有城市
北京
天津
上海
成都
南京
杭州
青岛
大连
厦门
武汉
深圳

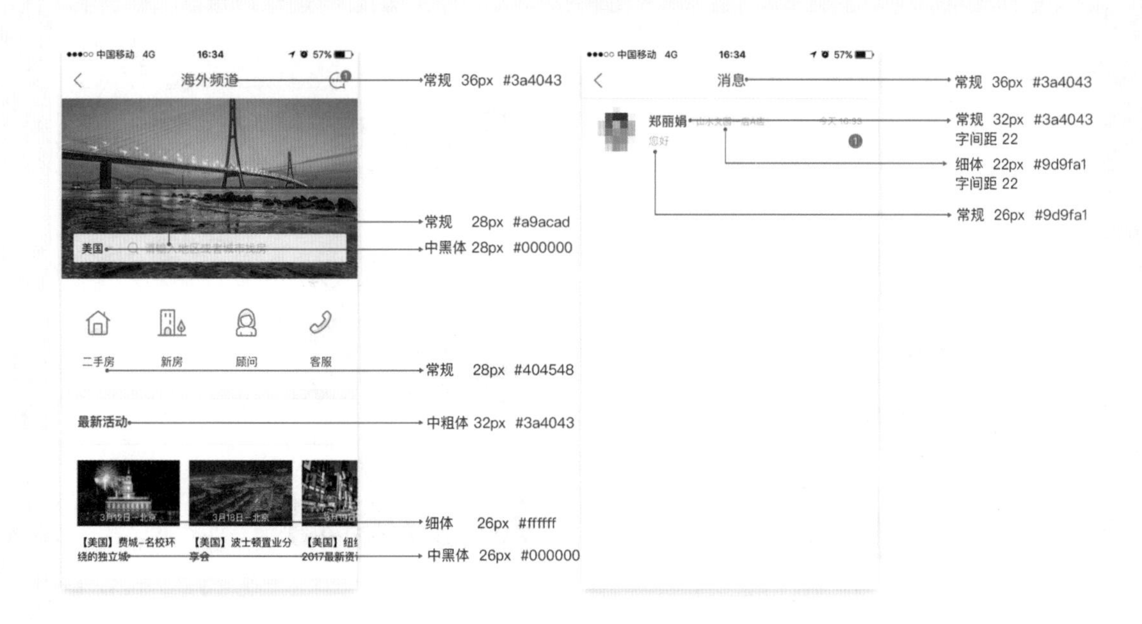

●●●○○ 中国移动 4G
16:34
57%
海外频道
常规 36px #3a4043
常规 28px #a9acad
美国
中黑体 28px #000000
二手房
新房
顾问
客服
常规 28px #404548
最新活动
中粗体 32px #3a4043
细体 26px #ffffff
【美国】费城-名校环绕的独立城
【美国】波士顿置业分享会
中黑体 26px #000000
消息
郑丽娟
您好
常规 36px #3a4043
常规 32px #3a4043
字间距 22
细体 22px #9d9fa1
字间距 22
常规 26px #9d9fa1

完成效果如下图所示

字体测量

北领地
澳洲"游"你才完整
北京市
酒店
餐厅
景点玩乐
购物
游记
订北京市的酒店
查看价格
附近咖啡与茶
查看所有
海外吃住行玩，从这里开始
思源黑体-重粗黑
大小：22px
颜色：#FFFFFF
思源黑体-常规体
大小：22px
颜色：#FFFFFF
苹方简-中黑体
大小：24px
颜色：#000000
苹方简-常规体
大小：14px
颜色：#767676
苹方简-常规体
大小：14px
颜色：#020202
苹方简-中黑体
大小：16px
颜色：#767676
苹方简-常规体
大小：12px
颜色：#767676
苹方简-中黑体
大小：14px
颜色：#00a67f
苹方简-常规体
大小：10px
颜色：#999999
颜色：#00a67f

北京市
附近咖啡与茶
查看所有
北京漫咖啡(酒仙桥店)
星巴克(北京前门大街店)
按菜系浏览北京市
查看所有
海外吃住行玩，从这里开始
苹方简-常规体
大小：9px
颜色：#000000
苹方简-中黑体
大小：18px
颜色：#000000
苹方简-中黑体
大小：18px
颜色：#000000
苹方简-常规体
大小：14px
颜色：#000000
苹方简-常规体
大小：12px
颜色：#484848
SF Compact Text, 苹方简-常规体
大小：12px
颜色：#666666
苹方简-中黑体
大小：16px
颜色：#FFFFFF
苹方简-中黑体
大小：14px
颜色：#000000

字体测量

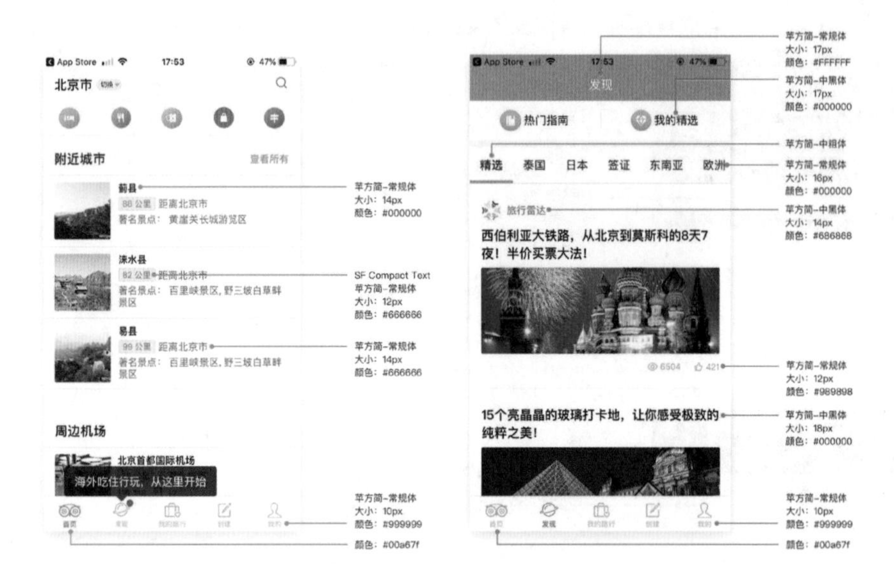
北京市
附近城市
查看所有
蓟县
距离北京市
著名景点： 黄崖关长城游览区
涞水县
距离北京市
著名景点： 百里峡景区，野三坡白草畔景区
易县
距离北京市
著名景点： 百里峡景区，野三坡白草畔景区
周边机场
北京首都国际机场
海外吃住行玩，从这里开始
苹方简-常规体
大小：14px
颜色：#000000
SF Compact Text
苹方简-常规体
大小：12px
颜色：#666666
苹方简-常规体
大小：14px
颜色：#666666
苹方简-常规体
大小：10px
颜色：#999999
颜色：#00a67f
发现
热门指南
我的精选
精选
泰国
日本
签证
东南亚
欧洲
旅行雷达
西伯利亚大铁路，从北京到莫斯科的8天7夜！半价买票大法！
15个亮晶晶的玻璃打卡地，让你感受极致的纯粹之美！
苹方简-常规体
大小：17px
颜色：#FFFFFF
苹方简-中黑体
大小：17px
颜色：#000000
苹方简-中粗体
苹方简-常规体
大小：16px
颜色：#000000
苹方简-中黑体
大小：14px
颜色：#686868
苹方简-常规体
大小：12px
颜色：#989898
苹方简-中黑体
大小：18px
颜色：#000000
苹方简-常规体
大小：10px
颜色：#999999
颜色：#00a67f

9

课程9 Banner设计

1 Banner的设计目的

（1）信息传达明确。（2）吸引用户点击。（3）符合产品风格。

2 Banner的构图方式

左字右图

左图右字

左中右构图

上下构图

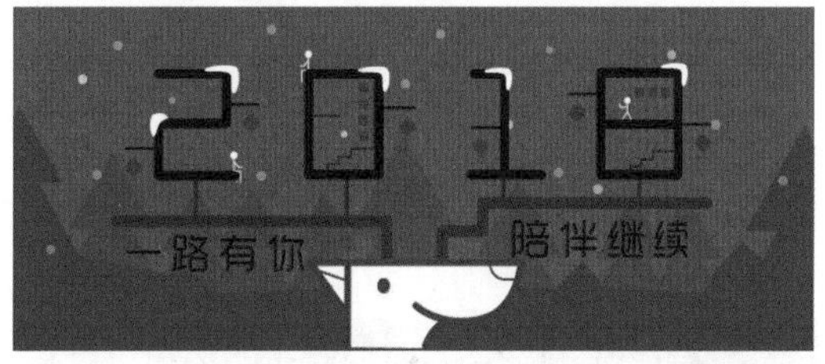

文字主体构图

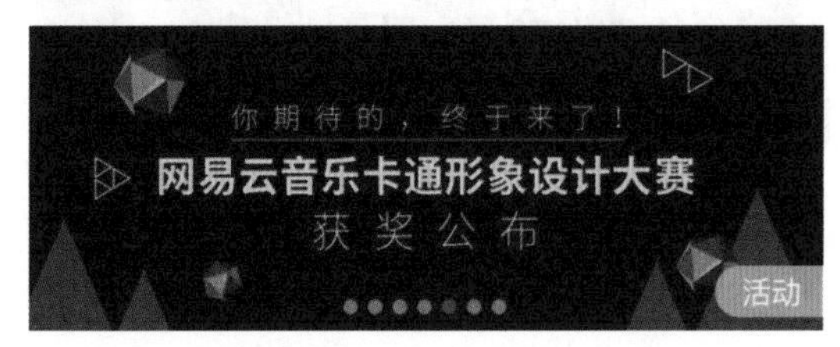

不规整构图

3 Banner的配色技巧

黑白化

邻近色

互补色

主体物吸色

4 Banner的字体选择

Banner的字体要根据表现风格进行选择。

设计过的字体更具表现力。

手写体的使用要注意当前设计风格，可爱卖萌可以，千万不要低幼，除非是婴幼儿和儿童场景。

手写书法字体表现霸气、狂野、张力。

古朴字体

纤细字体

粗体字体

文悦新青年体

造字工房劲黑

蒙纳简超刚黑

汉仪雅酷黑

书法字体

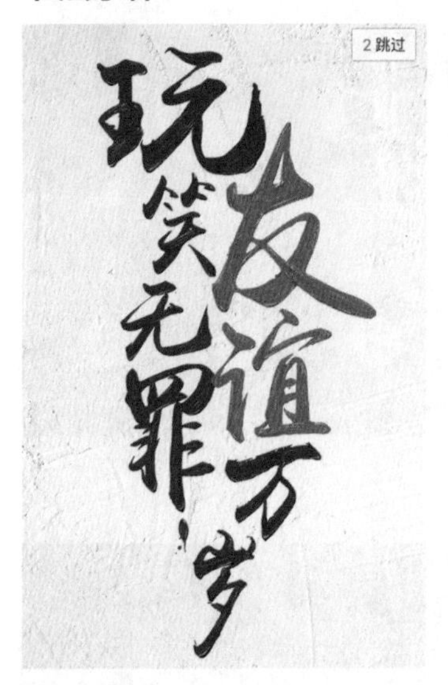

汉仪尚巍手书体

白舟忍者体

白舟武骨字体

白舟大髭書体

文悦青龙体

艺术字体

方正胖娃体 汉仪小麦体

汉仪铸字童年体 華康墨字体

造字工房情书

5 Banner的文字排版

横排文字

横排文字适用于简单的图文结合排版。例如，音乐、电商等简单、直接的表现内容。要点是抓住关键词，做好信息层级的区分。这种方式较稳，表达清晰明了。

倾斜文字

倾斜文字整体呈直线或斜线倾斜，这种形式简单、整齐，并富有变化、带有动感。

像素范儿

水平

像素范儿

斜线

左右角度

单个文字或左或右倾斜角度，可以增加节奏感，让画面富有变化。

像素范儿

外斜

像素范儿

内斜

大小位移

通过文字的大小、位移的变化突出重点。

像素范儿 PXFER

大小

像素范儿 PXFER

位移

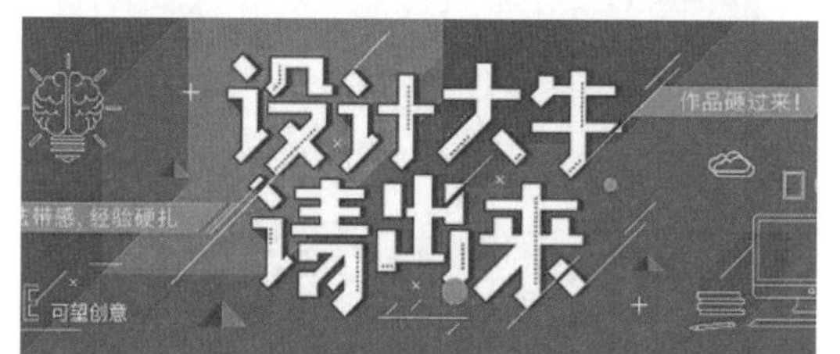

多字组合

文字的组合方式多种多样，多个文字的情况下可根据单字意思或者词组意思进行排列及大小的改变。

每秒一像素奔向梦想

每秒一像素奔向梦想

每秒一像素奔向梦想

每秒一像素奔向梦想

多字组合大小位移

多字组合的大小位移可以让文案不会太死板，且突出主题。

扇形和透视

利用扇形排版和透视效果可以突出主文案和主信息，烘托出当前活动的气氛。

像素范儿

扇形

像素范儿

透视

6 文字排版的视觉效果优化技巧

（1）破损效果更易表现狂野、沧桑的感觉。

（2）文字加细节可以让Banner更具设计感，同时能够增强风格统一性。

（3）在底图复杂或需要突出文化气息的Banner中可使用底框。

（4）使用投影可以让文字更为突出。

（5）对笔画进行变色处理，呼应主题色，可对画面起到点缀效果。

（6）文字的错落排版更有韵律和节奏感。

（7）根据表达主题突出主题文字。

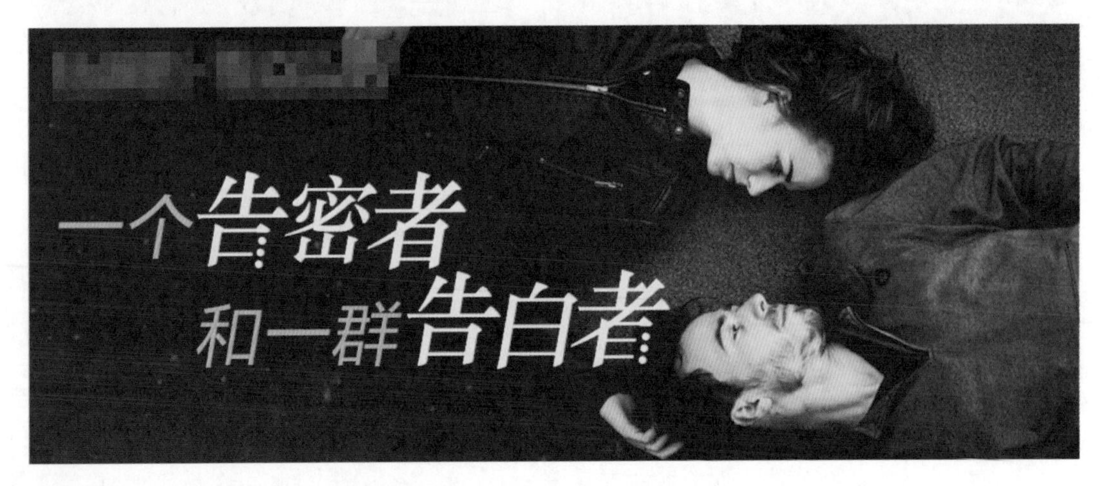

（8）对文字进行错层、阴影处理是一种实现设计效果的简单方式。

（9）对于长期活动和专题，可以有针对性地设计制作能反复使用的Banner，这样可以省时、省力、省心。

（10）文字笔画做连接要合理，千万不要生硬连接。

7 装饰搭配

（1）运用点、线、面元素装饰Banner，但要注意不能使用过多的元素，避免画面凌乱。

（2）运用一些视觉元素装饰Banner背景。

（3）为Banner添加一些涂鸦效果进行装饰，但涂鸦的内容要有表意性，与Banner所传达的主体相符。

（4）运用射线做背景，但要有聚焦中心。

8 Banner修改前后的对比

（1）修改前Banner的文案排版不能很好地突出主题，文案的整体紧凑感没有保证。修改后，通过文字的大小、颜色来区分文案的层级，更好地突出主标题；并在文案的排版上使用了“插积木”原理，使文案拼插为一个整体，以保证文案整体的紧凑感。

修改前

修改后

（2）在原来的Banner中，人物是黑白的，背景又使用灰色，整体比较平淡，与文案不符，建议换掉图片和颜色。修改后的Banner，背景运用涂鸦的方式，显得比较青春活泼。文字做了连笔画的处理，且添加了文字细节，整体风格焕然一新，突出了文案主题。

修改前

修改后

（3）原来的Banner整体画面都没有体现出“旅行奇遇”这个主题。“旅行”二字总能让人联想到旅途中的风景，“奇遇”则可以选用古朴的字体进行表达。修改后的Banner在原有背景的基础上添加了山、云、太阳，植物也重新做了调整，使整个画面更加丰富，文字做了错层和阴影处理，使其更贴合主题。

修改前

修改后

（4）原来的主体物没有突出，主体人物偏灰，背景也灰；背景太乱，没有视觉焦点；文案识别度完全丢失掉了，排版也太乱。修改后，首先用圆形来突出主体；其次拉开主体和背景的颜色对比；再次调整排版突出层级；同时利用插积木原理让排版紧凑。

修改前

修改后

（5）Banner的设计思路。图1和图2为参考图，参考了图1的背景和构图，参考了图2的整体配色，结合两张Banner图片的设计点，得到图3的设计。

图1

图2

图3

9 情绪版Banner

情绪版Banner是用来描述想法的工具，其实就是初稿。设计师可以从杂志、海报、图片、字体、包装中寻找灵感，并用颜色、风格、设计语言等来表现。情绪版Banner是设计师与客户沟通的可视化沟通工具，能让客户快速理解产品，使客户能够参与到设计流程中来。

情绪版Banner的制作方法

拼贴式。将收集的元素根据自己的想法拼贴在一起形成Banner，这种方式具有一定的设计成本。

参考式。根据设计要求，寻找意向图，可以比较快速地完成情绪版Banner设计。

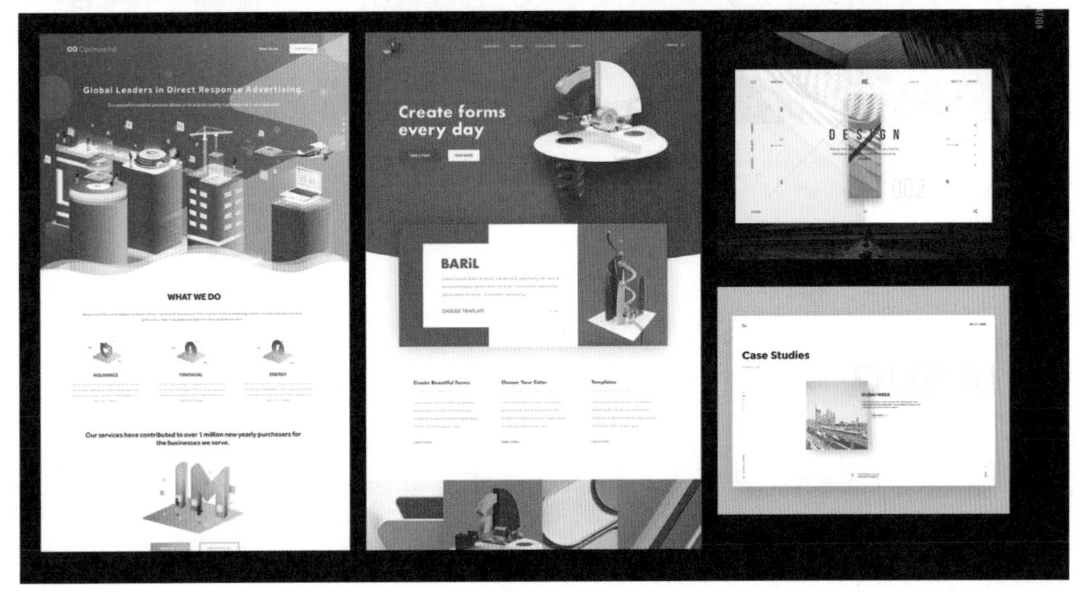

模板式。快速做出一个Banner模板，不用做出细节，需要时对其添加细节以完成Banner设计。

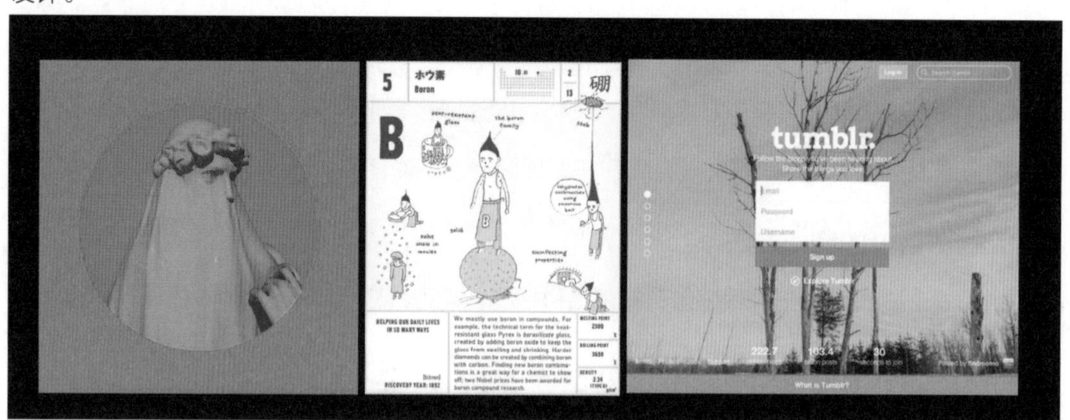

怎样构建情绪版Banner

先确定产品的关键词，通过关键词，进行联想和头脑风暴。然后搜索素材图片，创建情绪版Banner。在进行头脑风暴时，不要盲目否定，而应该多发散思维。

创建情绪版Banner的要点

（1）是否合乎解决问题的策略。（2）3秒内是否跳得出来。（3）目标受众是否能看懂。

（4）看了是否会喜欢。（5）是否有记忆点。（6）是否能更精彩。

（7）是否能完整执行。（8）是否有别人的影子。（9）是否影响人的情绪。

创意拼接的要点

（1）找到正确的配色方案，颜色一般不超过4种。去网站寻找好的作品，吸取颜色用在自己的作品上。（2）加强与需求方的沟通。（3）少说，多做。（4）找到合适的设计风格。（5）让需求方参与这个过程。

Banner案例解析

客户需求：简洁、科技感、主题明确、插画风格、扁平风格、时尚。

根据客户需求得到的关键词：无人机、科技感、互联网、马戏团、太阳、高楼大厦、操控、VR、手机、交易、屏幕、UI、购物、电脑、城市、建筑、人、有趣。

素材收集

完成效果

10 作业：制作Banner原型

作业要求 制作以旅行为主题的Banner，完成5个不同的Banner文案，完成文案和基本的排版，并预留出图案的位置。5个Banner类型可以是2个以图片为主、1个以插图为主、2个以文字为主。

使用软件 Sketch、Photoshop或Illustrator。

训练目的 学习Banner设计。

参考图

完成效果图

老师点评 第3张Banner的文字需要放大。第4张图的文字比较零散，排版方式中规中矩，主体文字可能撑不住画面。

11 作业：设计制作Banner1

作业要求 根据情绪版Banner完成制作。

使用软件 Sketch、Photoshop或Illustrator。

训练目的 学习Banner设计。

完成效果如下图所示

老师点评 第1张Banner，背景部分太亮，文字不够清晰，需要从左到右做一个黑色到透明的渐变遮罩。第2张Banner，插图绘制略显粗糙，且与文字风格不搭。

12 作业：设计制作Banner2

作业要求 根据老师的修改意见继续完善，并继续制作未完成的Banner。

使用软件 Sketch、Photoshop或Illustrator。

训练目的 学习Banner设计。

完成效果如下图所示

老师点评 建议第1张Banner的文字加投影，使文字有厚度；“冰爽之旅”上方添加小装饰；“炎炎夏日”下方的游泳圈添加黄色的投影。第2张Banner的图片偏灰，需要调整图片的饱和度；调整图片的地平线，使其水平。第3张Banner，下方的海浪形状太夸张，需要调整；帆船与海浪没有区分，需要突出帆船。

TASK

13 作业：设计制作Banner3

作业要求 根据老师的修改意见继续完善，并继续制作未完成的Banner。

使用软件 Sketch、Photoshop或Illustrator。

训练目的 学习Banner设计。

完成效果如下图所示

老师点评 建议第1张Banner的文字往上移，沙滩部分再添加一些小装饰来丰富画面。第2张Banner背景图片向下移动。第3张Banner的帆船不要太死板，不要与海浪重合。第4张Banner的小字部分拉开一些距离，画面中添加一些海滩的颜色和椰子树。

修改后效果如下图所示

世界那么大

三亚双飞5天4晚 临海酒店

我想去走走

乘风

端午小长假粽情周边游

让我带你去破浪

作业欣赏

作品来源 像素范儿线下课程班第33期学员高锦龙。

参考图　　完成效果图

参考图

完成效果图

老师点评 参考找得很好，但自己做的Banner与参考图的相似度太高，需要重做。

修改后效果如下图所示

Banner1

Banner2

Banner3

Banner4

Banner5

Banner6

老师点评 Banner不要加投影，Banner1书里的内容过于丰富，使得标题不够凸显。近处的图案可以有一些细节，远处的图案要简单；背景的浪花和装饰物弱化并减少几个；主体文字整体放大并且往下放。Banner2跟Banner1的问题差不多，插画内容过于丰富，主体文字不够突出，人物往左移，背景的树和右侧的花草要拉开层次，做出空间感。Banner3海鸥去掉几只，主体文字放大。Banner4图片缩小并去掉一些图片左侧的部分，文案部分整体向左移，并将主体文字放大。Banner5的图片比较灰和脏，并且清晰度不够，图片区域有些大，需要缩小。Banner6“懂”字不要弱化太多，主体文字整体放大到与人物头部顶端持平。

最终完成效果如下图所示

“书山有路
勤为径”
DILIGENCE
SUCCESS
捷径都是自己的努力铺垫而成
——书山寻梦
ALL THE SHORTCUTS ARE MADE BY THEIR OWN EFFORTS

MORNING READING PLAN
MORNING READING PLAN
晨读
计划
MORNING
READING

READ YOU
阅读
懂你
唯 独 青 春
不 能 辜 负
I READ YOUTHFUL ONLY TO READ YOU

作品来源 像素范儿线下课程班第33期学员高锦龙。

第一次完成效果如下图所示

Banner1

Banner2

Banner3

Banner4

Banner5

Banner6

老师点评 Banner1人物放大，其他装饰物缩小，例如银行卡和钱币等。Banner2文字部分“我来守护”调整到与“您的万年”一样大，或者保持原样大小，将“白金理财”放在“我来守护”的上方。Banner3右边放得插图太简单，做完的整体效果会比较平淡。Banner4的背景还需要进一步完善，目前看着线条不是很流畅。Banner5的主体文字放大，下方圆角矩形的内容不要离主体文字太远，适当调近一些。Banner6的整个文案往上放置，现在文案的位置太靠下。

修改后效果如下图所示

Banner1

Banner2

Banner3

Banner4

Banner5

老师点评 Banner1人物脖子的阴影不要使用纯黑，选择稍微深一点的颜色即可；人物的脚放大。Banner2背景里的建筑太复杂，显得有些乱，删掉一层浅色建筑，把深色建筑减弱；人物比例不协调，把腿部拉长，人物再丰富一些细节。Banner3调整人物身体比例，添加细节；“父亲节快乐”放在“我来守护”的上方，“白金理财”放在“您的晚年”的下方；文案整体往左移。Banner4建议换一个人物，或者改变衣服颜色，使它与Banner1有区分。Banner5主体文字放大，使其与下方副标题的宽度一致；背景添加一些三角形装饰，但要注意弱化，使三角形之间产生空间感。

最终完成效果如下图所示

财富由我掌控
白银巷子，让钱生钱,财富穿堂过巷汇聚你手中
— 第三方理财平台 —

FINANCIAL
MANAGEMENT
理财之道 让钱生钱
诚您所托
共创共赢
只为金钱价值最大化

WIN-WIN
CREAT
TOGETHER
诚您所托
共创共赢
投·融·资·创·享·未·来
白银理财安全投资新理财，短期融资赢未来

作品来源 像素范儿线下课程班第33期学员赵威。

参考图　　完成效果图

老师点评 Banner1的文字信息层级需要重新调整，标题之间亲密度不够，标题与其他文字之间的间距没有拉开。Banner2右侧放的图案太简单，需要重新换一个。Banner3的装饰物要有区别。Banner4的主体文字不要使用透视。Banner5的图案需要再丰富。Banner6背景需要加装饰。

修改后效果如下图所示

Banner1

Banner2

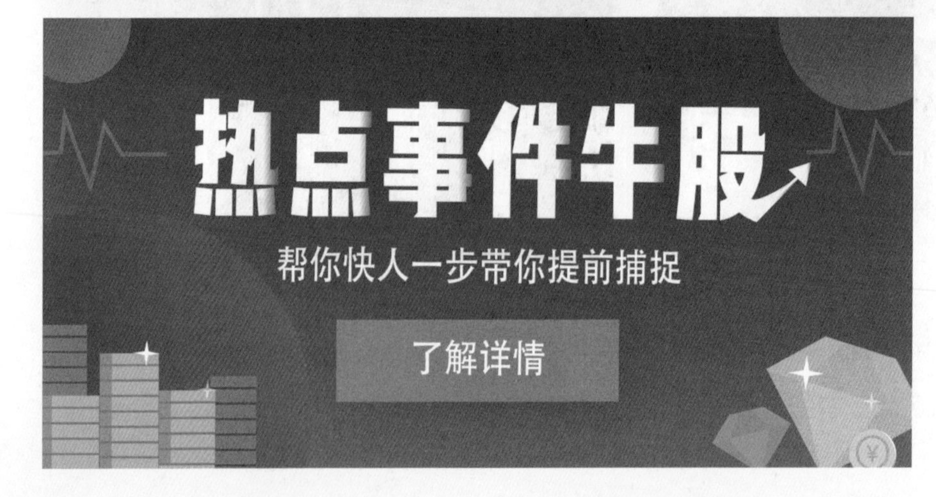

Banner3

Banner4

Banner5

Banner6

老师点评 Banner1人物继续添加细节，为衣服添加上阴影。Banner2小熊的立体感需要调整，不要直接复制图形叠放在底部，而是沿着小熊的耳朵到脸部勾勒出阴影。Banner3文案整体往下放一些。Banner4的主体文字添加一些厚度，让文案丰富起来。Banner5礼品盒侧面的绑带降低不透明度，作为暗面；图案整体往上提一些。Banner6右下角补上元素。

最终完成效果如下图所示

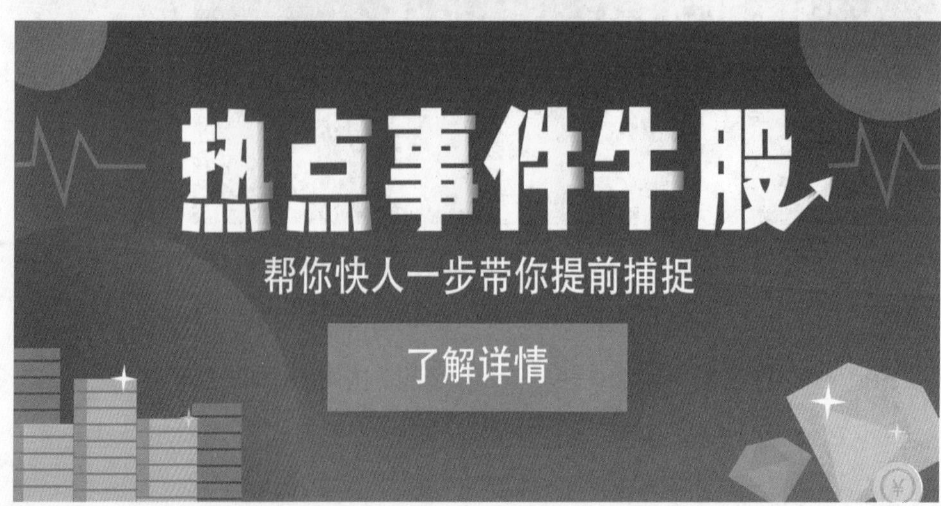

金融e点通
财富新天地

奖励拿走不谢
领取专属开年礼物
1月11日—1月20日

择时大师天鹰
带你快人一步带你提前捕捉
商机
查看详情
投资大师
Peter Lynch

14 作业：制作Banner规范

作业要求 Banner规范中需要写明插画风格要求、图文排版结构要求、选图要求以及文字与图片的间距等，并做好排版。

使用软件 Sketch（或Illustrator）。

训练目的 学习规范Banner设计要求，以便实际工作中接替工作的同事能够根据规范做出符合项目要求的Banner。

第一次完成效果如下图所示

老师点评 第一，满版图时，给出正确选图和错误选图的示例，如果图片中有使用遮罩也需要详细说明使用方法，且说明在什么情况下使用。第二，颜色选择需要说明，以及能够使用几种颜色。第三，规范中需要给出详细的字体、字号和对齐方式。第四，写Banner使用规范主要是为了能给别人套用模板，所以在进行说明时一定要考虑别人看完这些规范能否做出类似的Banner。

修改后效果如下图所示

DESING RULE

01 尺寸：1065×390
首页banner设计要求

选图方向：线条简洁的图形，贴合旅行主题，能够激发旅行欲望

版式规范：标题居中，图形围绕文字，强调突出主题活动

注意事项：图片禁止出现模糊、水印、变形等状态

文字规范

一级标题5个字，其中2个关键字做放大处理，广告句10-12个字

中文字体：方正兰亭圆简体_中，包含一级标题和广告句，其中2个关键字做字体变形，需要留出英文单词的位置

英文字体：方正兰亭圆简体_中

中文字体、英文字体：方正兰亭圆简体_中

投影：垂直向下，与文字距离12px

颜色规范

标题主色 006EC2　标题辅色 DDEBFF　图形主色 DDEBFF　图形辅色 D0DDF0　背景色 EDF8FF

DESING RULE

02 尺寸：1065×390
首页banner设计要求

选图方向：图形颜色需要有冷暖对比，使人感觉轻松愉悦、悠闲惬意

版式规范：标题居中，背景采用冷暖色，画面四周装饰主题元素

注意事项：图片禁止出现模糊、水印、变形等状态

文字规范

一级标题8个字

中文字体：文悦新青年体

字体大小：106pt

炎炎夏日　冰爽之旅

在字体笔画的左上角添加装饰

颜色规范

标题主色 584C8E　标题辅色 FFFFFF　背景主色 F3E9D0　背景辅色 49D2F2　点缀色 F3746B

DESING RULE

03 尺寸：1065×390
首页banner设计要求

选图方向：空间感、画面张力、动感、迫不及待

版式规范：标题居中，搭配主题的小插图放在标题的右上和左下，背景使用纯色

注意事项：图片禁止出现模糊、水印、变形等状态

文字规范

一级标题10个字，分上下两行，错位排
广告句12个字

一级标题字体：汉仪雅酷黑简
广告句字体：造字工房悦黑

字体大小：一级标题80pt，广告句22pt

世界那么大
我想去走走

颜色规范

标题主色 1948A8　标题辅色 1F59CF　背景主色 CFEEFF　背景辅色 7ADDE7　点缀色 40A5FF

DESING RULE

04 尺寸：1065×390
banner设计要求

选图方向：蓝天白云、清新、愉悦、激发旅行欲望

版式规范：标题居左，文字为视觉主体，插图的核心位于画面的右侧

注意事项：图片禁止出现模糊、水印、变形等状态

文字规范

一级标题9个字，其中2个关键字做放大处理，广告句10个字

一级标题字体：文悦新青年体
广告句字体：造字工房悦黑

字体大小：一级标题94pt，关键字140pt，广告句28pt

乘风　端午小长假鼓浪屿边游
让我带你去破浪

颜色规范

标题主色 46469E　标题辅色 D3F7FF　背景主色 F5E6C9　背景辅色 91D6E5　点缀色 F06946

DESING RULE

05 尺寸：1065×390
banner设计要求

选图方向：真实感、代入感、激发旅行欲望

版式规范：标题居左，文字为视觉主体，图片主要用于烘托主题

注意事项：图片禁止出现模糊、水印、变形等状态

文字规范

一级标题12个字，包含标点，其中4个关键字稍大，剩下的7个字稍小，其中1个字做小字处理

中文字体：锐字巅峰粗黑简

字体大小：一级标题90pt，关键字110pt，小字22pt

颜色规范

标题主色 FFFFFF　标题辅色 F6CD1A

作业欣赏

作品来源 像素范儿线下课程班第33期学员高锦龙。

大体规范

● 设计规范：

首先把Banner图以传达信息的优先层级关系拆分开，一般是由四个层级的元素构成：

1.内容层+2.主体元素层+3.装饰层+4.背景层

此外可能还会有附加信息层：主题分类标签等。然后根据不同的层级，建立有参考价值的风格素材库，是风格参考，不是图片素材。

● 内容层

内容层：
遇到需求是用大堆文案表达详尽的主题，用最少的文字直达主题，才体现出能力。这部分的规范主要体现在字体的设计和使用，字体设计和所表达的内容越是贴近越好。

● 主题层

主题层：
主题层的元素是一张Banner营造氛围的最关键所在，针对不同的内容分类设定不同的风格库，用来参考，防止设计师灵感爆棚而突然间的自我起来。

● 装饰层

装饰层：
这个层级很尴尬，有时候会和主题层全体。在一些简洁风格的banner图中没有使用装饰元素，所以装饰层和自己的名称一样：锦上添花的作用。注意不能抢了主题元素的风头。

● 背景层

背景层：
背景层的图片尽量使用少量的元素，最低标准不能影响主题元素的展示。也可以设立风格库来规范。

细节规范

● 各种尺寸：

home page

01:　尺寸：1065*390　　02:　尺寸：1242*546

03:　尺寸：1242*330　　04:　尺寸：1065*390

05:　尺寸：750*150　　06:　尺寸：900*450

07:　尺寸：1125*300　　08:　尺寸：915*429

● 字体选择：

01:　造字工房俊雅　　02:　造字工房俊雅

03:　娃娃体-简　　04:　苏新诗古印宋简

05:　文悦新青年体　　06:　方正姚体简体

07:　方正兰亭黑长简体　　08:　尺寸：915*429

● 画面方向：

插画风格为饭太稀风格，尽量偏向温馨可爱的风格；图片风格为高级的风格背景，简单大气性冷淡极简风；

● 版式规范：

左右构图；上下构图剧中构图都行；强调字体文案的重心；

● 注意事项：

禁止出现模糊、变形、水印的风格状态的图片！插画风颜色不能太脏！
字体版权问题一定要标注明确！

老师点评 精简文字，在对Banner制作规范时，较多的文字没有人会有耐心读完，所以一定要图文结合进行说明，这样会比较直观，别人在执行时也比较容易实现。

示例

规范

颜色

人体

地面

参考

完成效果图

作品来源 像素范儿线下课程班第33期学员赵威。

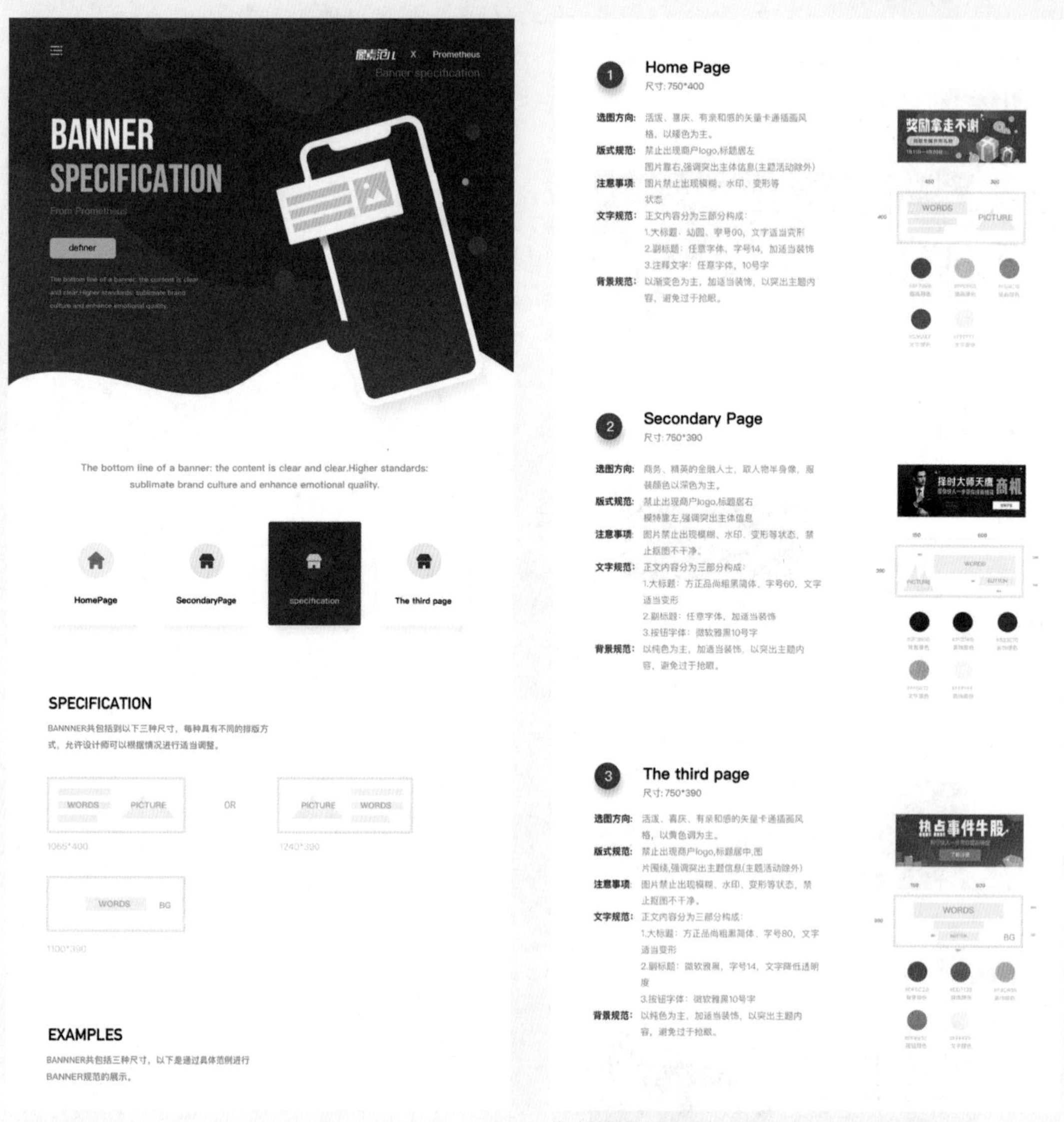

完成效果图

老师点评 Banner规范里，头图部分的纯英文显得比较突兀。示意图中标注的图片使用范围要与实际的使用范围相符，并且要标注清楚图文在Banner中各自占据的面积，以及它们之间的边距等。文字使用的字体、字号、行距、字距也需要标注。如果规范中写到禁止出现某种颜色，需要适当说明原因。

作品来源 像素范儿线下课程班第33期学员李婷婷。

01 Banner规范

Secondary Page
金融二级banner设计要求

尺　　寸： 900*450
选图方向： 金钱相关、稳重、信任等，颜色选择金黄色为画面主色，蓝色，紫色，橙色为辅助色；
版式规范： 禁止出现商户logo,标题居左,图片靠右,强调突出共赢信息(主题活动除外)
注意事项： 禁止出现绿色，因为绿色在股市代表下跌的意思；
字体规范： 主标题字体-汉仪旗黑X4-95简，34点
副标题字体-思源黑体，34点
内容字体-思源黑体，24点
插画风格： XXX风格

字体颜色： 主标题颜色 FAC931　副标题颜色 F9A80F　内容文字颜色 4429D0
副标题按钮颜色 FAC931

图片中心区域颜色：
FAC931　F9A80F　4429D0
5DA5D7　4429D0　00407E

示例

与我同行
共创共赢

标注

文字信息区域　图片中心区域

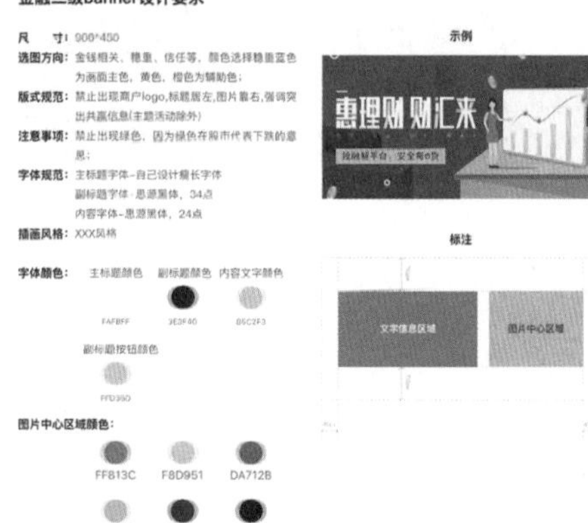

03 Banner规范

Secondary Page
金融二级banner设计要求

尺　　寸： 900*450
选图方向： 金钱相关、稳重、信任等，颜色选择紫色为画面主色，黄色，橙色为辅助色；
版式规范： 禁止出现商户logo,标题居左,图片靠右,强调突出共赢信息(主题活动除外)
注意事项： 禁止出现绿色，因为绿色在股市代表下跌的意思；
字体规范： 主标题字体-汉仪旗黑X4-95简，34点
副标题字体-思源黑体，34点
内容字体-思源黑体，24点
插画风格： XXX风格

字体颜色： 主标题颜色 F2E9FF　副标题颜色 5D4E20　内容文字颜色 846FF4
副标题按钮颜色 FACC52

图片中心区域颜色：
FED64D　F9A80F　C23011
FFEBD2　E3BEAC

示例

财富由我掌控

标注

04 Banner规范

Secondary Page
金融二级banner设计要求

尺　　寸： 900*450
选图方向： 金钱相关、稳重、信任等，颜色选择黑色为画面主色，金色、白色为辅助色；
版式规范： 禁止出现商户logo,标题居左,图片靠右,强调突出共赢信息(主题活动除外)
注意事项： 禁止出现绿色，因为绿色在股市代表下跌的意思；
字体规范： 主标题字体-汉仪旗黑X4-95简，34点
副标题字体-思源黑体，34点
内容字体-思源黑体，24点
插画风格： XXX风格

字体颜色： 主标题颜色 CCAF6C　主标题颜色 90882A　副标题颜色 705F45
内容文字颜色 705F45

示例

诚您所托
共创共赢

标注

05 Banner规范

Secondary Page
金融二级banner设计要求

尺　　寸： 900*450
选图方向： 金钱相关、稳重、信任等，颜色选择金黄色为画面主色，蓝色，紫色，橙色为辅助色；
版式规范： 禁止出现商户logo,标题居左,图片靠右,强调突出共赢信息(主题活动除外)
注意事项： 禁止出现绿色，因为绿色在股市代表下跌的意思；
字体规范： 主标题字体-汉仪旗黑X4-95简，34点
副标题字体-思源黑体，34点
内容字体-思源黑体，24点

示例

完成效果图

作品来源 像素范儿线下课程班第33期学员徐英荐。

完成效果图

老师点评 如果Banner中使用透明遮罩，那么在Banner规范中需要进行说明，比如遮罩的使用范围，透明度是多少等。